高等职业教育“十四五”系列教材

机电专业

电工与电子技术项目化教程

主　编　佘明辉　徐　明　龚文杨

副主编　艾述亮　陈辉煌　马　强

康　璐　从　静

参　编　郑之华　李　津

南京大学出版社

内容提要

全书分成两篇组成。其中，第一篇是电工技术基础知识分为五个项目，主要内容包括：简单电路的连接与测试、复杂电路的连接与测试、示波器的使用与基本物理量分析、家庭电路的组装与简单故障检修、三相异步电动机的正反转控制。第二篇为电子技术基础知识分为八个项目，主要内容包括：小夜灯的制作、电子助听器的制作、语音提示和告警电路的制作、低压直流电源的制作、声光显示逻辑电平测试笔的制作、八路抢答器的制作与调试、单脉冲计数器的制作、电子变音门铃电路制作与调试。

图书在版编目(CIP)数据

电工与电子技术项目化教程 / 佘明辉，徐明，龚文杨主编. —南京：南京大学出版社，2022.8

ISBN 978 - 7 - 305 - 25882 - 4

Ⅰ. ①电…　Ⅱ. ①佘…　②徐…　③龚…　Ⅲ. ①电工技术—高等职业教育—教材②电子技术—高等职业教育—教材　Ⅳ. ①TM②TN

中国版本图书馆 CIP 数据核字(2022)第 105320 号

出版发行　南京大学出版社
社　　址　南京市汉口路 22 号　　邮　　编　210093
出 版 人　金鑫荣

书　　名　电工与电子技术项目化教程
主　　编　佘明辉　徐　明　龚文杨
责任编辑　吕家慧　　编辑热线　025 - 83597482

照　　排　南京开卷文化传媒有限公司
印　　刷　南京人民印刷厂有限责任公司
开　　本　787 mm×1092 mm　1/16 开　印张 13　字数 316 千
版　　次　2022 年 8 月第 1 版　2022 年 8 月第 1 次印刷
ISBN 978 - 7 - 305 - 25882 - 4
定　　价　39.00 元

网　　址：http://www.njupco.com
官方微博：http://weibo.com/njupco
微信服务号：njuyuexue
销售咨询热线：(025)83594756

前　言

本书是作为高等职业院校电子、机械、化工、计算机、通信及自动化类等工科专业中的“电路基础”“电工基础”“电工学”“电子工艺学”“电子技能”“电子工艺实训”“电工电子学”“电工电子技术”“电子线路”“模拟电子技术”“数字电子技术”“常用电气控制技术”等课程的实验、实训教学使用的教材。高等职业院校各种专业教学目标必须面向各种职业岗位群，职业能力对于培养对象是至关重要的。

本书注重从高等职业教育的实际出发，以培养综合能力为主线、加强应用的教材改革思想，加强综合应用技术能力培养，采用实际应用案例的项目化教学手段锻炼动手操作能力。依据职业岗位群的需要，本书对内容的介绍力求清楚准确，做好学用结合。以与实际应用紧密结合为出发点，教材注意循序渐进，注重实用性，结构合理，重点突出，便于教学。

本书建议教学学时数如下学时内灵活安排：第一篇电工技术基础教学学时数为 48～56 学时，第二篇电子技术基础教学学时数为 56～72 学时。

本书由湄洲湾职业技术学院自动化工程系主任佘明辉教授统稿，并负责策划设计与全书总纂定稿及出版相关事宜。

本书由湄洲湾职业技术学院佘明辉、福建水利电力职业技术学院徐明、常德职业技术学院龚文杨担任主编，郴州职业技术学院艾述亮、湄洲湾职业技术学院陈辉煌、平顶山工业职业技术学院马强、湖南劳动人事职业学院康璐、从静担任副主编，湄洲湾职业技术学院郑之华、福建水利电力职业技术学院李津参编。第一篇电工技术基础编写分工：佘明辉编写项目一、龚文杨、陈辉煌共同编写项目二、三，艾述亮、李津共同编写项目四、五；第二篇电子技术基础编写分工：马强、康璐共同编写项目一、六，徐明编写项目二、四、五、七，郑之华、从静共同编写项目三、项目八，教材在编写过程中，有上海企想信息技术有限公司翟堃高级工程师的参与，也得到了编者院系领导和诸多教师的帮助，并参考了许多相关论著、教材、期刊等，在此一并致以谢意。

由于编者水平有限，书中难免存在疏漏之处，恳请使用本书的读者批评指正。

编者

2022 年 5 月

前 言

目　录

第一篇　电工技术基础

第二篇 电子技术基础

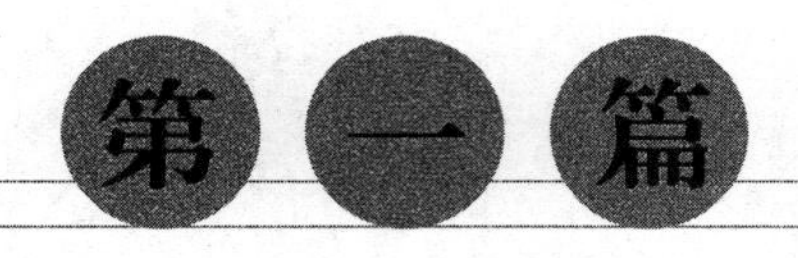

电工技术基础

项目一　简单电路的连接与测试

学习目标

1. 能根据任务单的要求，正确识别与分类选取元器件，灵活使用常用的仪器仪表，能按照电路连接要求连接实验电路并调试电路。
2. 认识电路的基本结构，理解电路的状态，熟悉电流、电压、电位、电阻、电功和电功率的概念。
3. 理解闭合电路欧姆定律的含义。
4. 熟悉电阻的连接电路掌握电阻定律，可以正确计算电阻串并联电功和电功率。

工作任务

(一) 工作任务背景

在当今社会中，我们使用的很多电子产品如手机、电脑、智能手表，还有一些家用电器如冰箱、空调、洗衣机里面都包含大量的电阻、电容等电子元件，可见每一个微小电子元件在现代化、智能化发展中都发挥着重要作用。随着科技的进步这些电子元件发展到今天已经变得非常微小，利用这些电子元件可以制造出更多具有社会价值和提供生活便利的电子电气产品，可以说电工制造业的发展为电能的生产和消费系统提供物质装备基础。图 1－1－1 所示为电子芯片。

图 1－1－1　电路集成代表——电子芯片

本项目简单电路的连接与测试就是基于基本电学知识进行实验，可以帮助我们理解电流、电压、电位、电阻、电容、电功和电功率的概念。学好这些知识，在以后的生活中，就能更好地选用和维护生活中各种电气设备。同时它更是一种能力的训练，对我们观察、总结能力的提高有着重要的意义。

(二) 所需要的设备

图 1－1－2 所示为本项目所需部分设备，干电池 1 节、小电泡(手电筒的电珠)1 只、开关 1 只、导线若干、电工刀 1 把、胶布 1 卷、四色环电阻若干、五色环电阻若干、数字万用表 1 台、

晶体管万用表1块。

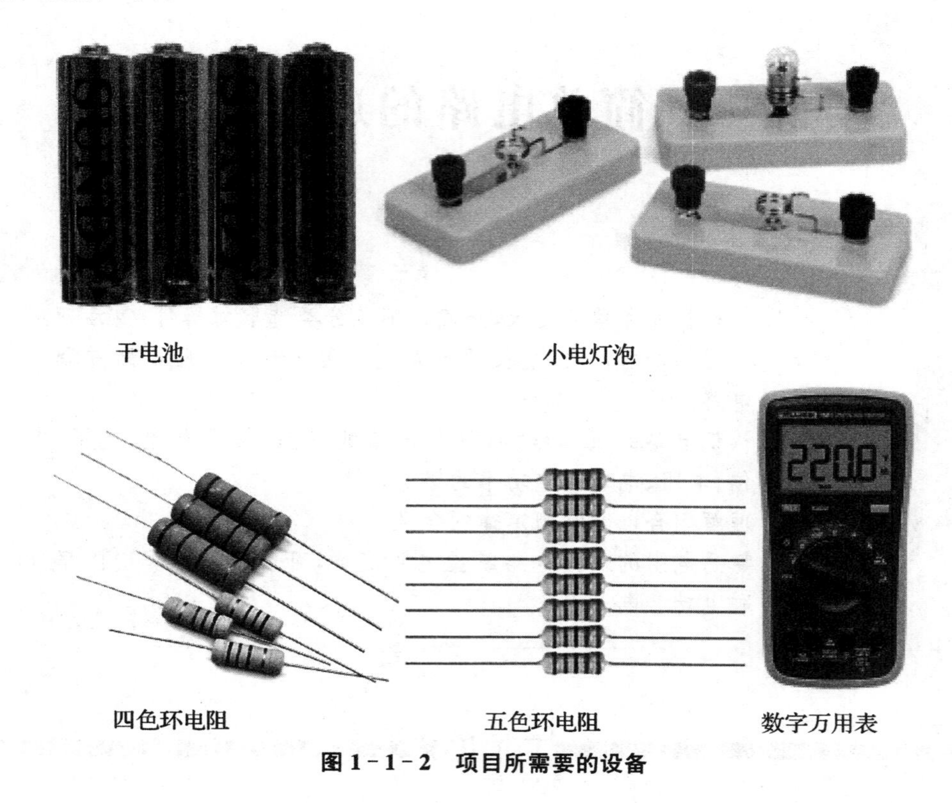

图1-1-2　项目所需要的设备

(三) 任务描述

本任务主要认识电源的正负极;认识开关的闭合与断开;认识电路的组成结构;学习万用表的使用方法;掌握阻值的测量方法;学会正确读数的方法;学习万用表的使用方法;掌握阻值的测量方法;学会正确读数的方法。

实践操作

(一) 知识储备

1.1　电路

1. 电路的基本结构

(1) 电路的概念

若干电器设备按照一定方式组合起来,构成电流的通路,称为电路。

(2) 电路的组成与作用

电路的作用是实现电能的输送与转换,如供电系统;或是信号的传递和处理等。电路的形式多种多样,有的可以延伸到几百千米以外,有的可以集成在几平方厘米以内,但是通常都是由电源(或信号源)、负载和中间环节三部分组成。

① 电源。电源是为电路提供电能的装置,可以将化学能、机械能转换为电能或者把电能转换为另一种形式的电能或者电信号,如电池、发电机、信号源等。

② 负载。负载是取用电能的装置或者器件,可将电能转换为其他形式的能量,如电炉、电动机、电灯、扬声器等设备和器件。

③ 中间环节。中间环节是连接电源和负载的部分,它起到传输、分配和控制电路的作用,如变压器、输电线、放大器、开关等。

如图 1-1-3 所示的手电筒电路是最简单的实际电路。其中,干电池是电源,灯泡是负载,开关和导线是中间环节。由发电机、变压器、电动机、电池、电灯、电容、电感线圈、二极管、三极管等功能不同的实际元件或器件组成的电路称为实际电路。图 1-1-4 为图 1-1-3 所示实际手电筒电路的电路图。

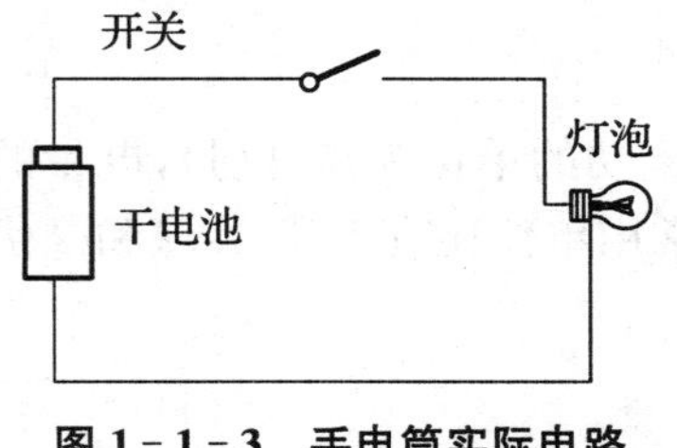

图 1-1-3　手电筒实际电路

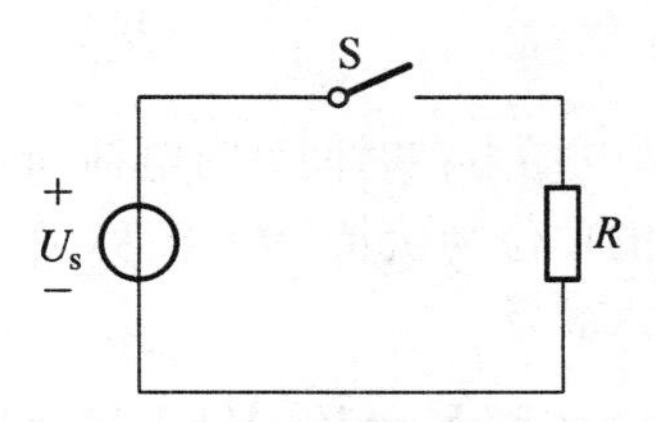

图 1-1-4　手电筒电路图

2. 电路的状态

电路有通路、开路和短路三种工作状态。

(1) 通路

一个电路各部分连接成闭合回路,此时该电路有电流通过,这种状态称为通路。

(2) 开路

一个电路断开,此时该电路无电流通过,这种状态称为开路。

(3) 短路

当电源两端或电路中某些部分被导线直接相连,此时电流不通过负载,这种状态称为短路。

一般情况下,短路时的大电流会损坏电源和导线,应该尽量避免。

1.2　电流

电流是电荷(带电粒子)有规则的定向运动形成的,在单位时间内通过某一导体横截面的电荷量,定义为电流强度,简称电流,即电流用大写字母 I 表示:

$$I=\frac{q}{t}$$

式中:q 表示电荷量,单位为库仑(C),简称库;t 表示时间,单位为秒(s);I 表示电流,单位为安培(A),简称安。

电流还有常用较小的单位毫安(mA)、微安(μA),它们之间的换算关系为:

$$1\ \text{A}=10^3\ \text{mA},\ 1\ \text{mA}=10^3\ \mu\text{A}$$

习惯上把正电荷定向移动的方向，规定为电流的实际方向，如图1-1-5所示。

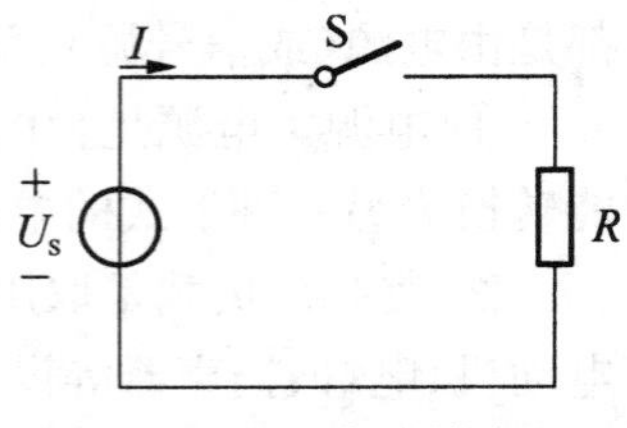

图1-1-5　电流的方向

【例1-1-1】　0.5 A的电流相当于多少mA？

【解】　$I=0.5\ \text{A}\times10^3=500\ \text{mA}$

1.3　电压

为什么在完整的闭合电路中会有电流流动，是什么原因使电流在电路中流动呢？这是因为电路中有电压存在。

电荷在电场力作用下所做的功定义为电压，即电压用大写字母U表示：

$$U=\frac{W}{t}$$

式中：W表示电场力在时间t内电荷所做的功。电功的单位为焦耳(J)，电量的单位为库仑(C)时，电压的单位为伏特(V)，简称伏。电压的常用单位还有千伏(kV)和毫伏(mV)，它们之间的换算关系为：

$$1\ \text{kV}=10^3\ \text{V},\ 1\ \text{V}=10^3\ \text{mV}$$

电压的方向，就是电位降低的方向，故规定电压的实际方向(极性)为由高电位指向低电位。电压的方向，通常用正负极性表示，如图1-1-6所示。

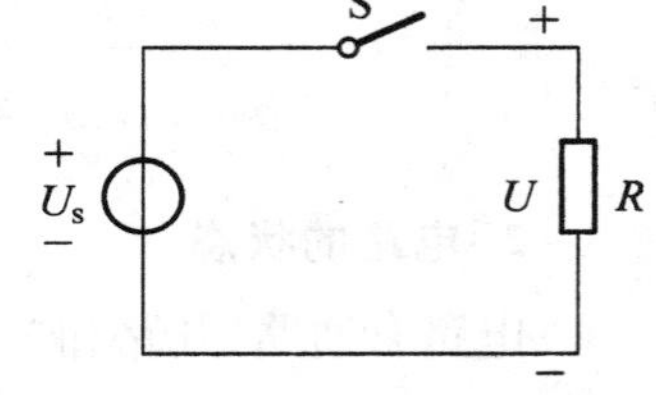

图1-1-6　电压的方向

【例1-1-2】　650 mV的电压相当于多少V？

【解】　$U=650\ \text{mV}\times10^{-3}=0.65\ \text{V}$

1.4　电位

在电路的分析中，常常要计算电路中某点的电位。所谓电路中各点的电位就是该点到参考点之间的电压。因此，为了计算电路中各点的电位必须选定电路中的某一点作为参考点，取该点的电位为零。通常工程上选大地为参考点，机壳需接地的设备，可选机壳为参考点。机壳不接地的设备，为分析方便，通常把元件汇集的公共端或公共线选做参考点，也称为“地”，并用符号“⊥”表示。

电位通常用V来表示，电位与电压的单位相同，都是伏特(V)。电路中任意两点间的电压就是该两点的电位之差，如图1-1-7所示。即

$$U_{ab}=V_a-V_b$$

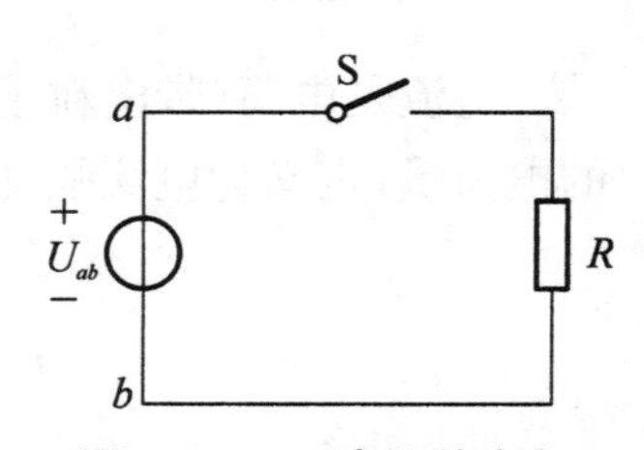

图1-1-7　电位的方向

必须指出的是，电路中某点的电位是指该点与参考点之间的电压，随着参考点的改变，电路中某点的电位的值也改变。而两点间的电压(即两点的电位差)是不变的，与参考点无关。

【例 1-1-3】 已知如图 1-1-7 所示电路中 a、b 两点的电位分别是 6 V 和 4 V，则 a、b 两点间的电压是多少？

【解】 $U_{ab}=V_a-V_b=6\ \text{V}-4\ \text{V}=2\ \text{V}$

1.5 电阻

电阻器、电灯、电炉、扬声器等器件是消耗电能的，反映其主要特性的电路模型是理想电阻元件（简称电阻）。

1. 电阻定义

一个两端元件，在任一瞬间，它的电压 U 和流过它的电流 I 两者之间的关系，此两端元件就称为电阻。如图 1-1-8 所示为电阻的图形符号。

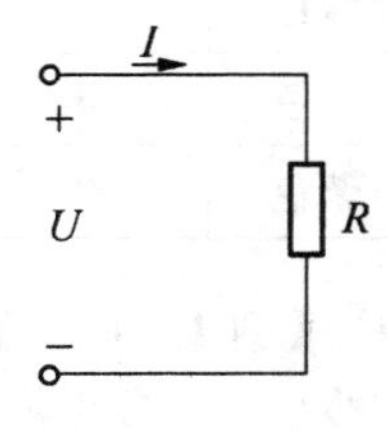

图 1-1-8
电阻的图形符号

2. 电阻定律

实验证明，在保持温度（例如 20℃）不变的条件下，金属导体的电阻值不仅和导体材料的成分有关，还和导体的几何尺寸及温度有关。一般地，横截面积为 $S(\text{m}^2)$、长度为 $L(\text{m})$ 的均匀导体，其电阻 R 为：

$$R=\rho\frac{L}{S}$$

这一结论称为电阻定律。式中：ρ 为电阻率，单位是欧姆·米（Ω·m）。

在国际单位制（SI）中，电阻 R 单位为欧姆（Ω），简称欧。常用单位还有千欧（kΩ）和兆欧（MΩ）。它们之间的换算关系为

$$1\ \text{k}\Omega=10^3\ \Omega,\ 1\ \text{M}\Omega=10^3\ \text{k}\Omega$$

一般金属导体，温度升高时，其电阻增大。温度每升高 100℃时，其阻值增加量约为千分之三至千分之六。所以温度变化小时，金属导体电阻可认为是不变的。但当温度变化大时，电阻的变化就不可忽视。例如，40 W 白炽电灯的灯丝电阻在不发光时约为 100 Ω，正常发光时，灯丝温度可达 200 000℃以上，这时的电阻超过 1 kΩ，即超过原来的 10 倍。

【例 1-1-4】 已知截面积为 6 mm²、长度为 100 m 的铜线，则其电阻是多少？（$\rho=1.7$）

【解】 $S=6\ \text{mm}^2=6\times10^{-6}\ \text{m}^2$，$R=\rho\dfrac{L}{S}=1.7\times10^{-8}\times\dfrac{100}{6\times10^{-6}}\Omega\approx0.283\ 3\ \Omega$

3. 电阻的识别

色标法是用色环在电阻器表面标出标称阻值和允许误差的方法，颜色规定如表 1-1-1 所示，特点是标志清晰，易于看清。色标法又分为四色环色标法和五色环色标法。普通电阻器大多用四色环色标法来标注，四色环的前两色环表示阻值的有效数字，第三条色环表示阻值倍率，第四条色环表示阻值允许误差范围；精密电阻器大多用五色环法来标注，五色环的前三条色环表示阻值的有效数字，第四条色环表示阻值倍率，第五条色环表示允许误差范围。

表 1-1-1　色标符号

颜色	有效数字	倍率	允许误差(%)	颜色	有效数字	倍率	允许误差(%)
棕色	1	10^1	±1%	灰色	8	10^8	—
红色	2	10^2	±2%	白色	9	10^9	±50%～±20%
橙色	3	10^3	—	黑色	0	10^0	—
黄色	4	10^4	—	金色	—	10^{-1}	±5%
绿色	5	10^5	±0.5%	银色	—	10^{-2}	±10%
蓝色	6	10^6	±0.2%	无色	—	—	±20%
紫色	7	10^7	±0.1%				

【例 1-1-5】　已知某色环电阻为四色环，其颜色为红紫橙金，则该色标电阻的阻值为多少?

【解】　$27 \times 10^3\ \Omega = 27\ \text{k}\Omega$，偏差±5%

【例 1-1-6】　已知某色环电阻为五色环，其颜色为橙橙红红棕，则该色标电阻的阻值为多少?

【解】　$332 \times 10^2\ \Omega = 33.2\ \text{k}\Omega$，偏差±1%

表 1-1-1 也适合用色标法表示电容、电感的数值和偏差，它们的单位分别是：用于电阻时为 Ω，用于电容时为 pF，用于电感时为 μH，表示额定电压时只限于电容。

第一色环即第一位数值识别方法：第一色环一般是靠最左边，偏差色环常稍远离前面几个色环。还有金、银色环不可能是第一色环，若色环完全是均匀分布且又没有金银色环时，只能通过用万用表测试来帮助判断。

1.6　电感

1. 电感线圈的作用与分类

电感线圈有通直流，阻交流的作用，可以在交流电路中作阻流、降压、耦合和负载用，与电容器配合时，可构成调谐、滤波、选频、退耦等电路。

电感线圈的种类很多，按电感的形式可分为固定电感和可变电感线圈；按导磁性质可分为空芯线圈和磁芯线圈；按工作性质可分为天线线圈、振荡线圈、低频扼流线圈和高频扼流线圈；按耦合方式可分为自感应线圈和互感应线圈。常用的电感线圈的外形及电路符号如图 1-1-9 所示。

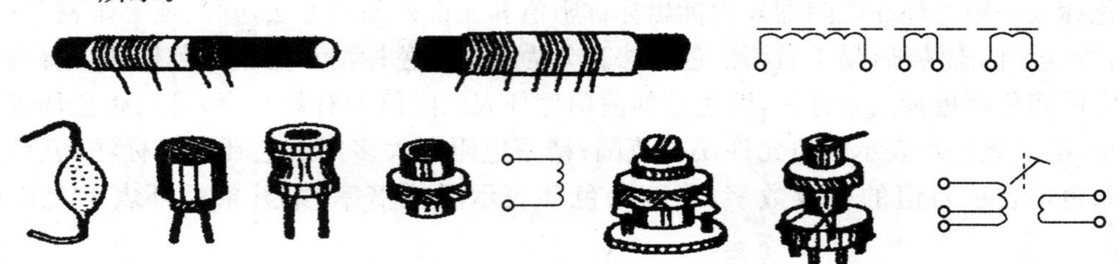

图 1-1-9　电感线圈外形及电路符号

2. 电感线圈的主要技术参数

(1) 电感量

电感量也称自感系数(L)。线圈电感量的大小与线圈直径、匝数、绕制方式及磁心材料有关。

(2) 品质因数

品质因数也称 Q 值。它的大小取决于线圈电感量、等效损耗电阻、工作频率。Q 值越高,电感的损耗越小,效率就越高。

(3) 分布电容

线圈匝与匝之间、线圈与地之间、线圈与屏蔽盒之间以及线圈的层与层之间都存在着电容,这些电容统称为线圈的分布电容。分布电容的存在会使线圈的等效总损耗电阻增大,品质因数 Q 降低。

(4) 额定电流

额定电流是指允许长时间通过线圈的最大工作电流。

3. 电感线圈的故障及测量

检查电感线圈时,用万用表 R×1 Ω 挡测量,将万用表拨至 R×1 Ω 挡,一般其直流电阻很小,在零点几欧姆至几欧姆之间,一般表头指针约指向几欧姆左右,如果指针指向不偏转,则说明有故障,这时电感线圈有可能断路故障。

电感线圈开路是由线圈内部断线或引出端断线引起。引出端断线是常见的故障,仔细观察即可发现。如果是引出端断线可以重新焊接,但若是内部断线则需要更换或重绕。

1.7　电容

1. 电容定义

电容器所带的电荷量与它的两极板间的电压的比值,这个比值称为电容器的电容。如果用 q 表示电容器所带的电荷量,用 U 表示它两极板间的电压,用 C 表示它的电容,那么有如下公式:

$$C=\frac{q}{U}$$

式中:C、q、U 的单位分别为法(F)、库(C)、伏(V)。

2. 电容器的单位

电容器容量的大小表明了存储电荷能力的强弱,它的基本单位是法拉(F),由于法拉这个单位太大,因而常采用较小的单位微法拉(μF)、纳法拉(nF)和皮法拉(pF)。其换算关系为:

$$1\ \mu\text{F}=10^{-6}\ \text{F},\ 1\ \text{nF}=10^{-9}\ \text{F},\ 1\ \text{pF}=10^{-12}\ \text{F}$$

最常用的两个单位是 μF 和 pF,一般情况下,大于或等于 10 000 pF 就化成 μF 单位,如 200 00 pF=0.02 μF。

3. 电容器的符号

各类电容器的常用电路符号如图 1-1-10 所示。

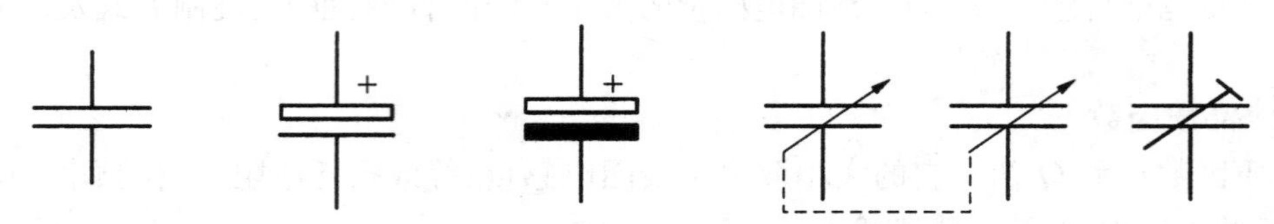

图 1-1-10　电容器的常用电路符号

4. 电容器的标识方法

电容器的标识方法常用文字符号法。文字符号法是指在电容体表面上，用阿拉伯数字和字母符号有规律地组合来表示标称容量的方法，有时也用在电路图的标注上。标注时应遵循以下规则：

① 不带小数点的数值，若无标志单位，则表示 pF。例如 4 700 表示 4 700 pF。

② 凡带小数点的数值，若无标志单位，则表示 μF。例如 0.68 表示 0.68 μF。

③ 对于三位数字的电容量，最后一个数字应视为倍率，单位为 pF。

④ 许多小型的固定电容器，体积较小，为便于标注，习惯上省略其单位，标注时单位符号的位置代表标称容量有效数字中小数点的位置。

【例 1-1-7】　电容器标注分别为 471，102，103，334，它们的容量分别为多少？

【解】　$471 \rightarrow 47\times10$ pF $=470$ pF，$102\rightarrow 10\times10^2$ pF $=1\,000$ pF，$103\rightarrow10\times10^3$ pF $=0.01$ μF；$334\rightarrow33\times10^4$ pF $=0.33$ μF

【例 1-1-8】　电容器标注分别为 p82，5n6，47n，2μ2，它们的其容量分别为多少？

【解】　p82 → 0.82 pF，5n6 → 5 600 pF，47n → 47 000 pF＝0.47 μF，2μ2 → 2.2 μF

电容器的色标法与电阻器色标法基本相似，其单位是 pF。

5. 平等板电容器的电容

根据理论推导，平等板电容器的电容，与电介质的介电常数成正比，与正对面积成正比，与极板的距离成反比，即

$$C=\frac{\varepsilon S}{d}$$

式中：S 表示两极板正对的面积，单位为 m^2；d 表示两极板间的距离，单位为 m，ε 表示电介质的介电常数，单位为 F/m；电容 C 单位为 F。

1.8　部分电路欧姆定律

在电阻一定的情况下，通过电阻的电流与它两端的电压成正比。即电压、电流、电阻三者之间的关系可以写成：

$$I=\frac{U}{R}$$

这个关系式被称为欧姆定律。

公式还可以写成：

$$U=IR$$

$$R=\frac{U}{I}$$

式中：R 称为元件的电阻，在国际单位制(SI)中，其单位为欧姆(Ω)。

提示：电阻是导体本身固有的性质，不能说电阻与电压成正比，与电流成反比。

【例 1-1-9】 如图 1-1-3 所示，手电筒电路图中的干电池为 1.5 V，灯泡的电阻为 100 Ω，则流过该灯泡旳电流是多少毫安？

【解】 $I=\frac{U}{R}=\frac{1.5}{100}\text{A}=0.015\ \text{A}=15\ \text{mA}$

1.9　电功和电功率

1. 电功

电流能使电动机转动，电炉发热，电灯发光，说明电流具有做功的本领。电流做的功称为电功。电流做功的同时伴随着能量的转换，其做功的大小显然可以用能量进行度量，即

$$W=UIt$$

式中：电压的单位为伏特(V)，电流的单位为安培(A)，时间的单位为秒(s)，电功(或称电能)的单位为焦耳(J)。工程实际中，还常常用千瓦小时(kW·h)来表示电功(或电能)的单位，1 kW·h 又称为 1 度电。

1 度电的概念可用下述例子解释：100 W 的灯泡使用 10 小时耗费的电能是 1 度；40 W 的灯泡使用 25 小时耗费电能也是 1 度；1 000 W 的电炉加热 1 小时，耗费电能还是 1 度，即 1 度 $=1\ \text{kW}\times 1\ \text{h}=1\ 000\ \text{W}\times 3\ 600\ \text{s}=3.6\times 10^{6}\ \text{J}$

【例 1-1-10】 两个 100 W 灯泡使用 6 h，一个 800 W 电熨斗使用 2 h，一个 1 200 W 电暖气使用 4 h，用电量共计多少？

【解】

$$\begin{aligned} W &= P_1t_1+P_2t_2+P_3t_3 \\ &= (100\times 2\times 6+800\times 2+1\ 200\times 4)\ \text{W}\cdot\text{h} \\ &= (1\ 200+1\ 600+4\ 800)\ \text{W}\cdot\text{h} \\ &= 7\ 600\ \text{W}\cdot\text{h} \\ &= 7.6\ \text{kW}\cdot\text{h} \end{aligned}$$

2. 电功率

单位时间内电流所做的功称为电功率。电功率用 P 表示，即

$$P=\frac{W}{t}=\frac{UIt}{t}=UI$$

式中:电功的单位为焦耳(J),时间的单位为秒(s),电压的单位为伏特(V),电流的单位为安培(A),电功率的单位为瓦特(W)。

【例 1-1-11】 一只标有“220 V、100 W”灯泡的电阻是多少?接在 220 V 的供电线路上,工作电流是多少?

【解】 因为 $P=\frac{U^2}{R}=UI$

所以 $R=\frac{U^2}{P}=\frac{200^2}{100}\Omega=484\ \Omega$

$$I=\frac{U}{R}=\frac{220}{484}=0.45\ \text{A}$$

用电器铭牌上的电功率是它的额定功率,例如“220 V,100 W”的白炽灯,说明它两端加 220 V 电压时,可在 1 小时内将 100 焦耳的电能转换成光能和热能。需要注意的是:用电器实际消耗的电功率只有实际加在用电器两端的电压等于它铭牌数据上的额定电压时,才等于它铭牌上的额定功率。

【例 1-1-12】 有一盏 220 V、60 W 的白炽灯,接在 220 V 的供电线路上,求取用的电流。若平均每天使用 6 h,电价是每千瓦 0.55 元,求每月(以 30 天计)应付出的电费。

【解】 因为 $P=UI$

所以

$$I=\frac{P}{U}=\frac{60}{220}\text{A}\approx 0.27\ \text{A}$$

每月用电时间为 $6\times 30\ \text{h}=180\ \text{h}$

每月消耗电能为 $W=P\times t=0.06\times 180\ \text{kW}\cdot\text{h}=108\ \text{kW}\cdot\text{h}$

每月应付电费为 $10.8\times 0.55=5.94$ 元

1.10 闭合电路欧姆定律

图 1-1-11 所示为最简单的闭合电路。闭合电路由两部分组成,一部分是电源外部的电路,称为外电路;另一部分是电源内部的电路,称为内电路。外电路的电阻通常称为外电阻,内电路也有电阻,通常称为电源的内电阻,简称内阻。

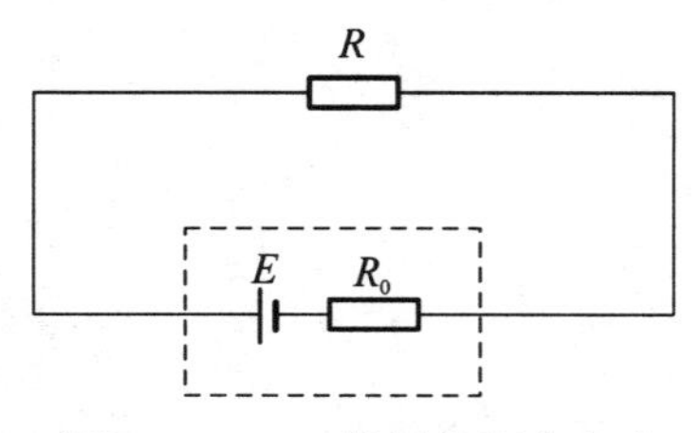

图 1-1-11 简单的闭合电路

在闭合电路里,电压、电流、电阻三者之间的关系可以写成:

$$I=\frac{E}{R+R_0}$$

上式表示:闭合电路内的电流,跟电源的电动势成正比,跟整个电路的电阻成反比,这就是闭合电路的欧姆定律。

式中:E 为电源的电动势,R_0 为电源的内阻。由于 $RI=U$ 是外电路上的电压降(也称为端电压)，$R_0I=U'$是内电路上的电压降，所以$E=U+U'$。这就是说，电源的电动势等于内、外电路电压降之和。

1.11　电阻的连接电路

1. 电阻的串联

如果电路中有两个或更多个电阻首尾依次顺序相连，而且中间无任何分支，这样连接方式称为电阻的串联。串联电路中，各电阻中通过的电流是相同的，其端电压等于各电阻电压之和。如图1-1-12所示是两个电阻串联的电路。

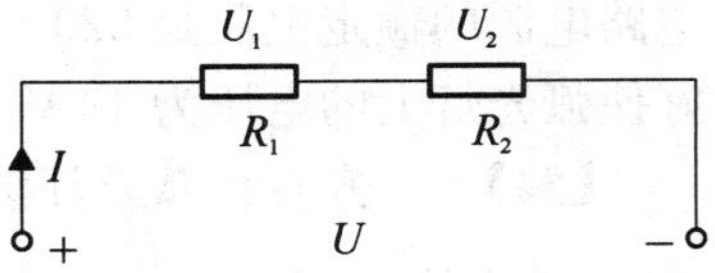

图1-1-12　电阻的串联

(1) 串联电路的总电阻

根据欧姆定律，

$$I=\frac{U_1}{R_1}=\frac{U_2}{R_2}$$

若令$U=IR$，由于$U=U_1+U_2=IR_1+IR_2$

则有$IR=IR_1+IR_2$

即$R=R_1+R_2$

上式中的R称作串联电路的等效电阻，它等于两个串联电阻阻值之和。

同理可得n个串联电阻的等效电阻为：

$$R=R_1+R_2+\cdots R_n$$

(2) 串联电路的电压分配

在串联电路中，由于$I=\frac{U_1}{R_1}$，$I=\frac{U_2}{R_2}$，…，$I=\frac{U_n}{R_n}$，所以

$$\frac{U_1}{R_1}=\frac{U_2}{R_2}=\cdots=\frac{U_n}{R_n}=I$$

该式说明串联电路各电阻上的电压是按电阻的大小成正比例进行分配的。

当只有两个电阻串联时，可得

$$I=\frac{U}{R_1+R_2}$$

所以分压公式：

$$U_1=IR_1=\frac{R_1}{R_1+R_2}U$$

$$U_2=IR_2=\frac{R_2}{R_1+R_2}U$$

(3) 串联电路的功率分配

串联电路中各个电阻消耗的功率分别为：$P_1=IR_1$，$P_2=IR_2$，… $P_n=IR_n$

所以

$$\frac{P_1}{R_1}=\frac{P_2}{R_2}=\cdots\frac{P_n}{R_n}=I$$

该式说明串联电路各电阻上的电压是按电阻的大小成正比例进行分配的。

两个电阻串联的功率分配为：

$$P_1 = IR_1 = \frac{R_1}{R_1 + R_2}P$$

$$P_2 = IR_2 = \frac{R_2}{R_1 + R_2}P$$

【例 1－1－13】 弧光灯的额定电压为 40 V，正常工作时通过的电流为 5 A，而日常照明电路电源的额定电压是 220 V，因而它不能直接接入电路。试问需串联一个多大的电阻，恰好使弧光灯上的电压为 40 V？

【解】 直接把弧光灯接入照明电路是不行的，因为照明电路的电压比弧光灯额定电压高得多。串联电路的总电压等于各个导体上的电压之和，因此，可以在弧光灯上串联一个适当的电阻 R_2，分掉多余的电压，如图 1－1－13 所示。

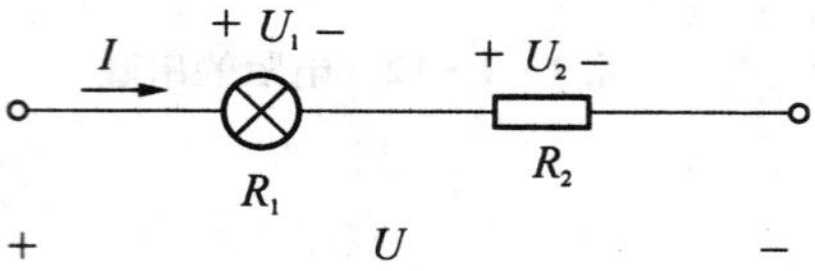

图 1－1－13 为分压示意图

根据串联电路分压原理，$U_2 = U - U_1 = 180$ V 即 R 两端压降为 220 V－40 V＝180 V。

R_2 与弧光灯 R_1 串联，弧光灯正常工作时，R_2 通过的电流也是 5 A。所以电阻 $R_2 = \frac{180}{5}\Omega = 36\ \Omega$，功率 $P = IU = 5 \times 180 = 900$ W。

可见，在电路中串联一个 900 W，36 Ω 的电阻即可。

2. 电阻的并联

如果电路中有两个或更多个电阻的首端与尾端分别连接在一起，这种连接方式称为电阻的并联。并联电路中，各并联电阻两端电压相等，总电流是各支路电流之和。如图 1－1－14 所示为电阻的并联。

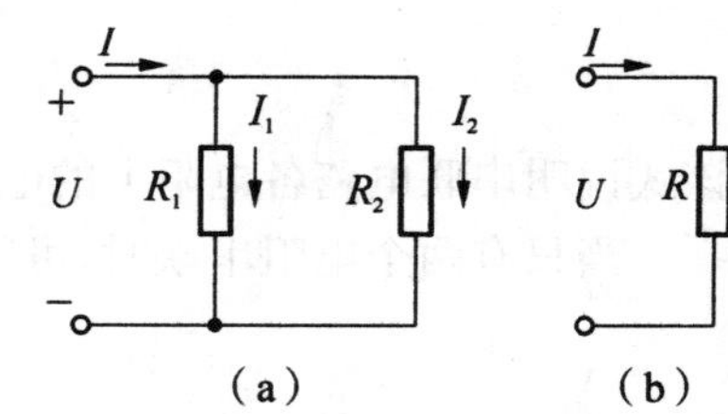

图 1－1－14 电阻的并联

(1) 并联电路的总电阻

令 $U = IR$，对电阻并联电路应用欧姆定律得

$$U = IR = I_1R = I_2R$$

且
$$I = I_1 + I_2 = \frac{U}{R_1} = \frac{U}{R_2}$$

由于
$$I = \frac{U}{R}$$

所以
$$\frac{1}{R} = \frac{1}{R_1} + \frac{1}{R_2}$$

或
$$R = \frac{R_1R_2}{R_1 + R_2}$$

式中：R 为两个并联电阻 R_1、R_2 的等效电阻。同理，对 n 个电阻并联，则等效电阻为：

$$\frac{1}{R}=\frac{1}{R_1}+\cdots+\frac{1}{R_n}$$

结论：n 个并联电阻的等效电阻的倒数等于各电阻的倒数之和。

(2) 并联电路的电流分配

在并联电路中，由于 $U=I_1R_1$，$U=I_2R_2$，…，$U=I_nR_n$

所以 $$I_1R_1=I_2R_2=\cdots=I_nR_n=U$$

当只有两个电阻并联可得

$$I_1=\frac{U}{R_1}=\frac{R}{R_1}I=\frac{R_2}{R_1+R_2}I$$

$$I_2=\frac{U}{R_2}=\frac{R}{R_2}I=\frac{R_1}{R_1+R_2}I$$

这两个公式叫并联电路的分流公式，各支路电流按电阻大小分配，电阻越大，分流越小。

(3) 并联电路的功率分配

并联电路中各个电阻消耗的功率分别为：

$$P_1=\frac{U^2}{R_1},\ P_2=\frac{U^2}{R_2},\ \cdots,\ P_n=\frac{U^2}{R_n}$$

所以 $$P_1R_1=P_2R_2=\cdots=P_nR_n$$

这就是：并联电路中各个电阻消耗的功率跟它的阻值成反比。

两个电阻并联的功率分配为：

$$P_1=\frac{U^2}{R_1}=\frac{R_2}{R_1+R_2}P$$

$$P_2=\frac{U^2}{R_2}=\frac{R_2}{R_1+R_2}P$$

*1.12　电容的连接电路

1. 电容的串联

把几个电容器的极板首尾相接，连成一个无分支电路的连接方式称为电容器的串联。图 1-1-15 所示是三个电容器的串联，接上电压为 U 的电源后，两极板分别带电，电荷量为 $+q$、和 $-q$，由于静电感应，中间各极板所带的电荷量也等于 $+q$ 或 $-q$，串联时每个电容器带的电荷量都是 q。如果各个电容器的电容分别为 C_1、C_2、C_3，电压分别为 U_1、U_2、U_3，那么

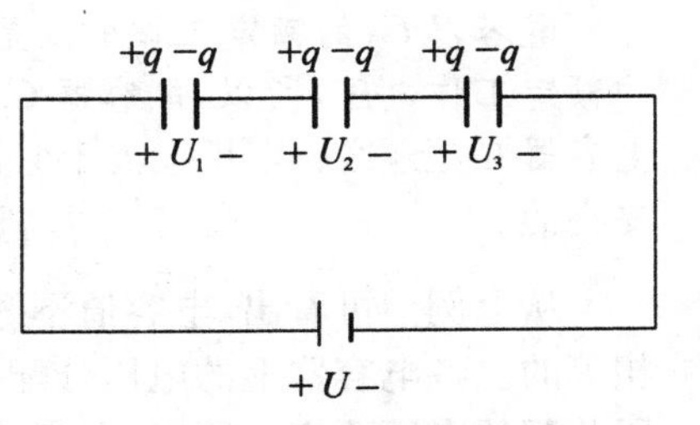

图 1-1-15　电容器的串联

$$U_1 = \frac{q}{C_1},\ U_2 = \frac{q}{C_2},\ U_3 = \frac{q}{C_3}$$

总电压 U 等于各个电容器上的电压之和,所以

$$U = U_1 + U_2 + U_3 = q\left(\frac{1}{C_1} + \frac{1}{C_2} + \frac{1}{C_3}\right)$$

设串联电容器的总电容为 C,因为 $U = \frac{q}{C}$,所以

$$\frac{1}{C} = \frac{1}{C_1} + \frac{1}{C_2} + \frac{1}{C_3}$$

即串联电容器的总电容的倒数等于各个电容器的电容的倒数之和。电容器串联之后,相当于增大了两极板间的距离,因此,总电容小于每一个电容器的电容。

【例 1-1-14】 如图 1-1-16 所示,现有两个电容器,一个电容器的电容 $C_1 = 2\ \mu\text{F}$,额定工作电压为 160 V,另一个电容器的电容 $C_2 = 10\ \mu\text{F}$,额定工作电压为 250 V,若将这两个电容器串联起来,接在 300 V 的直流电源上,问每个电容器上的电压是多少?这样使用是否安全?

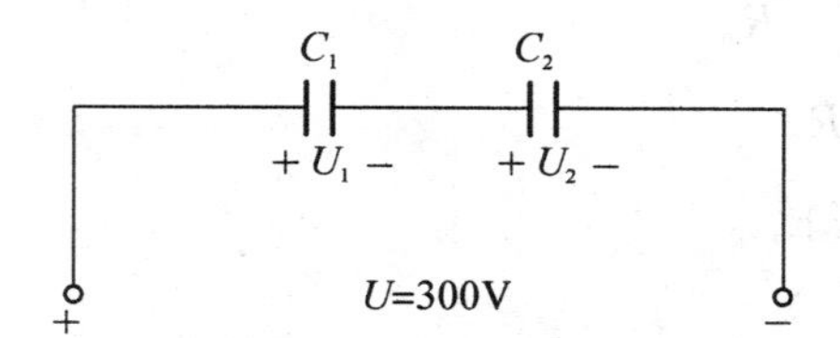

图 1-1-16　两个电容器串联

【解】 两个电容器串联后的等效电容为:

$$C = \frac{C_1 C_2}{C_1 + C_2} = \frac{2 \times 10}{2 + 10}\mu\text{F} \approx 1.6\ \mu\text{F}$$

各电容器的电荷量为:

$$q_1 = q_2 = q = CU = 1.67 \times 10^{-6} \times 300\ \text{C} \approx 5 \times 10^{-4}\ \text{C}$$

所以

$$U_1 = \frac{q_1}{C_1} = \frac{5 \times 10^{-4}}{2 \times 10^{-6}}\text{V} = 250\ \text{V}$$

$$U_2 = \frac{q_2}{C_2} = \frac{5 \times 10^{-4}}{10 \times 10^{-6}}\text{V} = 50\ \text{V}$$

电容器 C_1 的额定工作电压是 160 V,而现在实际加在它上面的电压是 250 V,远大于它的额定工作电压,所以,电容器 C_1 可能会被击穿。这个电容器击穿后,300 V 电压全部加到电容器 C_2 上,这一电压也大于它的额定工作电压,因而也可能被击穿,所以,这样使用是不安全的。

从上例中可看出,电容值不等的电容器串联使用时,每个电容器上所分配到的电压是不相等的。各电容器上的电压分配和它的电容成反比,即电容小的电容器比电容大的电容器所分配的电压要高。所以,电容值不等的电容器串联时,应先通过计算,在安全可靠的情况下再串联使用,以免电容器损坏。

2. 电容的并联

把几个电容器的正极连在一起,负极也连在一起,这就是电容器的并联。图 1-1-17

所示是三个电容器的并联，接上电压为 U 的电源后，每个电容器的电压都是 U。如果各个电容器的电容分别是 C_1、C_2、C_3，则所带的电荷量分别是 q_1、q_2、q_3，那么

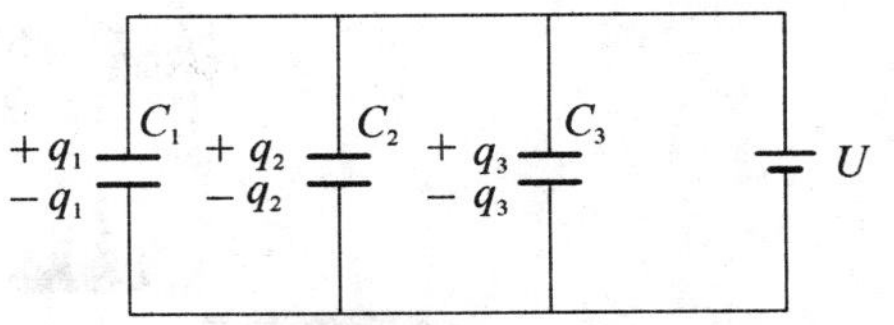

$$q_1 = C_1U,\ q_2 = C_2U,\ q_3 = C_3U$$

图 1-1-17　电容器的并联

电容器组储存的总电荷量 q 等于各个电容器所带电荷之和，即

$$q = q_1 + q_2 + q_3 = (C_1 + C_2 + C_3)U$$

设并联电容器的总电容为 C，因为 $q = CU$，所以

$$C = C_1 + C_2 + C_3$$

即并联电容器的总电容等于各个电容器的电容之和。电容器并联之后，相当于增大了电容器极板的面积，因此，总电容大于每个电容器的电容。

温馨提示

电容器和电容量都可以简称电容，且都可以用 C 表示，但两者的含义不同，电容器是储存电荷的装置，而电容量是衡量电容器在一定外加电压作用下储存电荷能力大小的物理量，两者不可混淆。

（二）任务实施

1. 电路基本结构的认识实验

(1) 按实训电路原理图(图 1-1-2)在实训台上进行电路连接。连接电路时元件摆放要合理，相邻元件就近布置，总体整齐美观。要注意干电池的正负极连接；

(2) 打开开关用万用表测量电流和电压；

(3) 关闭开关用万用表测量电流和电压。

温馨提示

电池中的有害成分主要有汞、镉、镍、铅等重金属，此外还有酸、碱等电解质溶液。废弃以后的镉镍电池和含汞电池等含有有害物质，进入环境后，会因长期的腐蚀作用而破损，导致重金属和酸碱电解液逐渐泄漏出来而污染环境，长期作用下可能直接或间接危及人们的健康。

2. 电阻的识别

(1) 取多个不同的四色环电阻，反复识别，确定电阻的阻值，并填入表 1-1-2，取多个不同的五色环电阻，反复识别，确定电阻的阻值；

(2) 拿起电阻，识别第一、二环的颜色，确定有效数；识别第三环的颜色，确定倍乘数；识别第四环的颜色，确定误差数；确定电阻器的阻值。

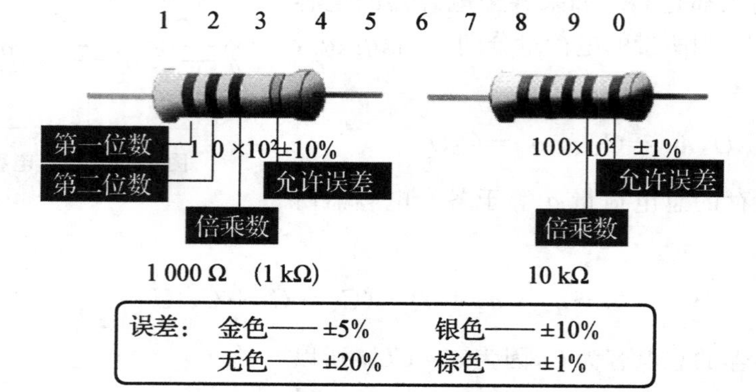

图 1-1-18 电阻色环图

表 1-1-2 四环色环电阻的阻值识别

序号		1	2	3	4
第一环	颜色				
	有效数				
第二环	颜色				
	有效数				
第三环	颜色				
	倍乘数				
第四环	颜色				
	误差数				
电阻的阻值					

3. 万用表的使用及电阻测量

（1）在测量前，调节万用表至电阻挡位，应先将两表笔短接，转动调零电位器，使指针在 0 Ω 的位置；

（2）选择合适的挡位以保证测量的准确；

（3）电阻（或电流）测量完毕后，应将转换开关旋至高电压挡位。

表 1-1-3 测量阻值表

电阻	R_1	R_2	R_3	R_4	R_5	R_6
标称阻值						
测量阻值						
误　差						
等　级						

超导现象

我们都知道一般条件下物体都有电阻，对于一般的金属导体，温度升高时，电阻会增大。当电流通过时，会发热、升温，若物体的电阻能为零，那该多好！

1911 年荷兰物理学家昂尼斯在低温下测量物质的导电情况时发现，当温度低于 4.2 K（相当于−268.95℃）时，导体的电阻突然下降为零，这就是超导现象。

4. 用万用表测量电压电流

(1) 取 $R=1\ \text{k}\Omega$ 的电阻作为被测元件，并按图 1-1-19 接好线路。(注意在使用稳压电源时切勿将其输出端短路)

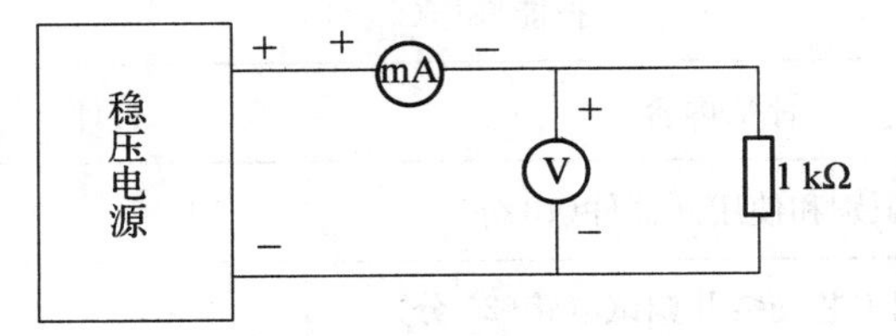

图 1-1-19　测量电阻的电路

(2) 经指导老师检查无误后，打开电源开关，依次调节直流稳压电源的输出电压分别为表 1-1-4 中所列数值，并将相对应的电流值记录在表 1-1-4 中。

表 1-1-4　测伏安特性表

U/V	0	2	4	6	8	10
I/mA						

评价反馈

考核标准如表 1-1-5 所示。

表 1-1-5　考核标准

基本素养(20 分)				
序号	评估内容	自评	互评	师评
1	纪律(无迟到、早退、旷课)(5 分)			
2	安全规范操作(5 分)			
3	团结协作能力、沟通能力(5 分)			
4	仪器设备摆放，卫生整理(5 分)			

续 表

理论知识(30分)				
序号	评估内容	自评	互评	师评
1	电路基本结构、状态(5分)			
2	电流、电压、电位(5分)			
3	电路欧姆定律、电功、电功率(10分)			
4	闭合电路欧姆定律(5分)			
5	电阻串联、并联的认知(5分)			
技能操作(50分)				
序号	评估内容	自评	互评	师评
1	正确识别和使用元器件(10分)			
2	按照装配工艺安装并调试电路(20分)			
3	通过实验记录实施步骤与数据(10分)			
4	根据所测的结果分析并检查(10分)			
综合评价				

项目二　复杂电路的连接与测试

学习目标

1. 掌握节点、支路和回路概念，基尔霍夫电流和电压定律，并应用基尔霍夫定律确定连接到结点上的各支路电流和电压之间的关系，掌握直流电流法。
2. 理解叠加原理、戴维南定理。
3. 能根据任务的要求，正确识别与分类选取元器件，灵活使用常用的仪器仪表，能按照装配工艺要求安装并测试电路。
4. 能根据所测的结果分析任务并检查，自评自己所做的成果，并用图片的形式呈现制作的成果。

工作任务

(一) 工作任务的背景

在信息化时代的背景下，在不同的专业领域，人们正在广泛地应用各项先进的技术，并且起着关键的作用。其中，电工电子技术的应用，有利于提高工作效率与生产，提高人们的生活水平，电工电子技术对于信息化社会的发展发挥着关键的作用，随着现代技术的逐渐优化和发展，电工电子技术也随之进步，如图 1－2－1 所示。只有认真学习电工电子技术，才能充分发掘到它的价值，更新生产方式，保证应用领域的稳定性。

图 1－2－1　复杂电路在工作中的广泛应用

电工技术基础是学习电子技术的基础，而基尔霍夫定律和直流电流法是所有电子电工类专业学生必须掌握的一个分析求解电路中电压及电流万能基础定律，其任务是使学生通过本课程的学习，获得电工技术必要的基本理论、基本知识、基本技能，了解电工技术的应用和发展，为后续学习相关课程以及从事与专业有关的工程技术工作打下一定的基础。

(二) 所需要的设备

本项目所需设备包括双路直流稳压电源、数字万用表、指针式万用表、直流电路实验台等，如图 1 - 2 - 2 所示。

双路直流稳压电源

直流电路试验台

数字万用表

指针式万用表

图 1 - 2 - 2　项目二所需部分设备

(三) 任务描述

本项目主要是让学生根据任务要求，对给出的复杂电路图进行连接，对测量值、计算值、误差进行统计，规划项目实施的步骤和记录数据，用实验数据来验证基尔霍夫定律、直流电流法、叠加原理、戴维南定理。

实践操作

(一) 知识储备

2.1　节点、支路和回路

对任意一段电路，电流与该段电路两端的电压成正比，与该段电路中的电阻成反比。这一结论是在 1127 年由德国科学家欧姆提出的，因此称为欧姆定律。

电路的基本定律除了欧姆定律，还有结点电流定律（KCL）和回路电压定律（KVL），KCL 和 KVL 都是德国科学家基尔霍夫 1147 年提出的，因此也把 KCL 称为基尔霍夫第一定律，把 KVL 称为基尔霍夫第二定律。欧姆定律体现了电路元件上的电压、电流约束关系，与电路的连接方式无关；而基尔霍夫定律则反映了电路整体的规律，具有普遍性，不但适合任何元件组成的电路，而且适合任何变化的电压与电流。基氏两定律和欧姆定律被称为电路的三大基本定律。

基尔霍夫定律是分析和计算电路的基本定律，包括基尔霍夫电流定律和基尔霍夫电压定律。为了便于介绍，现以图 1-2-3 为例，先介绍有关电路结构的几个术语。

1. 支路

电路中通过同一个电流的每一分支称为支路。如图 1-2-3 所示，*ab*、*ac*、*cd* 等共有 6 条支路。

2. 结点

三条或三条以上支路的连接点，成为结点。如图 1-2-3 所示，*a*、*b*、*c*、*d* 等共有 4 个结点。

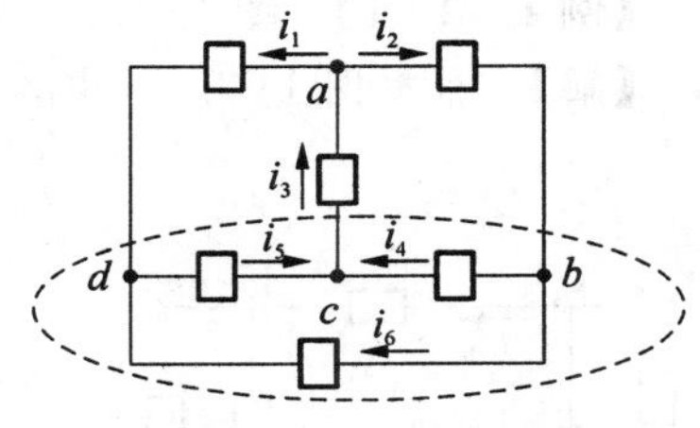

图 1-2-3　电路结构

3. 回路

电路中任一闭合路径称为回路，如图 1-2-3 所示，*abcda*、*acda* 等共有 7 个回路。

4. 网孔

内部不含支路的回路称为网孔，如图 1-2-3 所示，有 *abca*、*acda*、*cbdc* 共 3 个网孔。一个平面电路，设支路数为 b，结点数为 n，网孔数为 m，则有 $b=(n-1)+m$ 如图 1-2-3 所示，$b=(4-1)+3=6$。

2.2　基尔霍夫定律

1. 基尔霍夫电流定律

基尔霍夫电流定律(KCL)，又称结点电流定律，是用以确定连接到结点上的各支路电流之间关系的。其内容：对任一结点、任一时刻，流入结点的电流之和等于流出结点的电流之和。

如图 1-2-4 所示的电路中的结点 a，可得出

$$i_3=i_1+i_2 \quad 或 \quad i_3-i_2-i_1=0$$

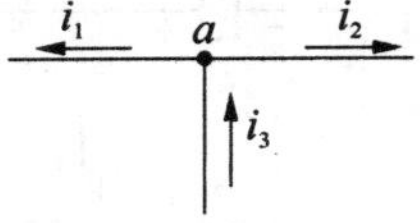

图 1-2-4　结点

上式表示：任意时刻流入结点 a 的所有支路电流的代数和等于零。

因此，基尔霍夫电流定律可表述为：电路的任一结点，任一时刻流入该结点的所有支路电流的代数和恒等与零。用公式表示为：

$$\sum i=0$$

上式中，根据电流的正方向，流入结点的电流前面取正号，流出结点的电流前面取负号。

在直流电路中为：

$$\sum I=0$$

基尔霍夫电流定律还可以推广应用于包围局部电路的任一假设的闭合曲面(高斯面)。例如图 1-2-3 中虚线所示的闭合曲面(另见图 1-2-5)。

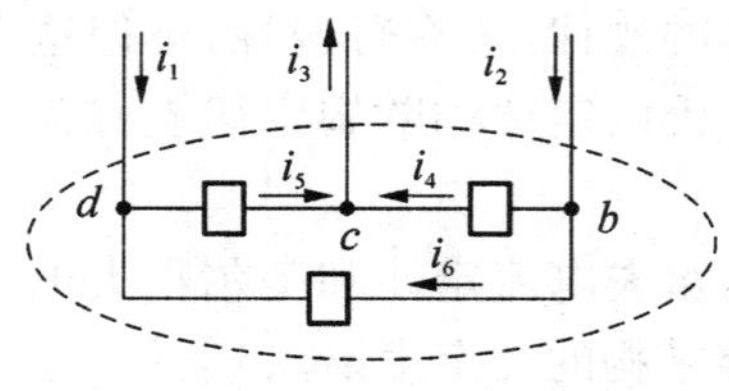

图 1-2-5　KCL 扩展应用

在图 1-2-5 中对结点 b、c、d 分别应用 KCL 可得

$$i_2 - i_4 - i_6 = 0,\ -i_3 + i_4 + i_5 = 0,\ i_1 - i_5 + i_6 = 0$$

上列三式相加，则有

$$i_1 + i_2 - i_3 = 0$$

或
$$\sum i = 0$$

可见，在任一时刻流入(或流出)任一闭合曲面的所有电流的代数和也恒等于零。

【例 1-2-1】　图 1-2-3 中，已知 $i_2 = 1\ \text{A}$，$i_2 = -2\ \text{A}$，求 i_1。

【解】　根据图 1-2-3 中各点电流的正方向，可得

$$i_1 = i_3 - i_2 = 1 - (-2) = 3\ \text{A}$$

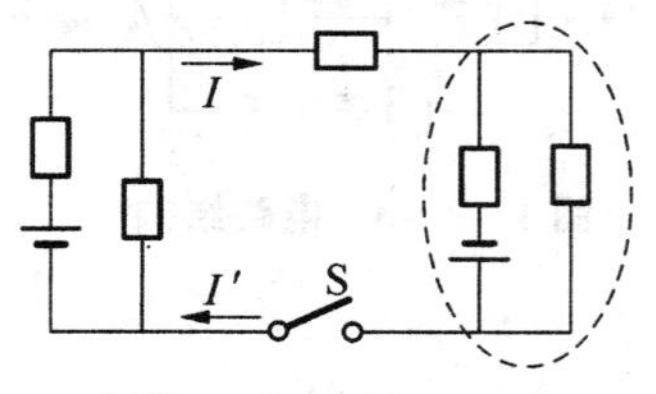

图 1-2-6　复杂电路图

【例 1-2-2】　图 1-2-6 中，(1) 已知 S 闭合时 $I = 1\ \text{A}$，求 I'；(2) S 断开时，求 I。

【解】　取一闭合曲面，如图 1-2-6 中虚线所示，根据 KCL 可得

S 闭合时，$I' = I = 1\ \text{A}$

S 断开时，$I = I' = 0$

2. 基尔霍夫电压定律

基尔霍夫电压定律(KVL)，又称回路电压定律，是用以确定回路中各段电压之间关系的。如果从电路中某点出发以顺时针或逆时针方向沿任一回路循行一周回到原出发点时，该点的瞬时电位是不会发生变化的。亦即沿该回路循行方向上的所有电位之和等于零。

例如图 1-2-7 中，从 a 点出发按虚线所示循行方向沿 $abcda$ 回路循行一周回到 a 点(如图中虚线所示)。

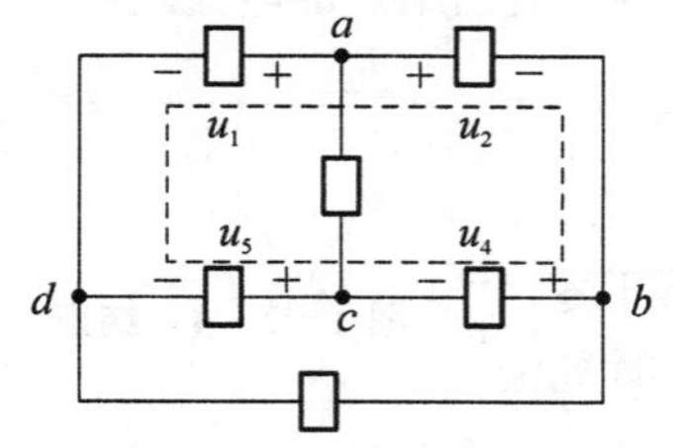

图 1-2-7　基尔霍夫电压定律

根据该回路中各段电压所标正方向可列出：

$$u_2 + u_4 + u_5 = u_1$$

即
$$u_2 + u_4 + u_5 - u_1 = 0$$

上式表示任一时刻沿该方向回路中所有各段电压的代数和等于零。

因此，基尔霍夫电压定律可表述为：电路中任一时刻，沿任一回路绕行方向，回路中所有各段电压的代数和恒等于零。用公式表示为：

$$\sum u = 0$$

在直流电路中为：

$$\sum U = 0$$

其中，电压的正方向与绕行方向一致时，前面取正号，相反时取负号，反之亦然。基尔霍夫

定律也可推广应用于不闭合电路。

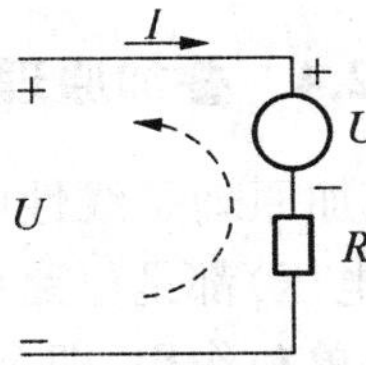

如图 1-2-8 所示的电路中，可列出：

$$U-IR-U_S=0$$

或
$$U=IR+U_S$$

图 1-2-8 KVL 推广应用于局部电路

【例 1-2-3】 图 1-2-9 所示电路中，已知 $U_S=9\text{ V}$，$I_S=2\text{ A}$，$R=3\ \Omega$，试求恒流源的端电压 U。

【解】 由 KVL 可得

$$IR+U-U_S=0$$

$$U=U_S-IR=U_S-I_SR=9-2\times3=3\text{ V}$$

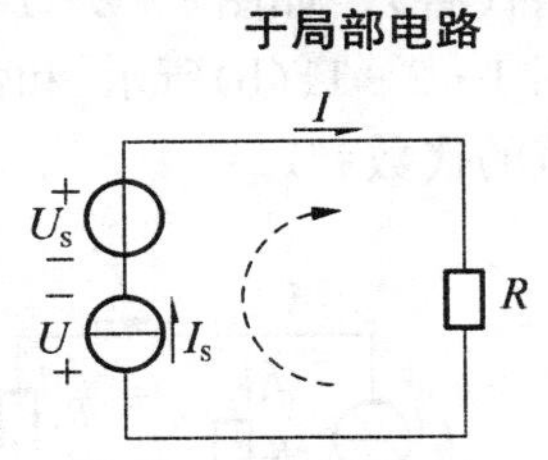

图 1-2-9 复杂电路

2.3 支路电流法

支路电流法是以支路电流为变量，直接运用基尔霍夫结点电流定律和回路电压定律列方程，然后联立求解的方法，它是电路分析最基本的方法。如图 1-2-10 所示电路，共有 3 条支路，2 个结点，2 个网孔，运用支路电流法分析的一般步骤如下。

(1) 确定各个支路电流的参考方向，并在图中标出。

(2) 根据 KCL 列结点电流方程，n 个结点的电路可列出 $(n-1)$ 个独立方程。在图 1-2-10 中，有 2 个结点 a 和 b。

对结点 a：$I_1+I_2-I_3=0$

对结点 b：$-I_1-I_2+I_3=0$

故 2 个结点只能列出 1 个独立的结点电流方程。

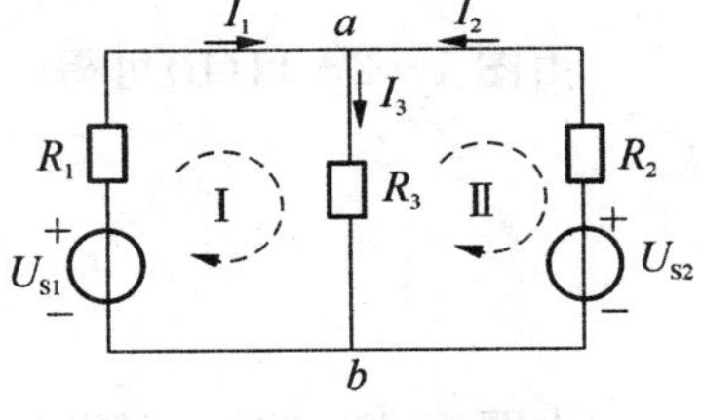

图 1-2-10 支路电流法

(3) 根据 KVL 列回路电压方程。为保证所列方程为独立方程，每次选取回路时最少应包含一条前面未曾用过的新支路，最好选用网孔作回路。如果电路有 m 个网孔则可列出 m 个独立的回路电压方程。

在图 1-2-10 中有 2 个网孔，标出网孔的绕行方向。

对左边网孔：$R_1I_1+R_3I_3-U_{S1}=0$

对右边网孔：$-R_3I_3-R_2I_2+U_{S2}=0$

应用 KCL 和 KVL 共可列出 $(n-1)+m=b$ 个独立方程，其中 b 正好为支路数。

(4) 联立求解方程式，即可求出各支路电流。

联立求解方程即可求出图 1-2-10 中各支路电流 I_1，I_2 和 I_3。

【例 1-2-4】 图 1-2-10 中，若 $R_1=R_2=R_3=1\ \Omega$，$U_{S1}=3\text{ V}$，$U_{S2}=1\text{ V}$，求各支路电流。

【解】 将已知数据代入结点电流方程式和网孔电压方程式可得

$$\begin{cases}I_1+I_2-I_3=0\\I_1+I_3=3\\I_2+I_3=1\end{cases}\quad 解之得\begin{cases}I_1=\dfrac{5}{3}\text{ A}\\I_2=-\dfrac{1}{3}\text{ A}\\I_3=\dfrac{4}{3}\text{ A}\end{cases}$$

*2.4 叠加原理

叠加原理是线性电路普遍适用的基本原理，其内容是：在线性电路中，任一支路的电流（或电压）都是电路中各个电源单独作用时在该支路产生的电流（或电压）的代数和。所谓电源单独作用，即令其中一个电源作用，其余电源为零（恒流源以开路代替，恒压源以短路代替）。如图1-2-11(a)中所示电路的支路电流 I_1 和 I_2 是电路中恒流源 I_S 单独作用[如图1-2-11(b)所示]和恒压源 U_S 单独作用[如图1-2-11(c)所示]时，在该支路产生的电流的代数和。

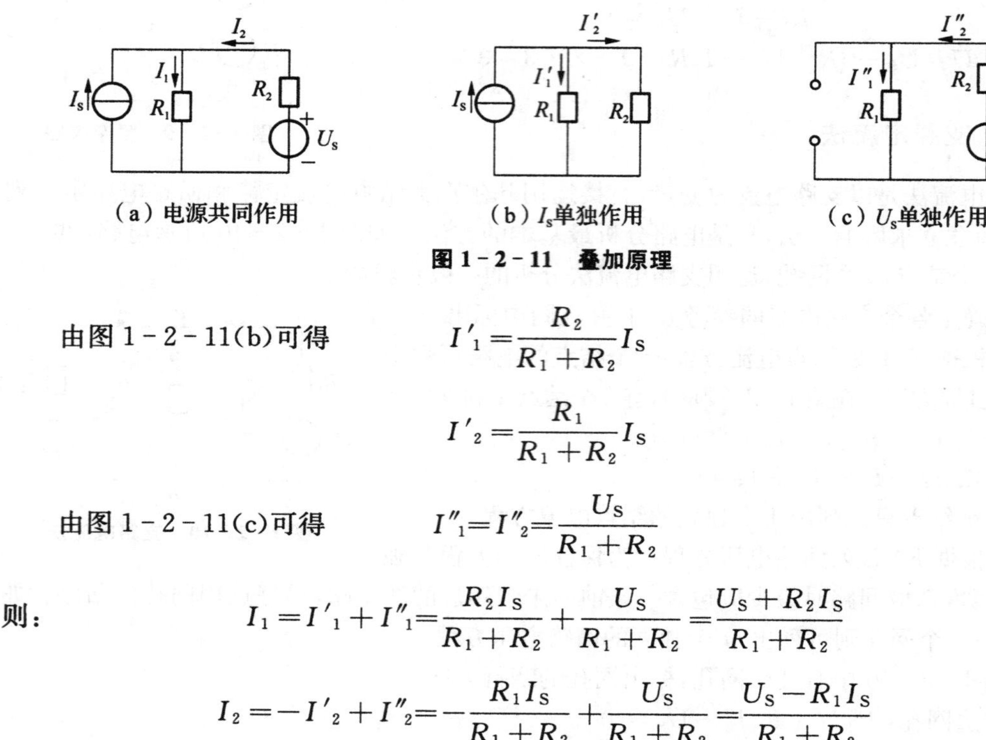

(a) 电源共同作用　(b) I_s单独作用　(c) U_s单独作用

图1-2-11　叠加原理

由图1-2-11(b)可得

$$I'_1=\frac{R_2}{R_1+R_2}I_S$$

$$I'_2=\frac{R_1}{R_1+R_2}I_S$$

由图1-2-11(c)可得

$$I''_1=I''_2=\frac{U_S}{R_1+R_2}$$

则：

$$I_1=I'_1+I''_1=\frac{R_2I_S}{R_1+R_2}+\frac{U_S}{R_1+R_2}=\frac{U_S+R_2I_S}{R_1+R_2}$$

$$I_2=-I'_2+I''_2=-\frac{R_1I_S}{R_1+R_2}+\frac{U_S}{R_1+R_2}=\frac{U_S-R_1I_S}{R_1+R_2}$$

如图1-2-11(a)所示电路，用叠加原理计算出的 I_1 和 I_2 与用支路电流法计算的结果也完全相同，验证了叠加原理。由此可见，利用叠加原理可将含有多个电源的电路分析，简化成若干单电源的简单电路分析。

利用叠加原理时应注意以下几点：

(1) 叠加原理仅适用于线性电路。

(2) 电源单独作用时，只能将不作用的恒压源短路，恒流源开路，电路的结构不变。

(3) 叠加时，如果各电源单独作用时，电流（或电压）分量的参考方向与总电流（或电压）的参考方向一致时，前面取正号，不一致时取负号。

(4) 电路中电压，电流可叠加，功率不可叠加，例如图1-2-11(a)中，R_1 消耗的功率：

$$P_1=I_1^2R_1=(I'_1+I''_1)^2R_1\neq I'^2_1R_1+I''^2_1R_1$$

【例1-2-5】 图1-2-12(a)所示电路中，已知：$R_1=R_2=R_3=1\ \Omega$，$U_{S1}=3\ \text{V}$，$U_{S2}=$

1 V。试用叠加原理计算各支路电流。

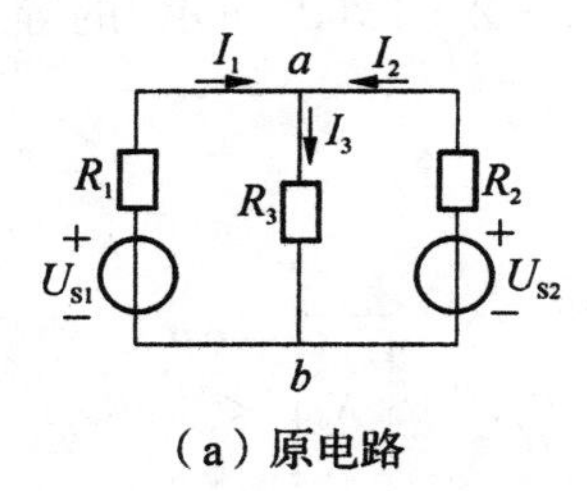

（a）原电路

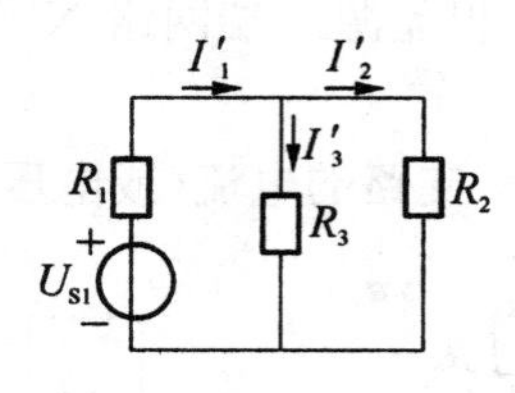

（b）U_{S1}单独作用时电路

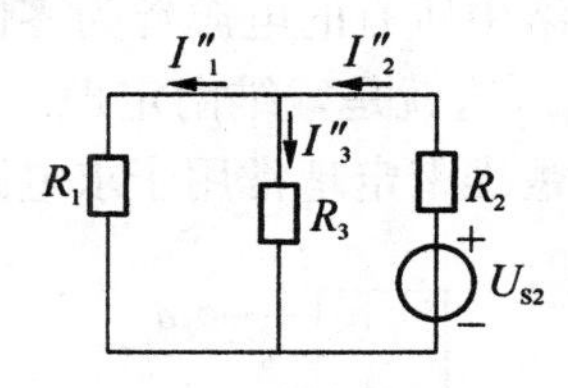

（c）U_{S2}单独作用时电路

图 1-2-12　多个电源的电路

【解】（1）求各电源单独作用时各支路电流分量。

当U_{S1}单独作用时，如图 1-2-12(b)所示。

$$I'_1=\frac{U_{S1}}{R_1+R_2 /\!/ R_3}=\frac{3}{1+\frac{1}{2}}=2\text{ A}$$

$$I'_2=\frac{R_3}{R_2+R_3}I'_1=\frac{1}{2}\times 2=1\text{ A}$$

$$I'_3=\frac{R_2}{R_2+R_3}I'_1=\frac{1}{2}\times 2=1\text{ A}$$

当U_{S2}单独作用时，如图 1-2-12(c)所示。

$$I''_2=\frac{U_{S2}}{R_2+R_1 /\!/ R_3}=\frac{1}{1+\frac{1}{2}}=\frac{2}{3}\text{A}$$

$$I''_1=\frac{R_3}{R_1+R_3}I''_2=\frac{1}{2}\times\frac{2}{3}=\frac{1}{3}\text{A}$$

$$I''_3=\frac{R_1}{R_1+R_3}I''_2=\frac{1}{2}\times\frac{2}{3}=\frac{1}{3}\text{A}$$

（2）叠加可得

$$I_1=I'_1-I''_1=2-\frac{1}{3}=\frac{5}{3}\text{A}$$

$$I_2=I''_2-I'_2=\frac{2}{3}-1=-\frac{1}{3}\text{A}$$

$$I_3=I'_3+I''_3=1+\frac{1}{3}=\frac{4}{3}\text{A}$$

*2.5　戴维南定理

任何一个线性含源二端网络 N，如图 1-2-13(a)所示，就其两个端点 a，b 而言，总可以用一个恒压源 U_S 和一个内阻 R_0 串联电路来等效代替，如图 1-2-13(b)所示。其中恒压

源的电压 U_S 等于该二端网络的开路电压 U_0，如图 1-2-13(c)所示；内阻 R_0 等于该有源二端网络中所有的电源皆为零值时，所得无源二端网络 N_0[如图 1-2-13(d)所示]的等效电阻 R_{ab}，这就是戴维南定理。

戴维南定理常用于求电路中某一支路的电流(或电压)。

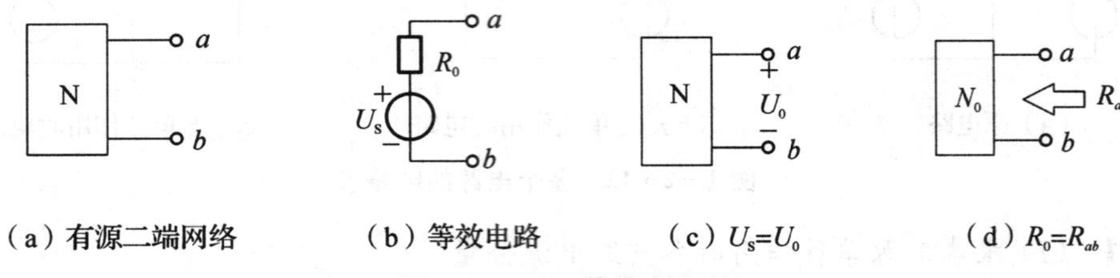

(a) 有源二端网络　(b) 等效电路　(c) U_s=U_0　(d) R_0=R_{ab}

图 1-2-13　戴维南定理

【例 1-2-6】 图 1-2-14(a)所示电路中，已知 $R_1=R_2=R_3=R_4=1\ \Omega$，$I_{S1}=2\ A$，$U_{S2}=1\ V$。求通过 R_4 支路的电流 I。

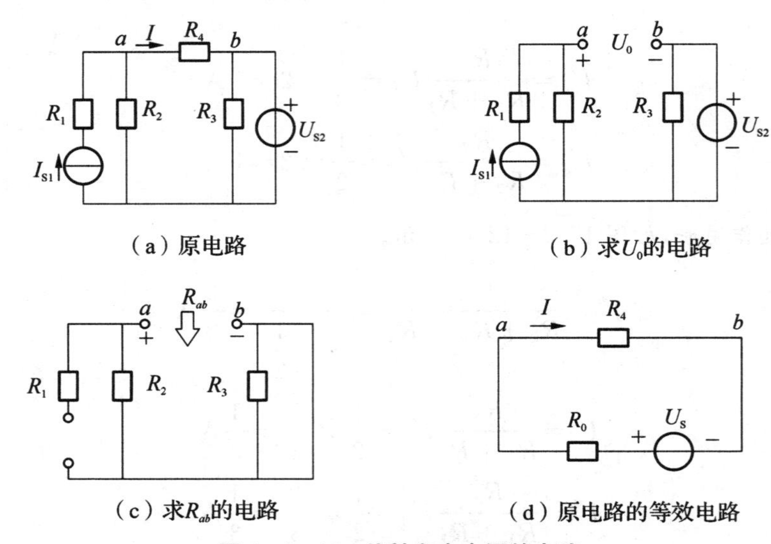

(a) 原电路　(b) 求U_0的电路

(c) 求R_{ab}的电路　(d) 原电路的等效电路

图 1-2-14　线性多个电源的电路

【解】 (1) 断开所求支路，求含源二端网络的开路电压 U_0[如图 1-2-14(b)所示]。

$$U_0=I_{S1}R_2-U_{S2}=2\times1-1=1\ V$$

(2) 令图 1-2-14(b)中所有电源为零(恒压源短路，恒流源开路)，得无源二端网络如图 1-2-14(c)所示，求入端电阻 R_{ab}。

$$R_{ab}=R_2=1\ \Omega$$

(3) 作出图 1-2-14(b)所示含源二端网络的戴维南等效电路，U_S 极性应与 U_0 一致(a 端为高电位端，b 端为低电位端)，接上被断开支路[如图 1-2-14(d)所示]，求支路电流 I。

$$U_S=U_0=1\ V$$
$$R_0=R_{ab}=1\ \Omega$$

则

$$I=\frac{U_S}{R_0+R_4}=\frac{1}{1+1}=0.5\ \text{A}$$

由本例可见，与恒流源串联的电阻 R_1 和与恒压源并联的电阻 R_3，对计算 I 并无影响。

【例 1-2-7】 求图 1-2-15(a)(b)所示电路的等效电路。

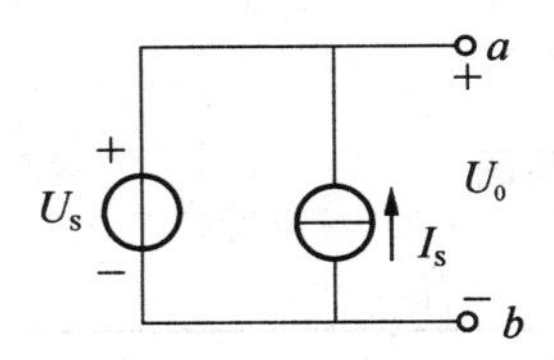

(a) 恒压源与恒流源并联

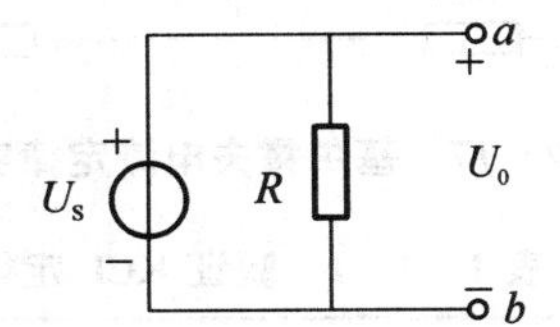

(b) 恒压源与电阻并联

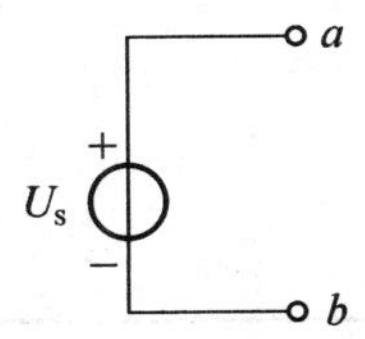

(c) 等效电路

图 1-2-15 恒压源与恒流源并联的电路

【解】 根据戴维南定理，图 1-2-15(a)和(b)中有源二端网络的开路电压：

$$U_0=U_S$$

令上述含源二端网络中电源均为零，求得其等效电阻 $R_0=R_{ab}=0$，故图 1-2-15(a)和(b)的等效电路如图 1-2-15(c)所示。可见，恒压源与恒流源(或电阻)并联，可等效为恒压源。

(二) 任务实施

温馨提示

在电路分析中，除了会遇到像电阻元件那样的无源元件以外，还会遇到电压源和电流源这样的有源元件。掌握电压源和电流源的概念以及它们之间的等效变换，能使某些复杂电路的分析、计算大为简化。

复杂电路的连接与测试可完成验证基尔霍夫电流定律、基尔霍夫电压定律、直流电流法等一系列子任务，如图 1-2-16 所示。

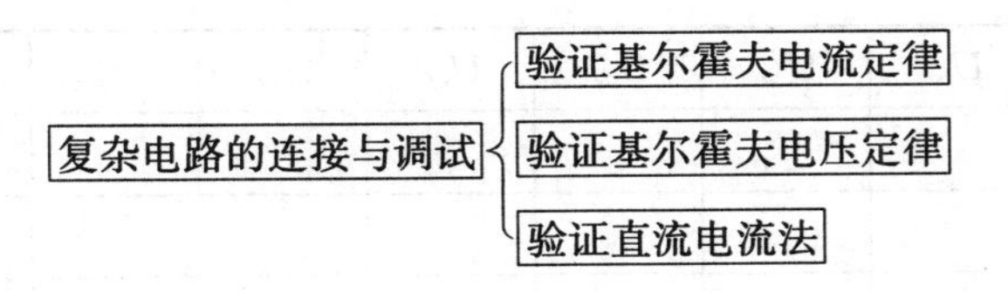

图 1-2-16 复杂电路任务图

1. 验证基尔霍夫电流定律

按图 1-2-17 接好线，检查无误后，开启电源，调节稳压源输出使 $U_{S1}=1.5\ \text{V}$，$U_{S2}=5\ \text{V}$，然后用毫安表(自选适当的量程)先后分别代替 1～1′，2～2′，3～3′连接导线，串入电路中，依次按图1-2-17所标的参考方向测得各支路电流(注意电流的正负),记录于表1-2-1中。

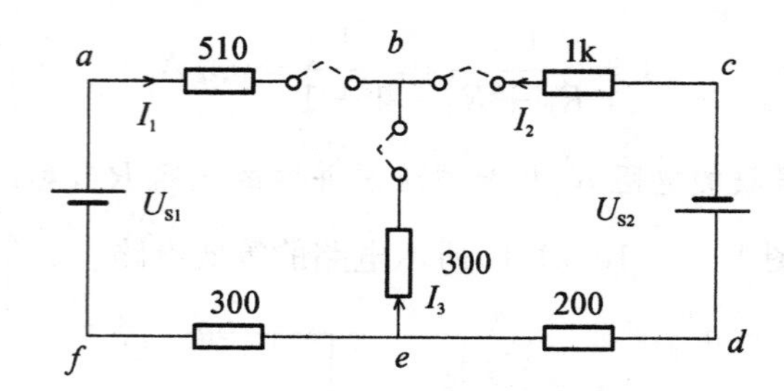

图1-2-17 基尔霍夫电流定律实验电路图

表1-2-1 验证KCL定律表

电流/mA	测量值	理论计算值	误差
I_1			
I_2			
I_3			
$\sum I$			

2. 验证基尔霍夫电压定律

按图1-2-18接好线,检查无误后,开启电源,调节稳压源输出使$U_{S1}=1.5$ V,$U_{S2}=5$ V,用电压表依次读取回路Ⅰ($abefa$)的支路电压U_{ab}、U_{be}、U_{ef}、U_{fa}以及回路Ⅱ($abcdefa$)的支路电压U_{ab}、U_{bc}、U_{cd}、U_{de}、U_{ef}、U_{fa},并将结果记录于表1-2-2中,注意电压值的正负。

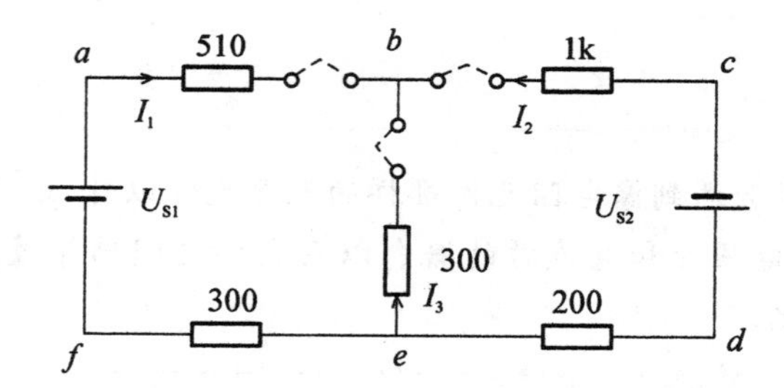

图1-2-18 基尔霍夫定律实验电路图

表1-2-2 验证KVL定律表

电压/V	U_{ab}	U_{bc}	U_{cd}	U_{de}	U_{ef}	U_{fa}	U_{be}	回路Ⅰ$\sum U$	回路Ⅱ$\sum U$
测量值									
计算值									
误　差									

小知识

如果电路的支路数为b、网孔数为m、节点数为n,那么$b=m+(n-1)$,即用支路电流法求解电路时，所列出的方程个数应等于支路数 b，其中列出 $(n-1)$ 个节点电流方程，列出 m 即 $[b-(n-1)]$ 个回路电压方程。

评价反馈

考核标准如表 1-2-3 所示。

表 1-2-3　考核标准

基本素养(20 分)				
序号	评估内容	自评	互评	师评
1	纪律(无迟到、早退、旷课)(5 分)			
2	安全规范操作(5 分)			
3	团结协作能力、沟通能力(5 分)			
4	仪器设备摆放，卫生整理(5 分)			
理论知识(30 分)				
序号	评估内容	自评	互评	师评
1	节点、支路和回路(5 分)			
2	基尔霍夫电流定律(8 分)			
3	基尔霍夫电压定律(8 分)			
4	直流电流法(5 分)			
5	叠加原理、戴维南定理的认知(4 分)			
技能操作(50 分)				
序号	评估内容	自评	互评	师评
1	正确识别和使用元器件(10 分)			
2	按照装配工艺安装并测试电路(20 分)			
3	通过实验记录实施步骤与数据(10 分)			
4	根据所测的结果分析并检查(10 分)			
综合评价				

项目三　示波器的使用与基本物理量分析

1. 了解正弦交流电动势的产生。
2. 理解交流电的概念。并熟练掌握正弦交流电的特征参数、符号及相关公式。
3. 掌提正弦交流电的三种主要表示方法(解析式、波形图和矢量图表示法)。
4. 掌握用矢量图分析一般的正弦量。
5. 初步学会用示波器观察和分析交、直流电的技能。

工作任务

(一) 工作任务背景

为了解决在广袤的农村地区线损高、损耗大、电压合格率低等问题,从 1998 年开始,我国进行了大规模的城乡电网升级与改造。“十五”期间电网企业组织实施的两期农村电网改造工程,让农村居民生活电价平均每千瓦时约降低 0.23 元,惠及全国 1 759 个县市 27 068 个乡镇 5.4 万个行政村 2.2 亿农户,可见电力技术的发展与进步是对人民群众产生实实在在的益处。

本项目所涉及的交流电相关知识是国家电网技术的基础,交流电的有关知识在电工学所占地位十分重要,而且是学习交流电动机、变压器和电子技术的重要基础,在研究交流电路时,既要用到直流电路中的许多概念和规律,又要学习交流电路自身的特点和规律。

(二) 所需要的设备

图 1-3-1 所示为本项目所需部分设备,包括示波器、函数信号发生器、导线若干、1.2 kΩ 电阻 1 只、0.1 μF 电容 1 只、电工刀 1 把、一字型螺丝刀若干、十字型螺丝刀若干、剥线钳 1 把、尖嘴钳 1 把、斜口钳 1 把、胶布 1 卷、万用表 1 只。

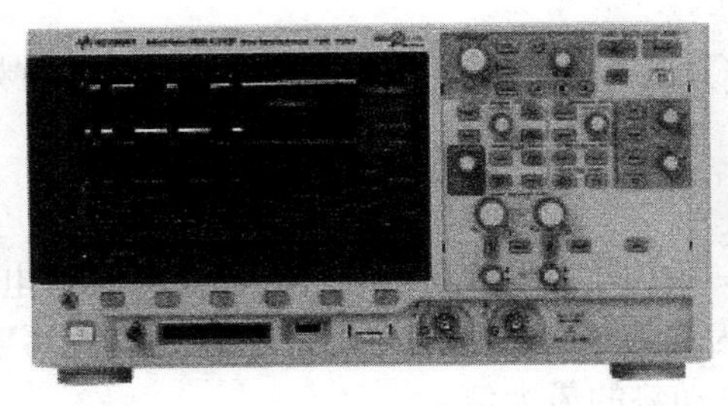

示波器

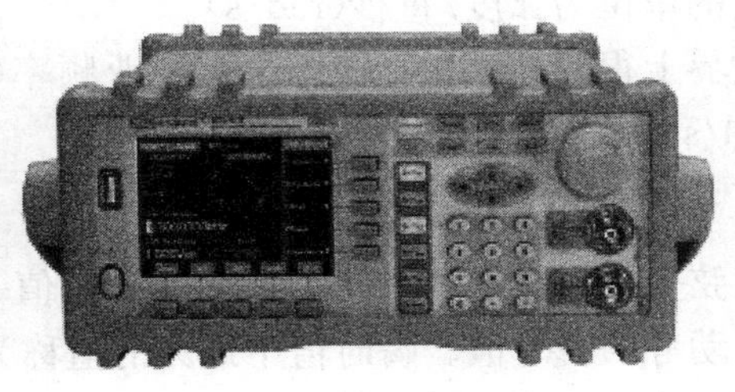

函数发生器

图 1-3-1　项目三所需部分设备

(三) 任务描述

本任务主要是使用示波器测量正弦交流电路，观察波形尺寸，对电压、频率、相位进行定量测量。按照实训电路原理图进行电路的连接，测量出相关电压的最大值并做记录，画出向量图。

实践操作

(一) 知识储备

3.1　正弦交流电的基本概念

在正弦交流电路中，电流的大小和方向，电压的大小和极性都随时间的变化而变动，那么，我们如何来表示正弦交流电？

对正弦交流电的描述可采用正弦或余弦函数来表示。而通常情况下主要采用正弦函数描述正弦交流电。以正弦交流电流为例，其表达式为：

$$i = I_{\mathrm{m}}\sin(\omega t + \varphi)$$

其波形如图 1-3-2 所示。

式中三个常数：幅值 I_{m}、角频率 ω、初相位 φ 称为正弦交流电的三要素，分别表征正弦变化的大小、快慢和初始值。

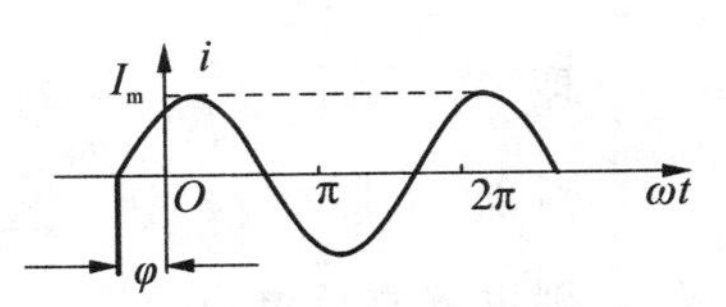

图 1-3-2　正弦交流电波形图

1. 周期和频率

正弦交流电变化一周所需的时间称为周期，用 T 表示，单位为秒(S)。每秒钟变化的次数称为频率，用 f 表示，单位为赫兹(Hz)。周期和频率互为倒数，即

$$f = \frac{1}{T}$$

正弦交流电变化的快慢还可用角频率 ω 来表示，所以其角频率为：

$$\omega = \frac{2\pi}{T} = 2\pi f$$

它的单位为弧度/每秒(rad/s)。

世界上很多国家包括我国电网工业频率(简称工频)为 50 Hz,周期为 0.02 s,角频率为 314 rad/s。

2. 最大值和有效值

正弦交流电在任一瞬间的值称为瞬时值,用小写字母表示,如 i、u、e 分别表示电流、电压和电动势的瞬时值。瞬时值中最大的值称为最大值(或振幅),用带下标 m 的大写字母表示,如 I_m、U_m 和 E_m 分别表示电流、电压、和电动势的最大值。

正弦交流电是一个随时间按正弦规律作周期性变化的物理量,它有瞬时值和最大值。交流电的有效值。用相应的大写字母 I ,U 和 E 分别表示电流、电压和电动势的有效值。

对于正弦交流电流,则有

$$I=\frac{I_m}{\sqrt{2}}$$

同理,对于正弦电压和电动势,有

$$U=\frac{U_m}{\sqrt{2}},\ E=\frac{E_m}{\sqrt{2}}$$

可见,正弦交流电的最大值是有效值的$\sqrt{2}$倍。

通常所说的交流电压和电流的大小,例如交流电压 220 V 和 310 V,以及一般交流测量仪表所指示的电压、电流的数值都是指有效值。

【例 1-3-1】 一个正弦交流电的初相角为 30°,在$\frac{T}{6}$时刻的电流值为 2 A,试求该电流的有效值。

【解】 根据已知条件,得

$$2=I_m\sin\left(\frac{2\pi}{T}\times\frac{T}{6}+30°\right)$$

即

$$2=I_m\sin(60°+30°)$$

所以

$$I_m=2\ \text{A}$$

则电流有效值为

$$I=0.707I_m=0.707\times2\approx1.41\ \text{A}$$

3. 相位和初相位

正弦交流电在不同时刻 t 由于具有不同的$(\omega t+\varphi)$值,正弦交流电也就变化到不同的数值,所以$(\omega t+\varphi)$反映出正弦交流电变化的进程,称为正弦交流电的相位角,简称相位。$t=0$ 时的相位称为初相位,用 φ 表示。初相位决定了 $t=0$ 时正弦交流电的大小和正负。在同一线性正弦交流电路中,电压、电流与电源的频率是相同的,但初相位不一定相同。

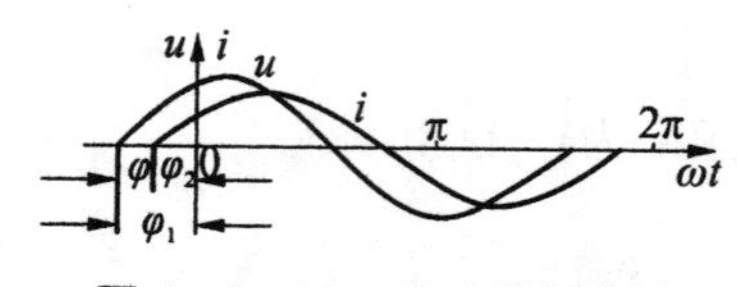

图 1-3-3 u 和 i 的相位差

两个同频率的正弦交流电的相位之差称为相位差,用 φ 表示,如图 1-3-3 所示。

$$u = U_{\mathrm{m}} \sin(\omega t + \varphi_1)$$
$$i = I_{\mathrm{m}} \sin(\omega t + \varphi_2)$$

它们的相位差：

$$\varphi = (\omega t + \varphi_1) - (\omega t + \varphi_2) = (\varphi_1 - \varphi_2)$$

可见，同频率正弦交流电的相位差也就是初相位之差。

当两个同频率的正弦交流电的计时起点 ($t = 0$) 改变时，它们的相位和初相位也随之改变，但两者之间的相位差保持不变。

由图 1-3-3 可见，由于 $\varphi_1 > \varphi_2$，$\varphi = \varphi_1 - \varphi_2 > 0$，所以，$u$ 较 i 先到达正的最大值(或零值)，这时称在相位上 u 比 i 超前 φ 角，或称 i 比 u 滞后 φ 角。

若 $\varphi < 0$，i 较 u 先到达正的最大值(或零值)，这时称在相位上 i 比 u 超前 φ 角，或称 u 比 i 滞后 φ 角。

若 $\varphi = 0$，即 $\varphi_1 = \varphi_2$，则称 u 和 i 相位相同，或称 u 与 i 同相，如图 1-3-4(a)所示。

若 $\varphi = \pm\pi$，则称 u 与 i 相位相反，或称 u 与 i 反相，如图 1-3-4(b)所示。

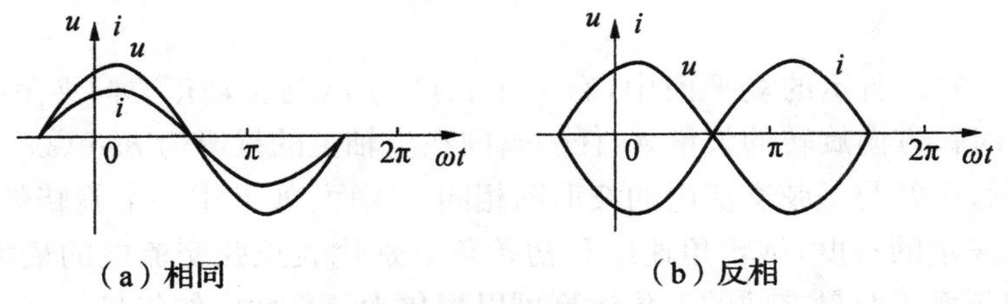

图 1-3-4　同频率正弦交流电的同相与反相

【例 1-3-2】 已知交流电压 $u = 220\sqrt{2}\sin(314t + 45^\circ)\mathrm{V}$，它的有效值是多少？频率是多少？初相是多少？

【解】 有效值 $U = \dfrac{U_{\mathrm{m}}}{\sqrt{2}} = 220\ \mathrm{V}$

频率 $\omega = \dfrac{2\pi}{T} = 2\pi f$

初相 $\varphi = 45^\circ$

3.2　正弦交流电的表示法

1. 解析式表示法

正弦交流电其表达式为瞬间表达式，也就是正弦交流电的解析式，即

$$e_{\mathrm{A}} = E_{\mathrm{m}} \sin\omega t$$
$$u = U_{\mathrm{m}} \sin(\omega t + \varphi_1)$$
$$i = I_{\mathrm{m}} \sin(\omega t + \varphi)$$

可见，只要知道了交流电的有效值(或最大值)、频率(或周期或频率)和初相，就可以写出该交流电的解析式。

【例 1-3-3】 已知某正弦交流电压的最大值 $U_m=154$ V，频率 $f=50$ Hz，初相 $\varphi_0=30°$，试写出它的解析式。

【解】 它的解析式为：

$$u=U_m\sin(\omega t+\varphi_0)=154\sin(100\pi t+30°)\text{V}$$

2. 波形图表示法

正弦交流电还可以用与解析式相对应的波形图来表示，如图 1-3-5 所示。

正弦交流电流表达式为：

$$i=I_m\sin(\omega t+\varphi)$$

其波形如图 1-3-5 所示。

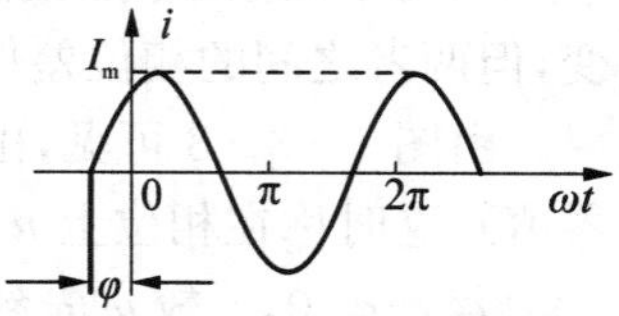

图 1-3-5 正弦交流电波形图

3. 矢量图表示法

正弦交流电除了可以用正弦函数(瞬间表达式)和波形图表示以外还可以用矢量表示。在交流电路的分析和计算中，常需将频率相同的正弦量进行加减等运算，若采用三角函数运算和波形图法都不够方便。因此，正弦交流电常用相量表示，以便将三角运算简化成复数形式的代数运算。

在图 1-3-6(a)所示的复平面中，有一个长度为 r，与实轴正方向夹角(初始角)为 φ，角速度为 ω，逆时针方向旋转的矢量 $\mathbf{A}$，任一瞬间在虚轴上的投影为 $r\sin(\omega t+\varphi)$，波形如图 1-3-6(b)所示，正好与正弦交流电的波形图相同。因而，如果用一个旋转矢量来表示正弦交流电，就是用矢量的长度，旋转角速度和初始角分别代表正弦交流电的最大值，角频率和初相位，那么同频率正弦量之间的三角运算可以简化为复平面中的矢量运算。

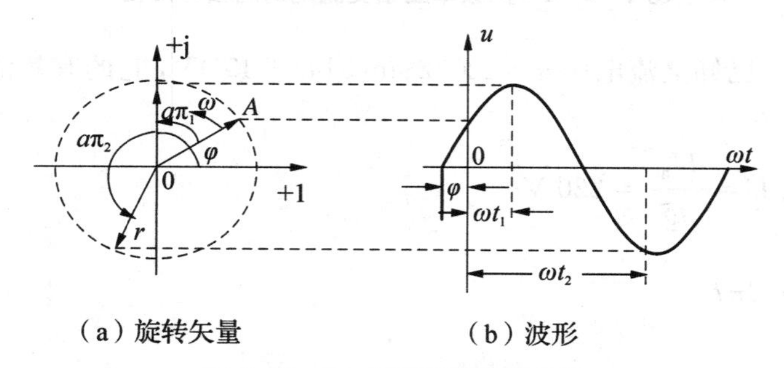

（a）旋转矢量　　（b）波形

图 1-3-6 复平面的旋转矢量

由于同频率的正弦交流电用旋转矢量表示时，它们旋转角速度相等，任一瞬间它们的相对位置不变。为简化运算，可以将它们固定在初始位置，用复平面中处于起始位置的固定矢量来表示一个正弦交流电，由于正弦交流电的大小通常是用有效值表示的，且 $I=\dfrac{I_m}{\sqrt{2}}$。故正弦交流电也可用复平面中长度等于正弦交流电的有效值，初始角等于正弦交流电的初相位的固定矢量来表示，并称之为有效值矢量，用 $\dot{U}$、$\dot{I}$、$\dot{E}$ 表示。

【例 1-3-4】 已知两个同频率的正弦交流电：

$$i=5\sqrt{2}\sin(314t+30°)\text{A}$$

$$u = 50\sqrt{2}\sin(314t + 45°)\text{V}$$

试作出电压和电流的矢量图表示式。

【解】 用最大值矢量表示为：

$$\dot{I}_\text{m} = 5\sqrt{2}\angle 30°\text{A}$$

$$\dot{U}_\text{m} = 50\sqrt{2}\angle 45°\text{V}$$

有效值矢量表示为：

$$\dot{I} = 5\angle 30°\text{A}$$

$$\dot{U} = 50\angle 45°\text{V}$$

其矢量图如图 1-3-7 所示。

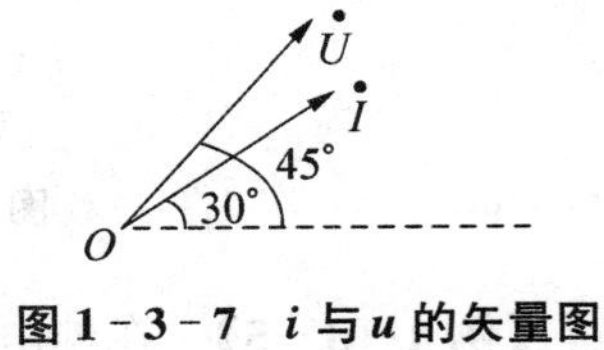

图 1-3-7　i 与 u 的矢量图

3.3　单一元件的正弦交流电路

1. 纯电阻交流电路

纯电阻交流电路的电压与电流关系，如图 1-3-8(a)所示电阻电路中，为了方便起见，以 $\dot{I}$ 为参考矢量：

$$i = I_\text{m}\sin\omega t$$

则

$$u = Ri = RI_\text{m}\sin\omega t = U_\text{m}\sin\omega t$$

可见 u 与 i 不但是同频率的正弦交流电，而且 u、i 同相，其波形如图 1-3-8(b)所示。

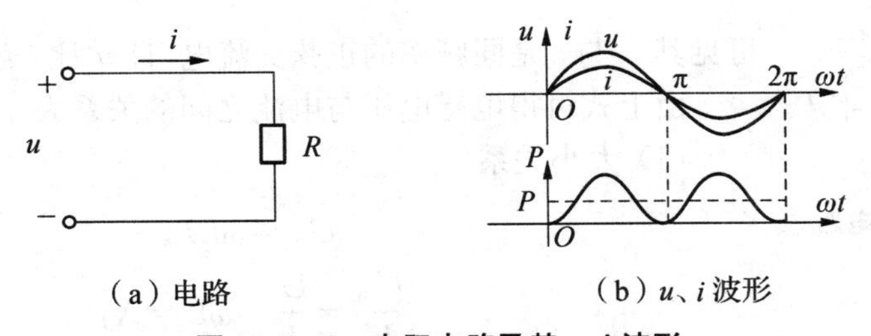

图 1-3-8　电阻电路及其 u、i 波形

可知电阻的电压与电流之间的关系为：

(1) 大小关系

$$U_\text{m} = RI_\text{m}$$

$$U = RI$$

(2) 相位关系

$$\varphi_u = \varphi_i$$

(3) 矢量关系

$$\dot{U}=R\dot{I}$$

其矢量图如图 1-3-9(a)所示,图 1-3-9(b)称为电阻的矢量模型。

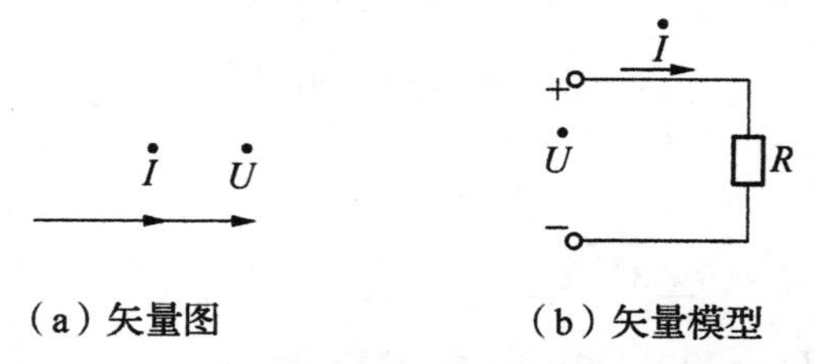

图 1-3-9 电阻的电压、电流矢量图和矢量模型

【例 1-3-5】 在纯电阻交流电路中,$U=220\sqrt{2}\sin(314t+30°)\text{V}$,电阻 $R=5\ \Omega$,试写出电流表达式。

【解】 因为 $U_{\text{m}}=220\sqrt{2}\text{V}$

所以 $I_{\text{m}}=\dfrac{U_{\text{m}}}{R}=\dfrac{220\sqrt{2}}{5}\text{A}=44\sqrt{2}\text{A}$

因为在纯电阻交流电路中,电压与电流同相,

所以 $\quad i=I_{\text{m}}\sin(314t+30°)=44\sqrt{2}\sin(314t+30°)\text{A}$

2. 纯电感交流电路

纯电感交流电路的电压与电流关系,如图 1-3-10 所示的电感电路中,设 $i=I_{\text{m}}\sin\omega t$,则

$$u=\omega LI_{\text{m}}\sin(\omega t+90°)=U_{\text{m}}\sin(\omega t+90°)$$

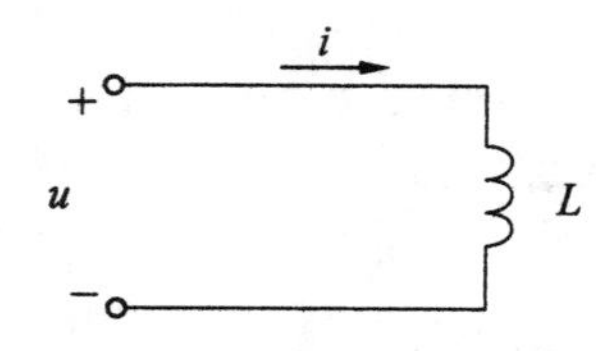

图 1-3-10 电感电路

可见其 u 与 i 是同频率的正弦交流电,且 u 比 i 超前 90°。

由上式可得电感电压与电流之间的关系为:

(1) 大小关系

$$U_{\text{m}}=\omega LI_{m}$$

$$\frac{U_{\text{m}}}{I_{\text{m}}}=\frac{U}{I}=\omega L=X_L$$

式中:X_L 为电压有效值与电流有效值之比称为感抗,其单位为 Ω。

$$X_L=\omega L=2\pi fL$$

可见电感对交流电流有阻碍作用,频率越高,则感抗越大,其阻碍作用越强。在直流电路中 $f=0$,$X_L=0$,电感可视为短路。

(2) 相位关系

$$\varphi_u=\varphi_i+90°$$

(3) 矢量关系

$$\frac{\dot{U}}{\dot{I}}=\mathrm{j}\omega L=\mathrm{j}X_L$$

电感的电压与电流的矢量图如图 1-3-11(a)所示，图 1-3-11(b)为电感的矢量模型。

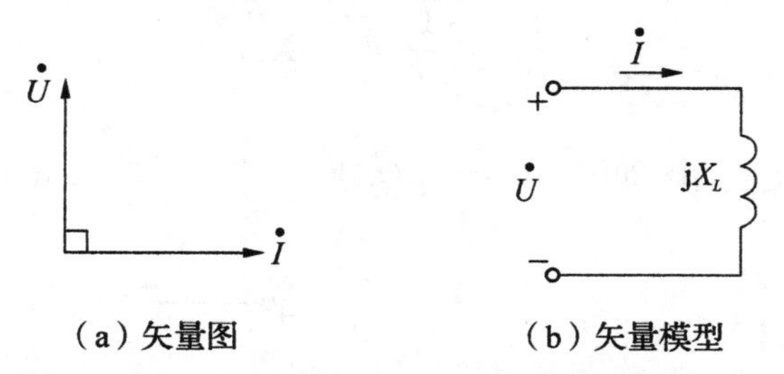

(a) 矢量图　　(b) 矢量模型

图 1-3-11　电感的电压、电流矢量图和矢量模型

【例 1-3-6】 已知交流电压 $u=220\sqrt{2}\sin(314t+45°)\mathrm{V}$，若电路接上一纯电感负载 $X_L=220\ \Omega$，则电路上电流的大小是多少？并写出电流的解析式。

【解】 因为 $U_\mathrm{m}=220\sqrt{2}\ \mathrm{V}$

所以 $I_\mathrm{m}=\dfrac{U_\mathrm{m}}{X_L}=\dfrac{220\sqrt{2}}{220}\mathrm{A}=\sqrt{2}\ \mathrm{A}$

因为在纯电感交流电路中，电压超前电流 90°，则

$$i=I_\mathrm{m}\sin(314t+45°-90°)=\sqrt{2}\sin(314t-45°)\mathrm{A}$$

3. 纯电容交流电路

纯电容交流电路的电压与电流关系，图 1-3-12 所示的电容电路中，设 $u=U_\mathrm{m}\sin\omega t$

$$i=\omega CU_\mathrm{m}\sin(\omega t+90°)=I_\mathrm{m}\sin(\omega t+90°)$$

可见其 u 与 i 是同频率的正弦交流电，且 i 比 u 超前 90°。

由上式可得电容电压与电流之间关系为：

(1) 大小关系

$$I_\mathrm{m}=\omega CU_\mathrm{m}$$

$$\frac{U_\mathrm{m}}{I_\mathrm{m}}=\frac{U}{I}=\frac{1}{\omega C}=X_C$$

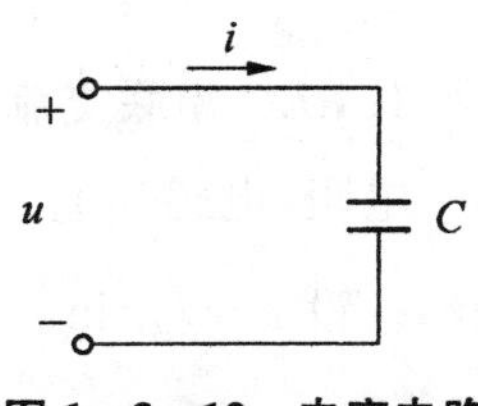

图 1-3-12　电容电路

式中：X_C 为电压与电流有效值之比称为容抗，其单位为 Ω。

$$X_C=\frac{1}{\omega C}=\frac{1}{2\pi fC}$$

可见电容对交流电流有阻碍作用，频率越低，则容抗越大，其阻碍作用越强。在直流电路中 $f=0$，$X_C=\infty$ 电容可视为开路。

(2) 相位关系

$$\varphi_i=\varphi_u+90°$$

(3) 矢量关系

由 $$\dot{U}=U\angle 0^\circ$$

故 $$\dot{I}=I\angle 90^\circ=\omega CU\angle(0^\circ+90^\circ)=\omega CU\angle 0^\circ\cdot 1\angle 90^\circ=\mathrm{j}\omega C\dot{U}$$

即 $$\frac{\dot{U}}{\dot{I}}=\frac{1}{\mathrm{j}\omega C}=-\mathrm{j}X_C$$

电容的电压与电流矢量图如图 1-3-13(a)所示,图 1-3-13(b)为电容的矢量模型。

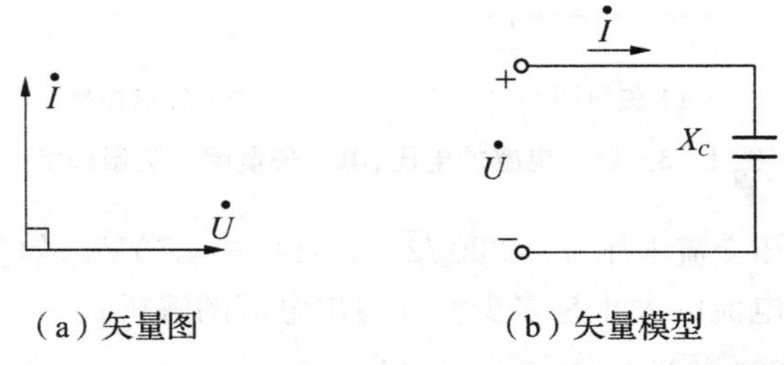

(a) 矢量图　　(b) 矢量模型

图 1-3-13　电容的电压、电流矢量图和矢量模型

【例 1-3-7】 已知在纯电容交流电路中,设 $U=40\sin(314t+30^\circ)$V,电容负载 $X_C=20\ \Omega$,求电路上电流解析式。

【解】 因为 $U_\mathrm{m}=40$,$I_\mathrm{m}=\dfrac{U_\mathrm{m}}{X_C}=\dfrac{40}{20}\mathrm{A}=2\ \mathrm{A}$

又因为在纯电容交流电路中,电压滞后电流 90°,

所以 $$i=I_\mathrm{m}\sin(314t+30^\circ+90^\circ)=2\sin(314t+120^\circ)\mathrm{A}$$

*3.4　*RLC* 串联交流电路

1. *RLC* 串联交流电路

电阻、电感和电容元件串联的交流电路如图 1-3-14(a)所示,图 1-3-14(b)是其相量模型。设 $i=I_\mathrm{m}\sin\omega t$,即以 $\dot{I}$ 为参考相量。

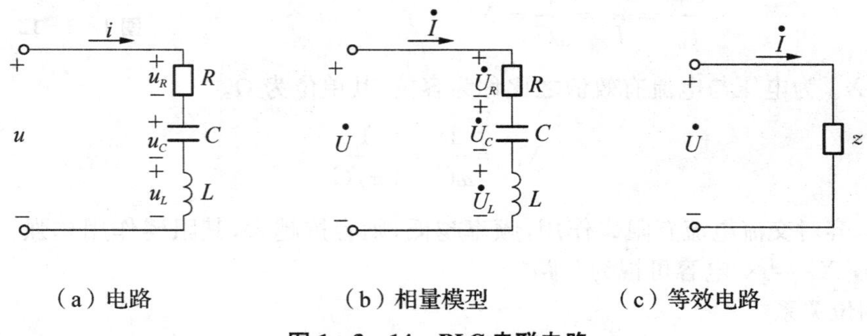

(a) 电路　　(b) 相量模型　　(c) 等效电路

图 1-3-14　*RLC* 串联电路

(1) 电压与电流关系

根据 KVL 有

$$u = u_R + u_L + u_C$$

用相量表示，则

$$\begin{aligned}\dot{U} &= \dot{U}_R + \dot{U}_L + \dot{U}_C = R\dot{I} + \dot{I}\mathrm{j}X_L - \dot{I}\mathrm{j}X_C \\ &= \dot{I}[R + \mathrm{j}(X_L - X_C)] = \dot{I}(R + \mathrm{j}X) \\ &= \dot{I}Z\end{aligned}$$

式中：$X = X_L - X_C$ 称为电抗，Z 称为电路的等效阻抗，如图 1-3-14(c)所示。

$$Z = |Z| \angle\varphi = R + \mathrm{j}X = R + \mathrm{j}(X_L - X_C)$$

可知

阻抗模　$$|Z| = \sqrt{R^2 + X^2} = \sqrt{R^2 + (X_L - X_C)^2}$$

阻抗角　$$\varphi = \arctan\frac{X}{R}\arctan\frac{X_L - X_C}{R}$$

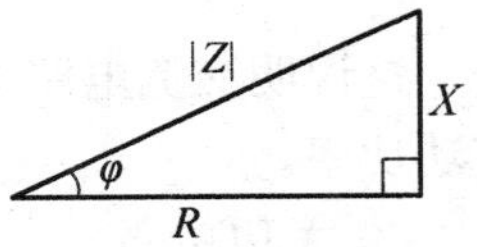

由上式可知，R、X 和 $|Z|$ 组成一直角三角形，称为阻抗三角形，如图 1-3-15 所示。

图 1-3-15　阻抗三角形

电压与电流的相量关系式 $\dot{U} = \dot{I}Z$ 也称为相量形式的欧姆定律。

可得电压和电流之间的关系为：

① 大小关系

$$|Z| = \frac{U}{I}$$

② 相位关系

$$\varphi = \varphi_u - \varphi_i$$

由上式可知阻抗角 φ 就是电压与电流间的相位差，其大小由电路参数决定。

当 $X > 0$（即 $X_L > X_C$）时，$\varphi > 0$，u 超前 i，电路呈电感性。

当 $X < 0$（即 $X_L < X_C$）时，$\varphi < 0$，u 滞后 i，电路呈电容性。

当 $X = 0$（即 $X_L = X_C$）时，$\varphi = 0$，u 与 i 同相，电路呈电阻性。

以电流为参考相量，根据纯电阻、电感和电容的电压与电流的相量关系及总电压相量等于各部分电压相量之和，可画出电路中的电流和各部分电压的相量图如图 1-3-16 所示，图中各电压组成一个直角三角形，利用相量图也可得到电压与电流的关系。

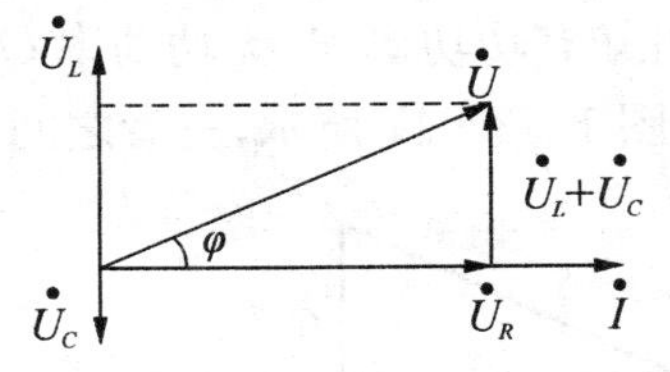

图 1-3-16　*RLC* 串联电路的相量图

$$U=\sqrt{U_R^2+(U_L-U_C)^2}$$
$$=I\sqrt{R^2+(X_L-X_C)^2}=I\mid Z\mid$$
$$\varphi=\arctan\frac{U_L-U_C}{U}=\arctan\frac{X_L-X_C}{R}$$

(2) 电路的功率

① 有功功率

$$P=UI\cos\varphi$$

上式表明交流电路中，有功功率的大小，不仅取决于电压和电流的有效值，而且和电压、电流间的相位差 φ（阻抗角）有关，即与电路的参数有关，式中 $\cos\varphi$ 称为电路的功率因数。

由相量图中的电压三角形可知：

$$U\cos\varphi=U_R=IR$$

故

$$P=UI\cos\varphi=U_RI=I^2R=\frac{U_R^2}{R}$$

这说明交流电路中只有电阻元件消耗功率，电路中电阻元件消耗的功率就等于电路的有功功率。

② 无功功率

电路中电感和电容元件要与电源交换能量，相应的无功功率为：

$$Q=U_LI-U_CI=I(U_L-U_C)=UI\sin\varphi$$

③ 视在功率

交流电路中，电压有效值 U 与电流有效值 I 的乘积称为电路的视在功率，用 S 表示。即

$$S=UI$$

视在功率的单位为伏安(V · A)或千伏安(kV · A)。

根据前面的分析，由于

$$P=UI\cos\varphi$$
$$Q=UI\sin\varphi$$
$$S=UI$$

可知有功功率 P，无功功率 Q 和视在功率 S 之间也组成一个直角三角形称为功率三角形，如图 1-3-17 所示，三者之间关系为：

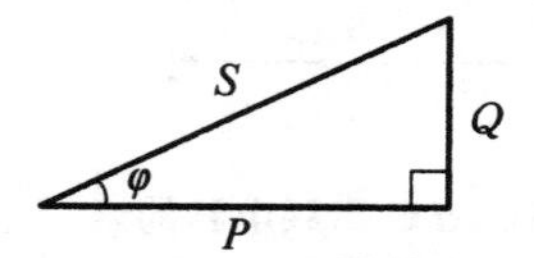

图 1-3-17　功率三角形

$$S=\sqrt{P^2+Q^2}$$
$$P=S\cos\varphi$$
$$Q=S\sin\varphi$$

功率三角形与电压三角形和阻抗三角都是相似三角形。

交流发电机和变压器等供电设备都是按照一定的输出额定电压 U_N 和额定电流 I_N 设计制造，两者的乘积称设备的额定视在功率 S_N，即

$$S_N = U_N I_N$$

使用时若实际视在功率超过额定视在功率，设备可能损坏，故其额定功率又称额定容量简称容量。

【例 1-3-8】 如图 1-3-14(a)所示的 R、L、C 串联电路中，已知 $u=220\sqrt{2}\sin(314t+30°)$ V，$R=30\ \Omega$，$L=127$ mH，$C=40\ \mu$F。求：(1) 感抗 X_L，容抗 X_C；(2) 电路中的电流 i 及各元件电压 U_R、U_L 和 U_C；(3) 电路的有功功率 P，无功功率 Q 和视在功率 S。

【解】 该电路的相量模型如图 1-3-14(b)所示。

(1) $X_L = \omega L = 314 \times 127 \times 10^{-3}\ \Omega = 40\ \Omega$

$$X_C = \frac{1}{\omega C} = \frac{1}{314 \times 40 \times 10^{-6}}\Omega = 80\ \Omega$$

(2) 电路的等效复阻抗

$$Z = R + j(X_L - X_C) = 30 + j(40 - 80) = 30 - j40$$
$$= 50\angle -53°\Omega \quad (\text{电容性})$$

$$\dot{I} = \frac{\dot{U}}{Z} = \frac{220\angle 30°}{50\angle -53°}\text{A} = 4.4\angle 83°\text{A}$$

$$i = 4.4\sqrt{2}\sin(314t + 83°)\text{A}$$

$$\dot{U}_R = R\dot{I} = 314 \times 4.4\angle 83°\text{V} = 132\angle 83°\text{V}$$

$$u_R = 132\sqrt{2}\sin(314t + 83°)\text{V}$$

$$\dot{U}_L = jx_L\dot{I} = 40\angle 90° \times 4.4\angle 83°\text{V} = 176\angle 173°\text{V}$$

$$u_L = 176\sqrt{2}\sin(314t + 173°)\text{V}$$

$$\dot{U}_C = -j\times_C\dot{I} = 80\angle -90° \times 4.4\angle 83°\text{V} = 352\angle -7°\text{V}$$

$$u_C = 352\sqrt{2}\sin(314t - 7°)\text{V}$$

(3) $P = UI\cos\varphi = 220 \times 4.4 \times \cos(-53°)\text{W} = 581\ \text{W}$

$$Q = UI\sin\varphi = 220 \times 4.4 \times \sin(-53°)\text{W} = -774\ \text{W}$$

$$S = UI = 220 \times 4.4\ \text{W} = 968\ \text{W}$$

RLC 串联电路包含了三种性质不同的参数，是具有一定意义的典型电路。当电路中只有其中两种参数串联，分析时可视为 *RLC* 串联电路在 R、X_L、X_C 中某个等于零的特例。

2. RLC 串联交流电路功率因数的提高

通过前面的分析，已知交流电路的有功功率的大小不仅取决于电压和电流的有效值，而且和电压、电流间的相位差 φ 有关。即

$$P = UI\cos\varphi$$

$\cos\varphi$ 为电路的功率因数，它与电路的参数有关。纯电阻电路 $\cos\varphi = 1$，纯电感和纯电

容的电路 $\cos\varphi=0$。一般电路中，$0<\cos\varphi<1$。目前，在各种用电设备中，除白炽灯、电阻炉等少数电阻性负载外，大多属于电感性负载。例如工农业生产中广泛使用的三相异步电动机和日常生活中大量使用的日光灯、电风扇等都属于电感性负载。而且它们的功率因数往往比较低。功率因数低，会引起下列两个问题：

(1) 降低了供电设备的利用率

供电设备的额定容量 $S_N=U_N I_N$ 是一定的，其输出的有功功率为：

$$P=U_N I_N\cos\varphi=S_N\cos\varphi$$

当 $\cos\varphi=1$ 时，$P=S_N$，供电设备的利用率最高；一般 $\cos\varphi<1$，$P<S_N$；$\cos\varphi$ 越低，则输出的有功功率 P 越小，而无功功率 Q 越大，电源与负载交换能量的规模越大，供电设备所提供的能量就越不能充分利用。

(2) 增加了供电设备和线路的功率的损耗

负载从电源取用的电流为：

$$I=\frac{P}{U\cos\varphi}$$

在 P 和 U 一定的情况下，$\cos\varphi$ 越低，I 就越大，供电设备和输电线路的功率损耗就越大。因此，提高电路的功率因数就可以提高供电设备的利用率和减少供电设备和输电线路的功率损耗，具有非常重要的经济意义。

提高电路的功率因数的方法是在电感性负载两端并联电容器。并联电容器后，流过感性负载的电流及其功率因数没有变，而整个电路的功率因数 $\cos\varphi>\cos\varphi_1$，比并联电容前提高了；电路的总电流 $I<I_1$，比并联电容前减少了。这是由于并联电容器后电感性负载所需的无功功率大部分可由电容的无功功率补偿，减小了电源与负载之间的能量交换。但要注意，并联电容后，电路的有功功率并未改变。

所以
$$C=\frac{P}{\omega U^2}(\tan\varphi_1-\tan\varphi)$$

根据此公式可计算出将功率因数由 $\cos\varphi_1$ 提高到 $\cos\varphi$ 所需并联的电容器的容量。

目前我国有关部门规定，电力用户功率因数不得低于0.9。通常单位用户应把功率因数提高到略小于1。

【例1-3-9】 有一电感性负载，接到220 V、50 Hz的交流电源上，消耗的有功功率为4.1 kW，功率因数为0.5，试问并联多大的电容才能将电路的功率因数提高到0.95?

【解】 据题意　$P=4.8\ \text{kW}$，$U=220\ \text{V}$，$f=50\ \text{Hz}$

未加电容时　$\cos\varphi_1=0.5$，$\varphi_1=\arccos 0.5=60°$

并联电容后　$\cos\varphi_1=0.95$，$\varphi=\arccos 0.95=18.19°$

$$\begin{aligned}C&=\frac{P}{2\pi f U^2}(\tan\varphi_1-\tan\varphi)\\&=\frac{4.8\times10^3}{2\times3.14\times50\times220^2}(\tan 60°-\tan 18.19°)\mu\text{F}\\&=433\ \mu\text{F}\end{aligned}$$

3.5　示波器的使用

示波器可以显示某一段时间内电压变化波形，通过显示出来的波形，可以对电路进行定性观察；也可以根据所显示的波形尺寸，对电压、频率、相位进行定量测量。特别是一些脉冲参数的测量。

示波器的最主要应用是观测波形。观测波形时的操作步骤，一般应先调节辉度、聚焦，然后调节移位，使荧光屏上的波形居中间位置，再调节Y通道衰减，使波形幅度适中，最后调节波形使之稳定。

对连续扫描工作方式的示波器，要使波形稳定，可以调节扫描频率。对于触发扫描的示波器，要使波形稳定，可调节"扫描速度""稳定度""触发电平"三个旋钮。一般先选好适当的扫描速度（如果扫描速度有微调旋钮，为了使扫描速度值与面板标尺一致，以便进行定量测量，可将扫描速度的微调旋钮置于校正位置，测量过程不要旋动）；然后调节稳定度旋钮，先使它产生一条扫描线，再逆向转动稳定度旋钮，使扫描处于刚"停止触发"的临界状态，接着将触发电平旋钮从小向增大方向旋动，至扫描发生器能被触发，得到一个稳定的波形为止。如果电平继续旋动，则波形的起点电平将沿前沿移动。

触发信号都有专用开关进行选择，通常可选用内、外或电源。内触发指用被测信号本身进行触发，是观测波形最常用的方式。外触发则用于观察比较复杂的波形。选择电源作触发信号，一般是为了观察与电网50 Hz有关的交流波形。

如果要对波形进行定量测量（包括测量幅度、频率、周期等）可以采用两种方法：

1. 比较法

测量时用一个具有标准幅值或标准频率的脉冲与被测信号同时或先后显示在荧光屏上，然后根据两者的尺寸算出电压与频率值。

2. 直读法

在示波器的面板上注有扫描速度值和Y轴灵敏度值，测量时可以根据屏光屏上的尺寸直接算出电压与频率值。

$$电压值＝波形在Y轴上所占的格数(cm)\times Y轴偏转因数(V/cm)$$

式中：偏转因数＝1/Sy（Sy为灵敏度）。

$$周期＝波形在X轴上所占的格数(cm)\times 单位格数扫描时间(s/cm)$$

单位格数扫描时间等于扫描速度的倒数，一般示波器扫描速度旋钮刻度是每格扫描时间而不是扫描速度，波形在X、Y轴所占格数，可从荧光屏标尺上读出，如图1－3－18和图1－3－19所示。

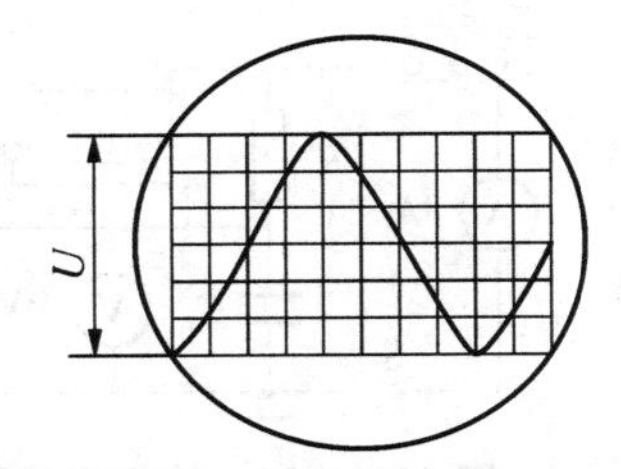

图1－3－18　用示波器测量电压幅度

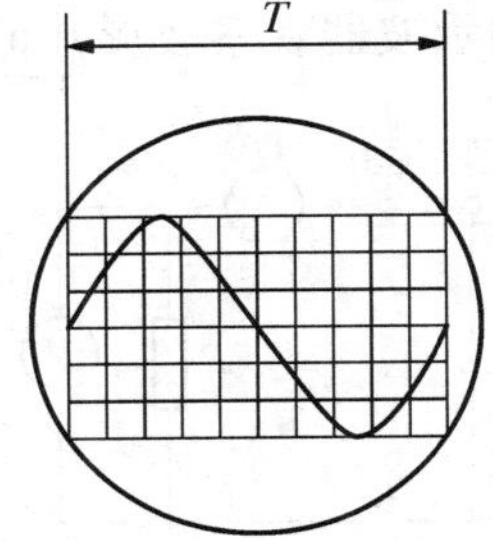

图1－3－19　用示波器测量周期

(二) 任务实施

1. 正弦交流电基本物理量的检测与分析

直流电与交流电

我们日常生活中常说的"直流电"是指稳恒直流电还是脉动直流电？大小和方向都随时间变化的电压，一定是交流电压吗？交流电压一定是大小和方向都随时间变化的吗？

在现代工农业生产及日常生活中，除了必须使用直流电的特殊情况外，绝大多数都是使用交流电，如家用电器、照明、机器设备等。由此可见，交流电跟直流电相比有很多优点。请从电能的产生、输送、分配、使用等方面来分析交流电的优点。

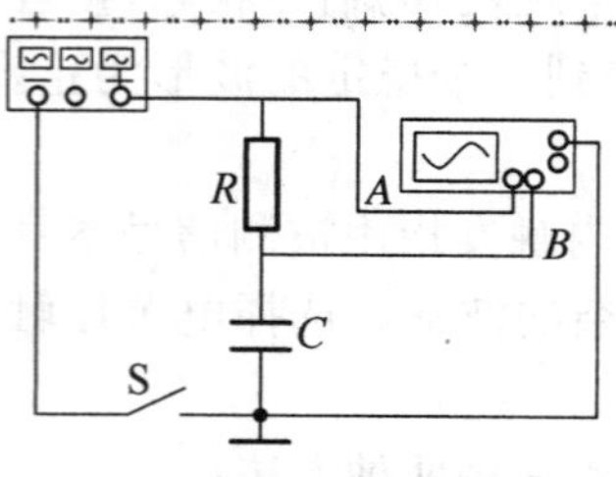

图 1-3-20　连接电路一

(1) 按图 1-3-20 所示装接电路。

(2) 调节信号发生器，使其输出一定频率、适当幅度的正弦波，然后用双踪示波器观察电阻、电容两端电压 U_R 和 U_C。

(3) 用万用表测量信号发生器的输出电压 U 及电阻两端电压 U_R 和电容两端电压 U_C。

(4) 将测量数据填入表 1-3-1。

表 1-3-1

测量对象	有效值/V	最大值/V	解析式
输入电压信号			
电阻两端电压			
电容两端电压			

(5) 根据测量记录，计算相关电压的最大值，写出相应解析式，并比较他们的相位。

2. 单一参数交流与电路的检测与分析

(1) 按图 1-3-21 所示装接电路。将低频信号发生器输出信号调为正弦波，再将开关 S 闭合，观察电压表、电流表指针偏转的同步性并记录读数。再重做两次。

(2) 按图 1-3-22 所示装接电路。当开关 S 闭合后，依次输入 6 Hz 和 60 Hz 的信号，用示波器观察波形并记录波形，同时观察电压表、电流表的指针偏转情况并记录读数。

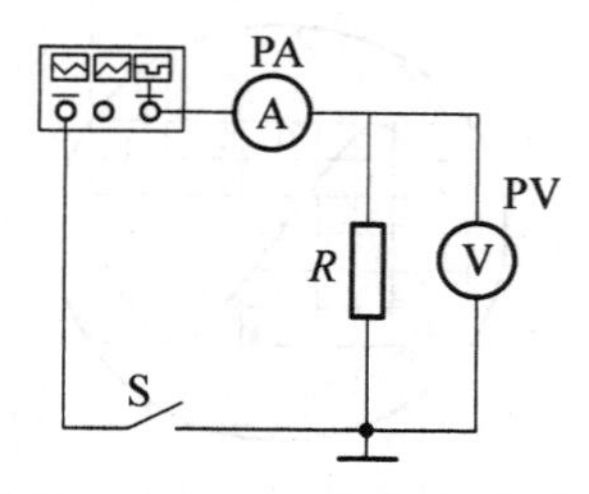

图 1-3-21　连接电路二

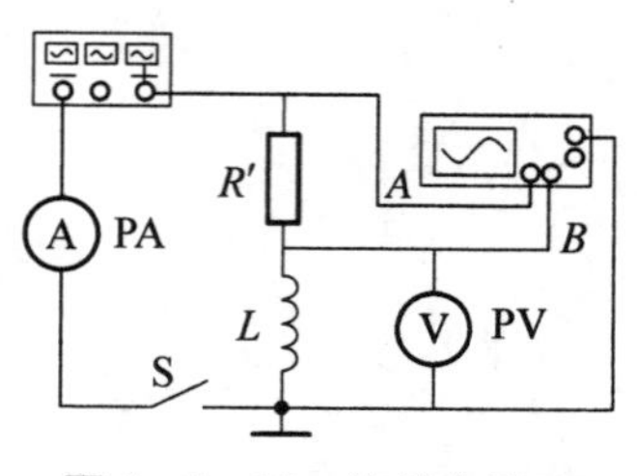

图 1-3-22　连接电路三

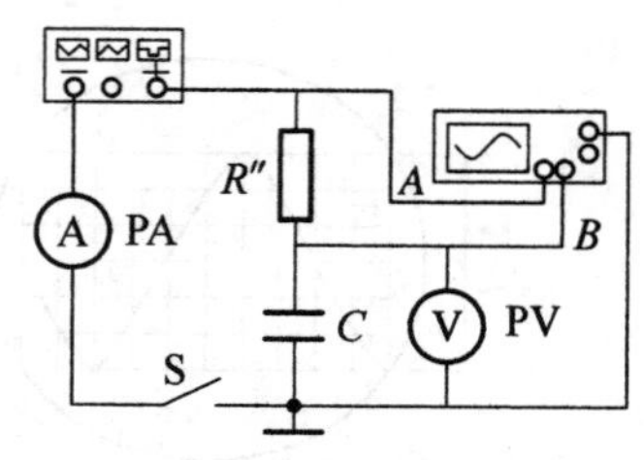

图 1-3-23　连接电路四

(3) 按图 1-3-23 所示装接电路。当开关 S 闭合后，依次输入 6 Hz 和 60 Hz 的信号，用示波器观察波形并记录波形，同时观察电压表、电流表的指针偏转情况并记录读数。

小知识

导线实际上是具有电阻的，只是我们在前面讨论中将其忽略不计而已。在频率较低时，趋肤效应引起的电阻增加可忽略不计，可认为欧姆电阻(导线对于直流的电阻)与有效电阻(导线对于交流的电阻)相等。但在高频时，导线的有效电阻有时会比欧姆电阻大几倍。为了能有效地利用金属材料，通过高频电流的导线常制成管形或者在其表面镀银。

(4) 根据实验测出的电压、电流值，计算其余物理量并填写在表 1-3-2 中。

表 1-3-2

电路 项目	纯电阻电路		纯电感电路		纯电容电路	
电压/V						
电流/A						
对电流阻碍性/Ω	$R=$	$R=$	$X_L=$	$X_L=$	$X_C=$	$X_C=$
电流与电压的相位关系						

评价反馈

考核标准如表 1-3-3 所示。

表 1-3-3　考核标准

基本素养(20 分)				
序号	评估内容	自评	互评	师评
1	纪律(无迟到、早退、旷课)(5 分)			
2	安全规范操作(5 分)			
3	团结协作能力、沟通能力(5 分)			
4	仪器设备摆放，卫生整理(5 分)			
理论知识(30 分)				
序号	评估内容	自评	互评	师评
1	正弦交流电的特征参数、符号(3 分)			
2	使用示波器观察、分析交流电(8 分)			
3	正弦交流电的三种表示方法(10 分)			
4	电阻、电容、电感电路性质(5 分)			
5	了解交流电路特征量表达式(4 分)			

续　表

技能操作(50 分)				
序号	评估内容	自评	互评	师评
1	正确使用和读取测量器件(10 分)			
2	按照装配工艺安装并调试电路(20 分)			
3	通过实验记录实施步骤与数据(10 分)			
4	根据所测的结果分析并检查(10 分)			
综合评价				

项目四　家庭电路的组装与简单故障检修

学习目标

1. 掌握照明电路及配电板的安装与检测技能，会使用单相电能表。
2. 掌握各有关电器的作用、基本原理和用法，能计算电路各量并选择合适的导线与器材。
3. 能检修荧光灯电路简单故障。

工作任务

(一) 工作任务背景

电力系统很多问题，都是为了应对高峰负荷。调度的调峰，电力系统方案的规则，电力设备的投资，乃至电力故障的发生，都与其密切有关，大家常听到的迎峰度夏，就体现了峰荷对于电力系统的压力。这背后其实和每个家庭的用电都息息相关，在用电高峰期，如果有着有序的规模效应的节电行为，对于电力系统无疑是非常有益的，调峰压力减小，电力设备投资降低，系统可靠性提高。

本项目家庭电路的组装与简单故障检修，就是对家庭电路知识的简单介绍，通过本项目的学习可以基本掌握家庭电路的相关知识，同时可以对家庭电路中出现的简单故障加以排查。家庭电路知识的学习可以从小处着手，做好家庭节约用电、降低能耗，为国家电力节省更多的资源。

(二) 所需要的设备

图 1-4-1 所示为本项目所需部分设备，包括双刀开关 1 只、熔断器 2 只、平装式卡口灯座 1 只、螺旋式白炽灯 1 只、单相电能表 1 只、暗开关(250 V，4 A)1 只、开关盒(250 V，4 A)2 只、单相二极暗插座 1 只、导线若干交流电源 220 V、功能完好的荧光灯 220 V、40 W1 组、有故障的荧光灯若干组、单相闸刀开关 1 只、交流电流表 1 只、万用表 1 只。

熔断器

单相电能表

图 1－4－1　项目四所需部分设备

(三) 任务描述

本任务首先是对家庭照明电路所需要的器件进行检测，在保证器件完好的情况下按照电路图进行家庭电路的布线、接线，完成家庭电路的安装；通过对家用荧光灯的安装，对故障进行原因排查，实现荧光灯电路简单故障的维修。

实践操作

(一) 知识储备

4.1　三相电路

目前世界上交流电所采用的供电方式绝大多数是三相制。作为生产用电中最主要的负载，交流电动机大多数是三相交流电动机。本内容将主要介绍三相对称正弦交流电源的产生、连接和电能的输送方式；三相负载的连接和特点。

1. 三相交流电源

三相正弦交流电是由三相交流发电机产生的，图 1－4－2 是三相交流发电机的原理图。定子铁心的内圆周表面有冲槽，用来放置三相定子(电枢)绕组。每个绕组都是相同的，它们的始端标为 A、B、C，末端标为 X、Y、Z。每个绕组的两边放在相应的定子铁心的槽内，三个绕组的始端之间彼此相隔 120°。磁极是转子，是可以转动的。当转子在原动机的带动下，以均匀速度按顺时针方向转动时，则每相定子绕组依次切割磁力线。定子绕组中产生频率相同，幅值相等的正弦电动势 e_A、e_B 及 e_C。三个电动势的参考方向由定子绕组的末端指向始端。

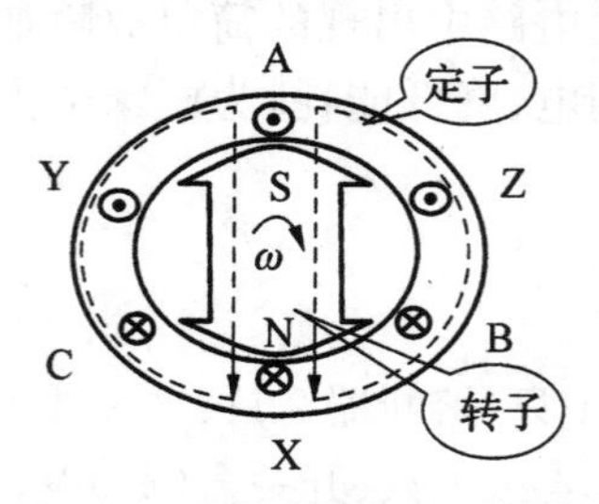

图 1－4－2　三相交流发电机的原理图

假定三相发电机的初始位置如上左图所示，产生的电动势幅值为 E_m，频率为 ω，E 是有效值。如果以 A 相为参考，则可得出：

$$\begin{cases} e_A = E_m \sin \omega t \text{ V} \\ e_B = E_m \sin(\omega t - 120^\circ) \text{ V} \\ e_C = E_m \sin(\omega t + 120^\circ) \text{ V} \end{cases}$$

用相量可表示为：

$$\begin{cases} \dot{E}_A = E\angle 0^\circ \text{V} \\ \dot{E}_B = E\angle -120^\circ \text{V} \\ \dot{E}_C = E\angle 120^\circ \text{V} \end{cases}$$

其对应的正弦波形和相量如图 1－4－3 所示。

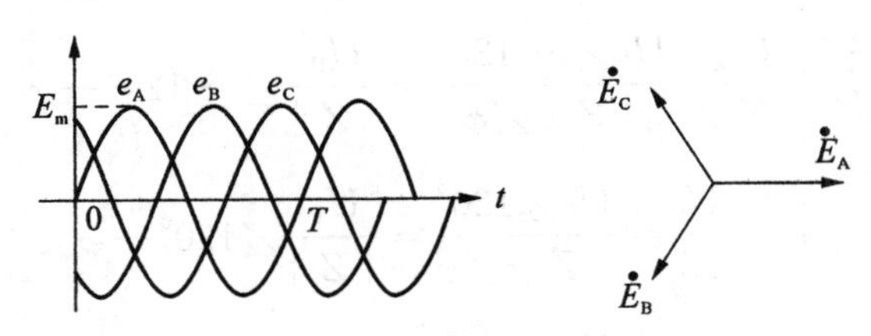

图 1－4－3　正弦波形和相量图

如上所述，三相电动势的大小相等，频率相同，彼此间的相位差也相等(120°)，这三个电动势称为三相对称电动势。

提示：从相量图很显然可得到这样的结论：三相对称电动势在任一时刻的和为零。即

$$e_A + e_B + e_C = 0 \quad \text{或} \quad \dot{E}_A + \dot{E}_B + \dot{E}_C = 0$$

三相交流电出现正幅值(或相应零值)的顺序称为相序。图 1－4－3 中三相交流电中的相序为 A→B→C，称为正序(或顺序)。若相序为 C→B→A，则称为逆序(或反序)。

2. 三相负载的星形连接

在三相四线制电路中，根据负载额定电压的大小，负载以恰当的形式连接到三相电源上。负载的连接形式有两种：星形连接和三角形连接。

如图 1－4－4 所示，将三相负载的末端连接在一起，这个连接点用 N′表示，与三相电源的中性点 N 相联，三相负载的首端分别接到三根火线上，这种连接形式称为三相负载的星形连接，每相负载的阻抗为 Z_A、Z_B、Z_C。此时每相负载的额定电压等于电源的相电压。

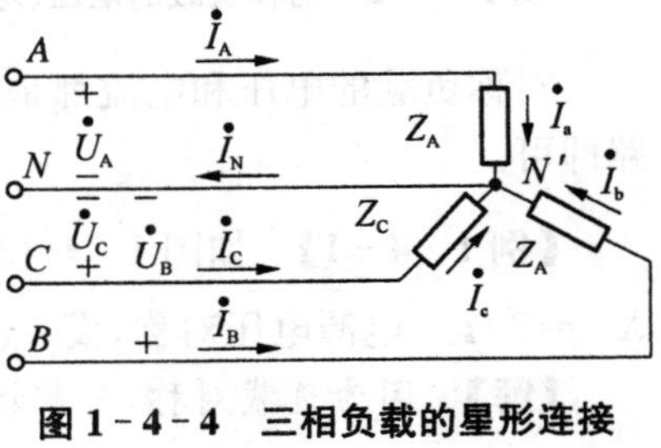

三相电路中流过火线的电流 i_A、i_B、i_C 称为线电流，其有效值用 I_l 表示；流过负载的电流 i_a、i_b、i_c 称为相电流，其有效值用 I_p 表示。显然，

图 1－4－4　三相负载的星形连接

$$\begin{cases} i_a = i_A \\ i_b = i_B \\ i_c = i_C \end{cases}$$

当 $Z_A = Z_B = Z_C = Z$ 时，称为三相对称负载。

由三相对称负载组成的三相电路称为三相对称电路。

三相负载对称，即

$$Z_A = Z_B = Z_C = Z = |Z| \angle\varphi$$

同样，以电源A相相电压为参考相量，

$$\dot{U}_A = U_P\angle 0°\text{V},\ \dot{U}_B = U_P\angle -120°\text{V},\ \dot{U}_C = U_P\angle 120°\text{V}$$

所以

$$\dot{I}_A = \frac{\dot{U}_A}{Z_A} = \frac{U_P\angle 0°}{|Z|\angle\varphi} = \frac{U_P}{|Z|}\angle -\varphi$$

$$\dot{I}_B = \frac{\dot{U}_B}{Z_B} = \frac{U_P\angle -120°}{|Z|\angle\varphi} = \frac{U_P}{|Z|}\angle -120° - \varphi$$

$$\dot{I}_C = \frac{\dot{U}_C}{Z_C} = \frac{U_P\angle 120°}{|Z|\angle\varphi} = \frac{U_P}{|Z|}\angle 120° - \varphi$$

可见：$\dot{I}_A$、$\dot{I}_B$、$\dot{I}_C$ 大小相等，频率相同，彼此间相位差等于(120°)，称之为三相对称电流。此时，$\dot{I}_N = \dot{I}_A + \dot{I}_B + \dot{I}_C = 0$。

其电压、电流相量如图1-4-5所示。

中性线中没有电流通过，可以去掉中线性，如图1-4-6所示。这就是三相三线制供电电路。在实际生产中，三相负载(如三相电动机)一般都是对称的，因此，三相三线制电路在工业生产中较常见。

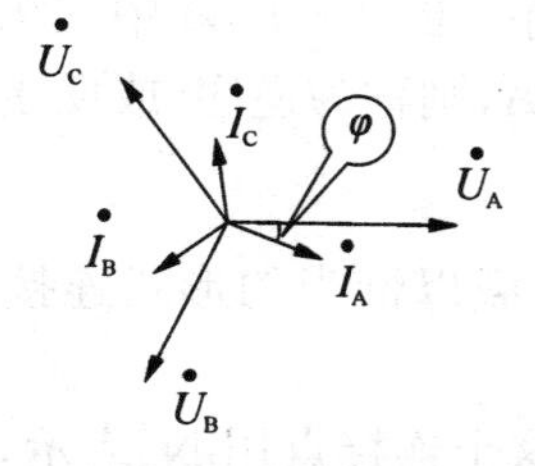

图1-4-5 对称负载的电压、电流相量图

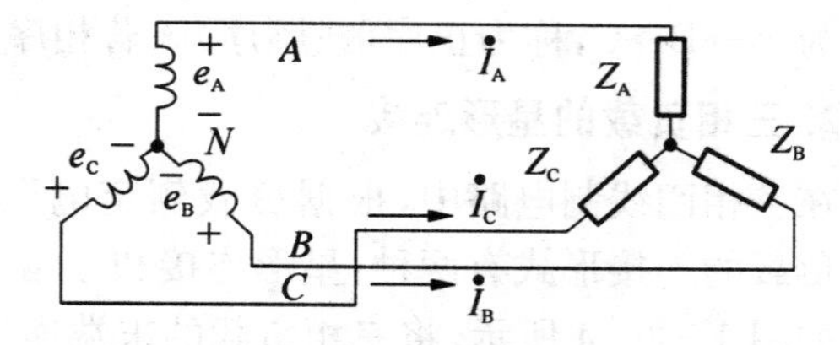

图1-4-6 三相三线制电路

对称负载的电压和电流都是对称的，因此在负载对称的三相电路中，只需要计算一相电路即可。

【例1-4-1】 如图1-4-5所示星形连接的三相负载，每相负载的电阻 $R = 6\ \Omega$，感抗 $X_L = 8\ \Omega$。电源电压对称，设 $u_{AB} = 380\sqrt{2}\sin(\omega t + 30°)\text{V}$，试求各线电流。

【解】 因为负载对称，只需计算一相(譬如A相)即可。

$$U_A = \frac{U_{AB}}{\sqrt{3}} = \frac{380}{\sqrt{3}} = 220\ \text{V}$$

u_A 比 u_{AB} 滞后30°，即

$$u_A = 220\sqrt{2}\sin\omega t\,\text{V}$$

A 相线电流：

$$I_A = \frac{U_A}{|Z_A|} = \frac{220}{\sqrt{6^2+8^2}} = 22\text{ A}$$

i_A 比 u_A 滞后 φ 角，即

$$\varphi = \arctan\frac{X_L}{R} = \arctan\frac{8}{6} = 53^\circ$$

所以

$$i_A = 22\sqrt{2}\sin(\omega t - 53^\circ)\,\text{A}$$

因为电流对称，其他两相的电流则为：

$$i_B = 22\sqrt{2}\sin(\omega t - 53^\circ - 120^\circ) = 22\sqrt{2}\sin(\omega t - 173^\circ)\,\text{A}$$

$$i_C = 22\sqrt{2}\sin(\omega t - 53^\circ + 120^\circ) = 22\sqrt{2}\sin(\omega t + 67^\circ)\,\text{A}$$

提示：(1) 负载不对称而且没有中性线时，负载两端的电压就不对称，则必将引起有的负载两端电压高于负载的额定电压；有的负载两端电压却低于负载的额定电压，负载无法正常工作。

(2) 中性线的作用在于使星形连接的不对称负载的两端电压对称。不对称负载的星形连接一定要有中性线；这样，各相相互独立，一相负载的短路或开路，对其他相无影响，例如照明电路。因此，中性线(指干线)上不能接入熔断器或闸刀开关。

3. 三相负载的三角形连接

如图 1-4-7 所示的三相负载的连接形式，称为三相负载的三角形连接。在此连接形式中，负载的额定电压等于电源线电压。

当 $Z_{AB} = Z_{BC} = Z_{CA} = Z$ 时，称为三相负载对称。

三相负载对称时，即 $Z_{AB} = Z_{BC} = Z_{CA} = Z = |Z|\angle\varphi$

以电源线电压为参考相量，即

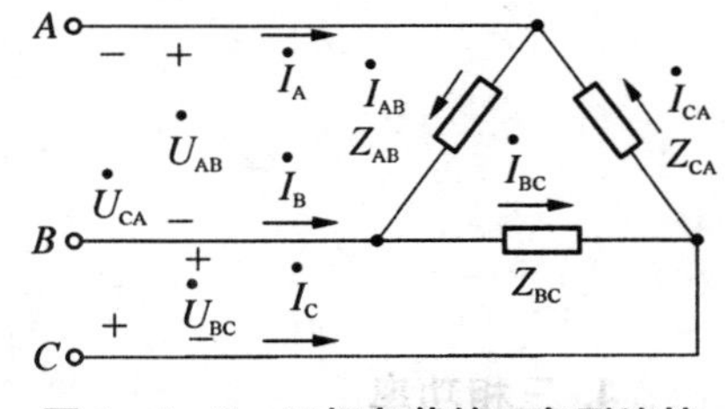

图 1-4-7　三相负载的三角形连接

$$\dot{U}_{AB} = U_l\angle 0^\circ\text{V},\ \dot{U}_{BC} = U_l\angle -120^\circ\text{V},\ \dot{U}_{CA} = U_l\angle 120^\circ\text{V}$$

则相电流为：

$$\dot{I}_{AB} = \frac{\dot{U}_{AB}}{Z_{AB}} = \frac{U_l\angle 0^\circ}{|Z|\angle\varphi} = \frac{U_l}{|Z|}\angle -\varphi$$

$$\dot{I}_{BC} = \frac{\dot{U}_{BC}}{Z_{BC}} = \frac{U_l\angle -120^\circ}{|Z|\angle\varphi} = \frac{U_l}{|Z|}\angle -120^\circ - \varphi$$

$$\dot{I}_{CA}=\frac{U_{CA}}{Z_{CA}}=\frac{U_l\angle 120^\circ}{|Z|\angle\varphi}=\frac{U_l}{|Z|}\angle 120^\circ-\varphi$$

显然，$\dot{I}_{AB}$，$\dot{I}_{BC}$，$\dot{I}_{CA}$也是三相对称电流。根据基尔霍夫电流定律，可得到三个线电流：

$$\begin{cases}\dot{I}_A=\dot{I}_{AB}-\dot{I}_{CA}=\sqrt{3}\dot{I}_{AB}\angle-30^\circ\\ \dot{I}_B=\dot{I}_{BC}-\dot{I}_{AB}=\sqrt{3}\dot{I}_{BC}\angle-30^\circ\\ \dot{I}_C=\dot{I}_{CA}-\dot{I}_{BC}=\sqrt{3}\dot{I}_{CA}\angle-30^\circ\\ I_l=\sqrt{3}I_P\end{cases}$$

相量图如图 1-4-8 所示。

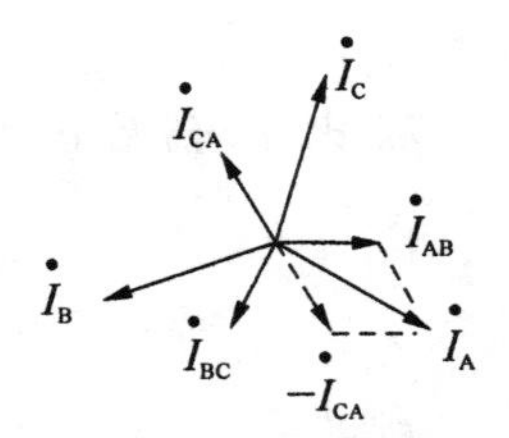

图 1-4-8 相量图

【例 1-4-2】 如图 1-4-7 所示负载对称的三角形连接电路，已知线电压 $\dot{U}_{AB}=380\angle 0^\circ$V，各相负载阻抗相同，均为 $Z=10\angle 37^\circ\Omega$。求电路中的相电流以及线电流。

【解】 由于是三相对称电路，相电流是对称的，线电流也是对称的。

$$\dot{I}_{AB}=\frac{\dot{U}_{AB}}{Z}=\frac{380\angle 0^\circ}{10\angle 37^\circ}=38\angle-37^\circ\text{A}$$

所以
$$\dot{I}_{BC}=38\angle-157^\circ\text{A},\ \dot{I}_{CA}=38\angle 83^\circ\text{A}$$

$$\begin{aligned}\dot{I}_A&=\sqrt{3}\dot{I}_{AB}\angle-30^\circ\\&=\sqrt{3}\times 38\angle(-37^\circ-30^\circ)\text{A}\\&=65.8\angle-67^\circ\text{A}\end{aligned}$$

$$\begin{aligned}\dot{I}_B&=65.8\angle(-67^\circ-120^\circ)\text{A}\\&=65.8\angle 173^\circ\text{A}\end{aligned}$$

$$\begin{aligned}\dot{I}_C&=65.8\angle(-67^\circ+120^\circ)\text{A}\\&=65.8\angle 53^\circ\text{A}\end{aligned}$$

4. 三相功率

对于负载三角形连接的三相电路，有：

$$\begin{aligned}P&=P_{AB}+P_{BC}+P_{CA}\\&=U_{AB}I_{AB}\cos\varphi_{AB}+U_{BC}I_{BC}\cos\varphi_{BC}+U_{CA}I_{CA}\cos\varphi_{CA}\end{aligned}$$

其中，φ_{AB}、φ_{BC}、φ_{CA}分别是 AB 相、BC 相、CA 相负载的阻抗角。

在负载对称的三相电路中，每相负载的有功功率相同。因此，三相电路的有功功率为每相负载有功功率的 3 倍。对于负载星形连接的三相对称电路有：

$$\begin{aligned}P&=3P_A\\&=3U_AI_a\cos\varphi\\&=3U_PI_P\cos\varphi\end{aligned}$$

又由
$$U_P=\frac{1}{\sqrt{3}}U_l,\ I_P=I_l$$
有
$$P=3\cdot\frac{1}{\sqrt{3}}U_lI_l\cos\varphi$$
$$=\sqrt{3}U_lI_l\cos\varphi$$

其中，φ 为每相负载阻抗的阻抗角，即该相负载两端电压与流过该负载的相电流的相位差。对于负载为三角形连接的三相对称电路，有以下关系：

$$\begin{aligned}P&=3P_{AB}\\&=3U_{AB}I_{AB}\cos\varphi\\&=3U_lI_P\cos\varphi\end{aligned}$$

由
$$I_P=\frac{1}{\sqrt{3}}I_l$$
有
$$P=3U_l\cdot\frac{1}{\sqrt{3}}I_l\cos\varphi$$
$$=\sqrt{3}U_lI_l\cos\varphi$$

同理，φ 为每相负载阻抗的阻抗角。

提示：只要是三相对称电路，三相功功率 $P=\sqrt{3}U_lI_l\cos\varphi$。

同理，三相对称电路的三相无功功率 $Q=\sqrt{3}U_lI_l\sin\varphi$

三相对称电路的三相视在功率 $S=\sqrt{3}U_lI_l$

【例 1-4-4】 在线电压 $U_l=380$ V 的三相电源上接入一个对称的三角形连接的负载，每相负载阻抗 $Z=(16+j12)\Omega$，求：负载的相电流、线电流和三相有功功率 P、三相无功功率 Q 和三相视在功率 S。

【解】 负载三角形连接时，负载两端的电压大小等于电源的线电压的大小。

负载阻抗为：
$$Z=(16+j12)\Omega=20\angle37°\Omega$$

因此，相电流为：
$$I_P=\frac{U_l}{|Z|}=\frac{380}{20}\text{A}=19\text{ A}$$

线电流为：
$$I_l=\sqrt{3}I_P=32.9\text{ A}$$

三相有功率为：
$$\begin{aligned}P&=\sqrt{3}U_lI_l\cos\varphi=\sqrt{3}\times380\times32.9\times\cos37°\text{kW}\\&=17.32\text{ kW}\end{aligned}$$

三相无功功率为：

$$Q = \sqrt{3} U_I I_I \sin 37^\circ = 12.99 \text{ kW}$$

三相视在功率为：

$$S = \sqrt{3} U_I I_I = \sqrt{3} \times 380 \times 32.9 \text{ kW} = 21.65 \text{ kW}$$

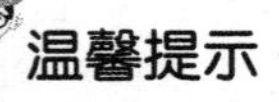

在交流电路中，有功功率 $P = UI\cos\varphi = S\cos\varphi$，式中的 $\cos\varphi$ 就是电路的功率因数。

功率因数是用电设备的一个重要技术指标，是由负载中包含的电阻与电抗的相对大小所决定的，或者说由电路中有功功率与无功功率的相对大小所决定的。生产中使用的电气设备大多属于感性负载，如变压器、异步电动机及带镇流器的荧光灯等，它们的功率因数都比较低。提高用户的功率因数对于提高电网运行的经济效益以及节约电能都有重要意义。纯电阻电路中，电流与电压同相，其功率因数为 1，感性负载的功率因数介于 0～1 之间。

4.2 电流对人体的作用

当人体触及带电体或与高压带电体之间的距离小于放电距离，以及带电操作不当时所引起的强烈电弧，都会使人体受到电的伤害，以致死亡或局部受伤的现象，称为触电。电流对人体的伤害分为电击和电伤两类。

1. 电击

电击是非常危险的。通常所说的触电事故基本上是指电击而言。触电对人体的伤害程度，与流过人体电流的频率和大小、通电时间的长短、电流流过人体的途径，以及触电者本人的情况有关。触电事故表明，频率为 50～100 Hz 的电流最危险；通过人体的电流大小超过 50 mA（工频）时，人就会呼吸困难、肌肉痉挛、中枢神经遭受损害从而使心脏停止跳动以至死亡；电流流过大脑或心脏时，最容易造成死亡事故。

触电时，通过人体的电流大小与接触电压和人体电阻的大小有关。当人体皮肤处于干燥、清洁和无损的情况下，人体电阻可达 4～10 kΩ，当处于潮湿、受到损伤或沾有金属或其他导电粉尘时，人体电阻只有 1 kΩ 左右。

人体电阻为一定数值时，触及电压愈高，通过人体的电流愈大，危险性就愈大。

例如，在三相四线制的 380/220 V 低压配电线路中，当人站在地上触及一根火线，人体电阻为 1 000 Ω 时，通过人体电流即

$$I = \frac{U}{R} = \frac{220}{1\,000} \text{A} = 220 \text{ mA}$$

这远远超过使人致死的电流。由此可见，即使 220 V 的低电压，也能够造成触电死亡。

在实际工作中，我们确定安全界限时，常不以电流，而以电压来区分。根据环境条件不同，50 Hz 交流电一般规定为 36 V 以下为安全电压(如木板、瓷砖地板)，在泥土、钢筋混凝土建筑物中规定为 24 V 为安全电压，在特别危险的场所(如铸工、化工的大部分车间)安全电压规定为 12 V。

应当注意，这里所指的"安全电压"并不是所有情况下绝对安全，只不过在一般情况下触电死亡的可能性和危险性小些罢了。因此，即使当我们使用 36 V 以下的电气设备时，在安装和操作使用上也必须符合规程要求，否则还是不安全的。

2. 电伤

电流的热效应、化学效应或机械效应对人体外部造成的局部伤害，包括电弧烧伤、烫伤、电烙印都称电伤。

如强烈电弧引起人体的灼伤；强烈电弧的放射作用引起眼睛失明；触电者自高处跌下所导致的摔伤；人体接触电流时，皮肤表面引起的烙伤等都时电伤。

4.3　人体的触电方式

按照人体触及带电体的方式和电流通过人体的途径，触电方式大致有三种，即单相触电、两相触电和跨步触电。

1. 单相触电

指人体在地面或其他接地导体上，某一部位触及一相带电体的触电事故。触电大部分都是单相触电事故。单相触电又分中性点接地系统单相触电[如图 1-4-9(a)所示]和中性点不接地系统单相触电[如图 1-4-9(b)所示]。一般来说，前者更具危险性。

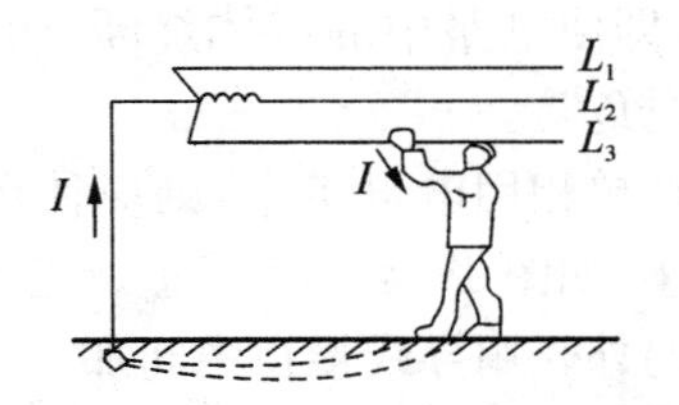

(a) 中性点接地系统单相触电　　(b) 中性点不接地系统单相触电

图 1-4-9　单相触电情况

2. 两相触电

指人体两处同时触及两带电体的触电事故，这种触电方式下，人体承受的电压更高，是最危险的触电，如图 1-4-10 所示。

3. 跨步电压触电

指人在接地点附近，由两脚之间的跨步电压引起的触电事故。当带有电的电线掉落在地面上时，以电线落地的一点为中心，画许多同心圆，这些同心圆之间有不同的电位差。跨步电压系指人站在地上具有不同对地电压的两点，在人的两脚之间所承受的电压差，如图 1-4-11 所示。跨步电压与跨步大小有关，人的跨步距离一般按 0.8 m 考虑。

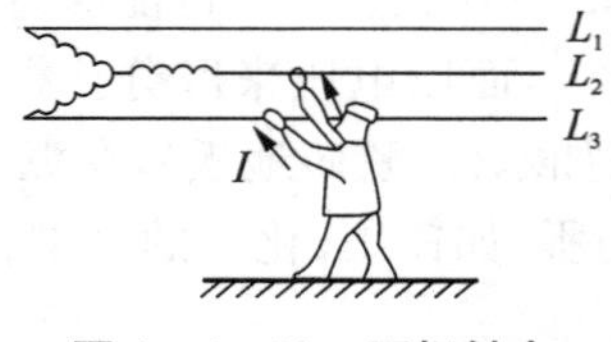

图 1-4-10　两相触电

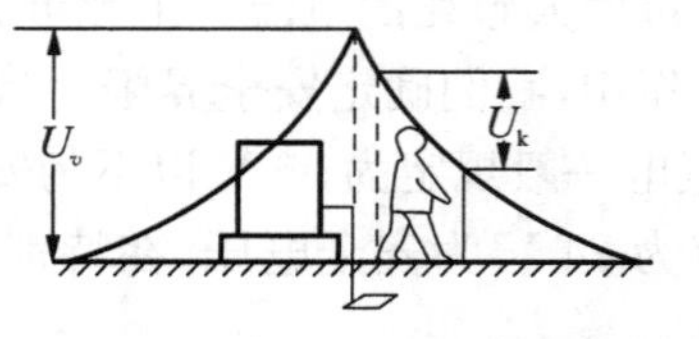

图 1-4-11　跨步电压触电

4.4　常用的安全措施

为防止发生触电事故，除应注意开关必须安装在相线上以及合理选择导线与熔体外，还必须采取以下防护措施。

1. 正确安装用电设备

电气设备要根据说明和要求正确安装，不可马虎。带电部分必须有防护罩或放到不易接触到的高处，以防触电。

2. 电气设备的保护接地

把电气设备的金属外壳用导线和埋在大地中的接地装置连接起来，称为保护接地，适用于中性点不接地的低压系统中。电气设备采用保护接地以后，即使外壳因绝缘不好而带电，这时工作人员碰到机壳就相当于人体和接地电阻并联，而人体的电阻远比接地电阻大，因此，流过人体的电流就很微小，保证了人身安全。

3. 电气设备的保护接零

保护接零就是在电源中性点接地的三相四线制中，把电气设备的金属外壳与中性线连接起来。这时，如果电气设备的绝缘损坏而碰壳，由于中性线的电阻很小，所以，短路电流很大，立即使电路中的熔体烧断，切断电源，从而消除触电危险。

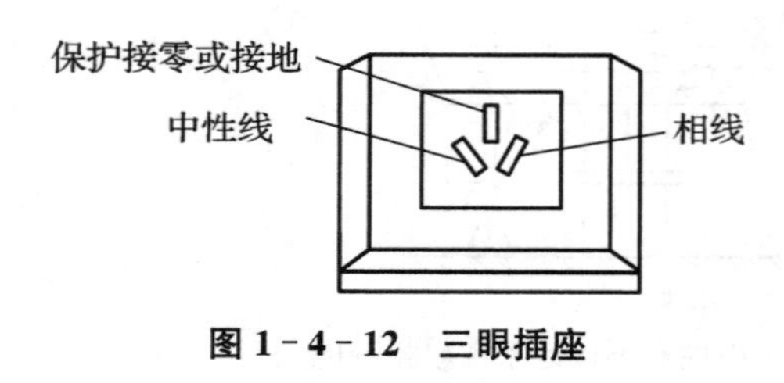

图 1-4-12　三眼插座

在单相用电设备中，则应使用三脚插头和三眼插座，如图 1-4-12 所示。正确的接法应把用电器的外壳用导线接在中间那个比其他两个粗或长的插脚上，并通过插座与保护接零线或保护接地线相连。

4. 使用漏电保护装置

漏电保护装置的作用主要是防止由漏电引起的触电事故和单相触电事故；其次是防止由漏电引起的火灾事故以及监视或切除一相接地故障。有的漏电保护装置还能切除三相电动机的断相运行故障。

5. 电气防火、防爆和防雷保护

(1) 电气防火、防爆保护

在用电过程中引发火灾或爆炸的主要原因有二：

① 电气设备使用不当。例如，设备长时间过载运行，通风环境不佳，导体间连接不良，都会有可能造成设备温度过高，引燃周围的可燃物质发生火灾甚至爆炸。

② 电气设备自身发生故障。例如，绝缘损坏造成短路而引发火灾；或者由于灭弧装置损坏而导致在切断电路时产生较大电弧，引发火灾。

电气防火、防爆的主要措施如下：合理选用电气设备并保持其正常运行；保持设备间的必要安全距离；保持良好的通风环境；装设可靠的接地装置。

(2) 电气防雷保护

雷电对电气设备的破坏，可以通过直击、侧击、电磁感应等多种方式造成。当架空输电线上方有带着大量电荷的雷云时，架空输电线会由于静电感应而感应出异性电荷。这些电荷被雷云束缚着，一旦束缚解除(如雷云对其他目标放电)，它们就变为自由电荷，形成感应过电压，产生强大的雷电流，并通过输电线进入室内，破坏电气设备。

为了防止这种破坏的产生，可在被保护电气设备的进线和大地之间装设避雷器。当雷电流沿输电线传向室内的电气设备时，它首先会到达避雷器，使避雷器产生短时击穿而短路，雷电流由避雷器流入大地。雷电流过后，避雷器又恢复正常的断路状态。

为防止雷电通过电磁感应方式对设备造成破坏，可以用金属网对电气设备进行屏蔽，并使室内的金属回路接触良好。

(二) 任务实施

1. 家庭用电路的组装

(1) 把器材固定在准备好的面板上。

(2) 用万用表对开关、灯座、熔断器进行检测，如有故障或型号不符应及时更换。

(3) 按图 1-4-13 连接照明电路，按图 1-4-14 组装照明电路配电板，垂直放置的开关、熔断器等设备的上端接电源，下端接负载(相线用红色导线，零线用蓝色导线；单相电能表的 1、3 接线端子接电源进线；2、4 接线端子为出线)。

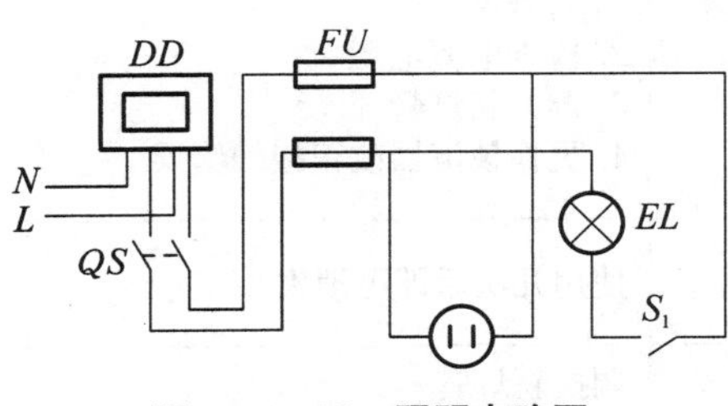

图 1-4-13　照明电路图

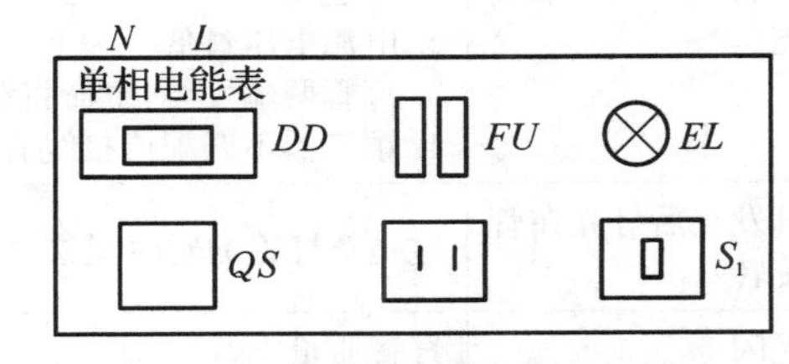

图 1-4-14　照明电路配电板

2. 日光灯电路的安装与故障排查

小知识

荧光灯

荧光灯亦叫日光灯，它的发光效率比白炽灯高出 3 倍以上，一盏 30 W 的荧光灯所发出的光量相当于一盏 100 W 的白炽灯所发出的光量。荧光灯的光线柔和且温度低，使用寿命也比白炽灯长得多，但荧光灯的价格比白炽灯高，使用传统镇流器的荧光灯功率因数低，电源电压的波动对发光效率的影响大。采用电子镇流器的荧光灯，提高了功率因数。

荧光灯的使用寿命一般在 3 000 h 以上。按灯管功率来分，荧光灯有 8 W、12 W、15 W、

20 W、30 W、40 W 等多种。灯管型号中标有“RR”表示日光色、“RL”表示冷白色、“S”表示细径管。

(1) 认识荧光灯电路各器件的实物、连接方法和安装位置

① 把两个灯座、启辉器和镇流器固定在灯架上,并把启辉器按顺时针方向旋转,插入启辉器座中。

② 用单根导线将灯座上的一个接线柱与启辉器上的一个接线柱相接,然后用另一根导线将启辉器上的另一个接线柱与另外一个灯座上的一个接线柱相接。

③ 再用一根导线把该灯座上的另一个连接柱和电源的中性线相接,然后将第一个灯座上的另一个接线柱与镇流器的一个连线头相接,镇流器的另一个接线头与开关的一个接线柱相接,开关的另一个接线柱与电源的相线相接。安装荧光灯时必须特别注意,各个零件的规格要统一,灯管与镇流器和启辉器的额定功率要一致,否则不是灯不亮,就是把灯管或其他零件烧坏。

④ 经检查接线无误后,将电线接头处的裸露部分用绝缘胶布带包缠两层至三层。将接好线的荧光灯固定(或悬挂)在天花板或屋梁上。

⑤ 按照连接好的荧光灯电路绘制电路图。

(2) 分析荧光灯常见故障,总结排除方法

表 1-4-1 所示为荧光灯常见故障及排除方法。

表 1-4-1　所示为荧光灯常见故障及排除方法

故障现象	原因分析	排除方法
灯管两端发光,中间不亮	1. 启辉器有问题,可能其中的电容被击穿或双金属片与金属熔棒搭在一起 2. 电源电压过低 3. 灯管两端发黑,寿命将终止 4. 镇流器不匹配或接线有误	1. 拆开启辉器,剪去电容,或换一只新的启辉器 2. 检查电源电压 3. 调换新灯管 4. 更换镇流器改正接线错误
灯管发光后灯光在管内旋转	这是新灯管的暂时现象	使用几次后即可消失
灯光闪烁	灯管质量不好	调换新灯管
灯管光度减低	1. 灯管老化,两端发黑 2. 电源电压减低	1. 调换新灯管 2. 检查电源电压
灯管两端发生黑斑	灯管内水银凝结,是细灯管常有的现象	启动后可能蒸发
电磁声较大	镇流器质量差,硅钢片振动较大	更换镇流器
镇流器过热	1. 通风散热不好 2. 内部线圈匝间短路	1. 加强通风散热 2. 调换镇流器
镇流器冒烟	内部线圈短路后烧毁	立即切断电源,调换新镇流器
灯管发光后立即熄灭	接线有错,灯管灯丝烧断	检查并改正接线,调换新灯管
关灯后仍有微光	1. 灯管的荧光粉余辉发光 2. 相线直接接灯丝	1. 不影响使用,不必修理 2. 将相线接开关,或调换一下插头位置

对照表 1-4-1,测量分析有故障的荧光灯,将故障现象、分析过程、确定的故障原因以及检修方法填写在表 1-4-2 中。

表 1-4-2　荧光灯故障分析实验

序号	故障现象	分析过程	确定的故障原因	检修方法
第 1 组				
第 2 组				
第 3 组				
第 4 组				
第 5 组				

评价反馈

考核标准如表 1-4-3 所示。

表 1-4-3　考核标准

基本素养(20 分)				
序号	评估内容	自评	互评	师评
1	纪律(无迟到、早退、旷课)(5 分)			
2	安全规范操作(5 分)			
3	团结协作能力、沟通能力(5 分)			
4	仪器设备摆放,卫生整理(5 分)			
理论知识(30 分)				
序号	评估内容	自评	互评	师评
1	掌握灯座、熔断器正确检测方法(5 分)			
2	熟悉家庭电路组装程序(10 分)			
3	准确分析出日光灯故障(5 分)			
4	掌握日光灯故障排除方法(5 分)			
5	熟悉电路图绘制标准(5 分)			
技能操作(50 分)				
序号	评估内容	自评	互评	师评
1	正确识别和使用元器件(10 分)			
2	按照装配工艺安装并调试电路(20 分)			
3	通过实验记录实施步骤与数据(10 分)			
4	根据所测的结果分析并检查(10 分)			
综合评价				

项目五　三相异步电动机的正反转控制

学习目标

1. 了解三相异步电动机结构和工作原理，掌握三相异步电动机的使用方法，看懂三相异步电动机的铭牌数据，了解电动机的起动、调速、反转和制动。
2. 能看懂线路图，掌握其控制原理，了解元器件的结构、电器和导线的选用原则。
3. 了解常用的低压电器。
4. 能根据所测的结果分析任务并检查，自评自己所做的成果，并用图片的形式呈现制作的成果。

工作任务

(一) 任务背景

随着世界经济与科技技术的不断发展，以及工业制造水平的不断提高，电机在工业化的大背景下有着举足轻重的位置，作为在各个运输制造环节的主要动力元件，其制造技术以及设计方法也在不断发展，电动机也被广泛应用在冶金、电力、石化、煤炭、矿山、建材、造纸、市政、水利、造船、港口等领域，同时由于其具有结构简单，生产成本较低，性能优良等特点，异步电动机得到了大量的生产与使用，如图 1-5-1 所示。

图 1-5-1　异步电动机在工业中的应用

三相异步电动机以及常用的低压电器是电子专业的一年级学生所必备的基础知识，学生以后要学习电气控制类的课程，必须对机电设备、自动化控制领域电动机的运动控制要了解和熟悉，以便在日后电气控制方面和就业方面能更有利。在学生们所学专业课不多的情况下，结合实际生产情况设计项目式教学方式，从项目确立分析、电路绘制仿真到安装、测试排障的整个过程中，让学生们体会到学有所用的成就感，大大激发学生们的创造力想象力，也提升了学生们的兴趣和动手能力。

（二）所需要的设备

本项目所需要的设备包括三相异步电动机、电源、熔断器、交流接触器等，如图 1－5－2 所示。

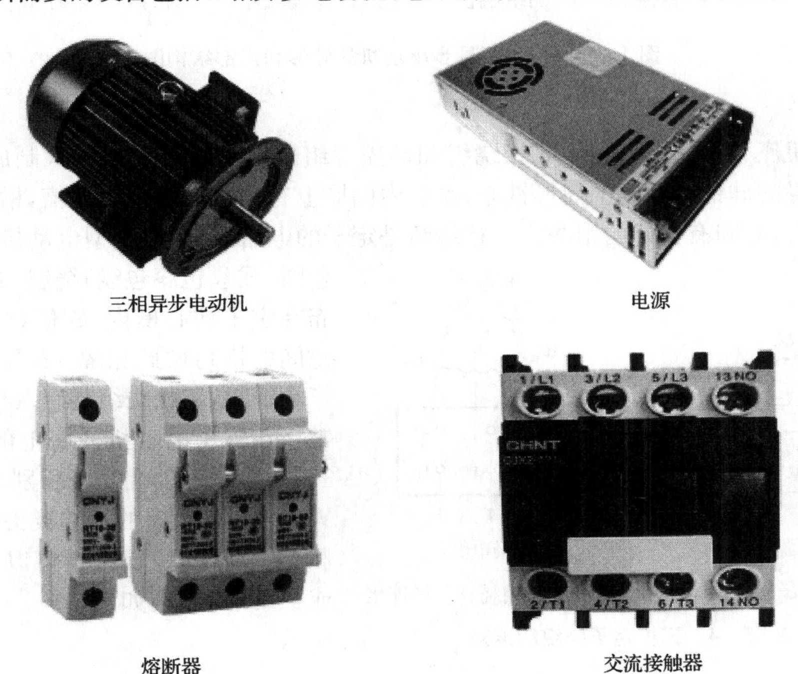

三相异步电动机　　电源

熔断器　　交流接触器

图 1－5－2　项目五所需部分设备

（三）任务描述

本项目主要是让学生根据任务要求，能看懂线路图，掌握其控制原理，根据线路图和所控制电动机容量选择所需电器及导线，并进行安装和接线，然后进行试运行，控制电动机作正、反转的起动和停止。

实践操作

（一）知识储备

5.1　三相异步电动机的结构和工作原理

1. 三相异步电动机的结构

三相异步电动机由两个基本部分组成：一是固定不动的部分，称为定子；二是旋转部分，称为转子。图 1－5－3 为三相异步电动机的外形和内部结构图。

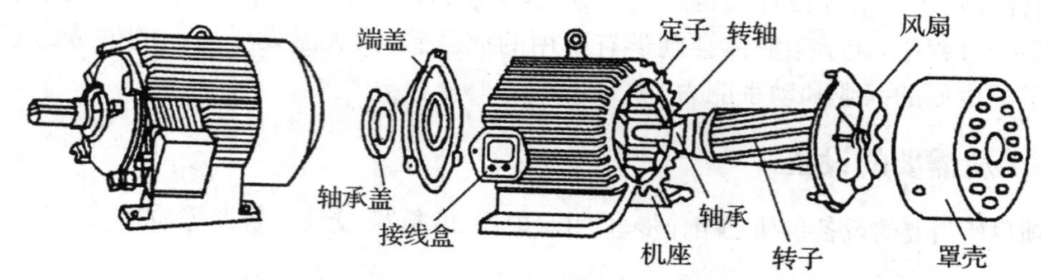

图 1－5－3　三相异步电动机的外形和内部结构图

（1）定子

定子由机座、定子铁心、定子三相绕组和端盖等组成。机座通常用铸铁制成，机座内装有由相互绝缘的硅钢片叠成的筒形铁心，铁心内圆周上有许多均匀分布的槽，槽内嵌放三相绕组，绕组与铁心间有良好的绝缘。三相绕组是定子的电路部分，中小型电动机一般采用漆包线（或丝包漆包线）绕制，共分三相，分布在定子铁心槽内，它们在定子内圆周空间的排列彼此相隔 120°，构成对称的三相绕组，三相绕组共有六个出线端，通常接在置于电动机外壳上的接线盒中，三相绕组的首端接头分别用 U_1、V_1 及 W_1 表示，其对应的末端接头分别 U_2、V_2 和 W_2 表示。三相绕组可以连接成星形或三角形，分别如图 1－5－4(a)和(b)所示。

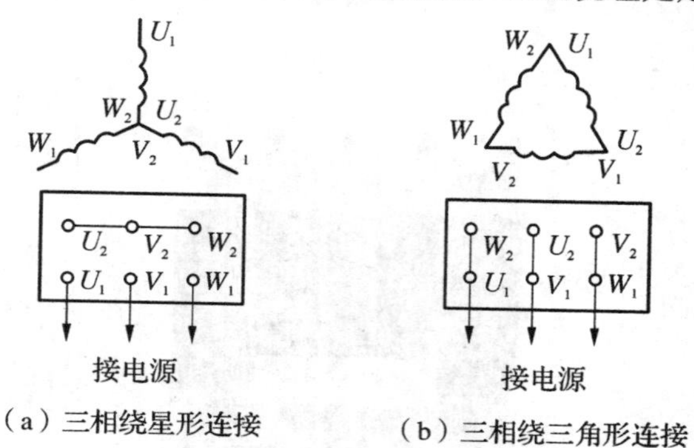

（a）三相绕星形连接　（b）三相绕三角形连接

图 1－5－4　三相定子绕组的连接

（2）转子

转子由铁芯、绕组、转轴和风扇等组成。转子铁芯为圆柱形，通常由定子铁芯冲片冲下的内圆硅钢片叠成，装在转轴上，转轴上加机械负载。转子铁芯与定子铁芯之间有微小的空隙，它们共同组成电动机的磁路。转子铁芯外圆周上有许多均匀分布的槽，槽内安放转子绕组。

转子绕组分为鼠笼式和绕线式两种结构。鼠笼式转子绕组是由嵌在转子铁芯槽内的若干条铜条组成的，两端分别焊接在两个短接的端环上。鼠笼式转子的结构如图 1－5－5 所示。鼠笼式电动机由于构造简单，价格低廉，工作可靠，使用方便，在生产中得到了最广泛的应用。

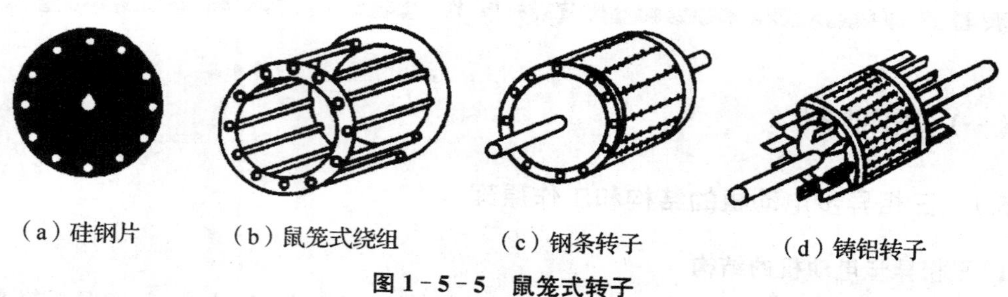

（a）硅钢片　（b）鼠笼式绕组　（c）钢条转子　（d）铸铝转子

图 1－5－5　鼠笼式转子

绕线式转子绕组与定子绕组相似，在转子铁芯槽内嵌放对称的三相绕组，作星形连接。3个绕组的3个尾端连接在一起，3个首端分别接到装在转轴上的3个铜制集电环上。环与环之间，环与转轴之间都互相绝缘，集电环通过电刷与外电路的可变电阻器相连接，用于起动或调速，如图1-5-6所示。

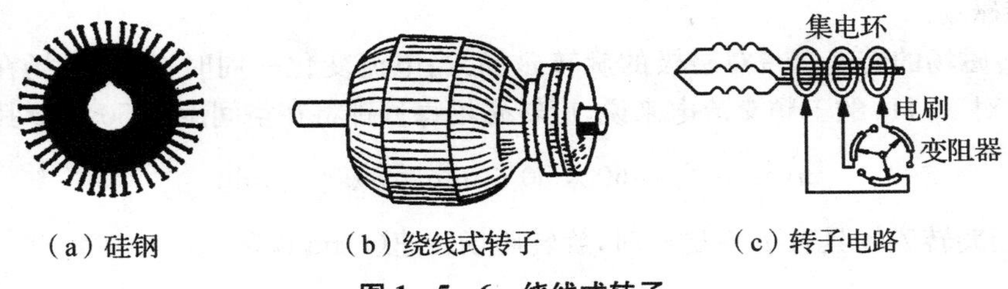

（a）硅钢　（b）绕线式转子　（c）转子电路

图1-5-6　绕线式转子

2. 三相异步电动机的工作原理

三相异步电动机是利用定子绕组中三相交流电流所产生的旋转磁场与转子绕组内的感应电流相互作用而产生电磁力和电磁转矩的。

(1) 定子的旋转磁场

① 旋转磁场的产生。在定子铁心的槽内按空间相隔120°安放三个相同的绕组U_1U_2、V_1V_2和W_1W_2（为了便于说明问题，每相绕组只用一匝线圈表示），设它们作星形连接。当定子绕组的三个首端U_1、V_1、W_1分别与三相交流电源A、B、C接通时，在定子绕组中便有对称的三相交流电流i_A、i_B、i_C流过。

$$i_A = I_m \sin\omega t，\ i_B = I_m \sin(\omega t - 120°)，\ i_C = I_m \sin(\omega t + 120°) = I_m \sin(\omega t - 240°)$$

若电流参考方向如图1-5-7(a)所示，即从首端U_1、V_1、W_1流入，从末端U_2、V_2、W_2流出，则三相电流的波形如图1-5-7(b)所示，它们在相位上互差120°，且电源电压的相序为$A \to B \to C$。

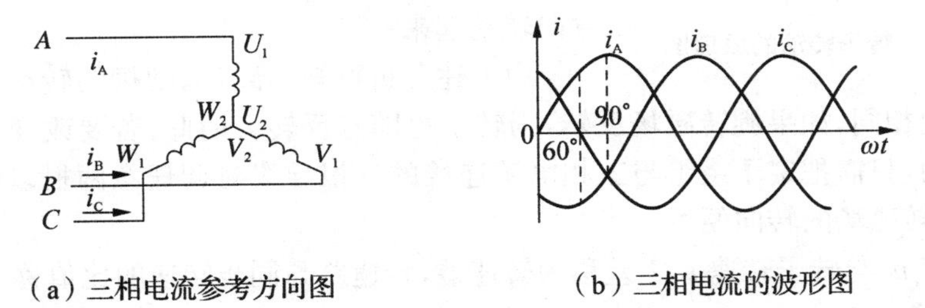

（a）三相电流参考方向图　（b）三相电流的波形图

图1-5-7　三相对称电流

在定子绕组中分别通入在相位上互差120°的三相交流电时，它们共同产生的合成磁场随电流的交变而在空间不断地旋转着，即所产生的合成磁场是一个旋转磁场。

② 旋转磁场的方向。在三相交流电中，电流出现正幅值的顺序即电源的相序为$A \to B \to C$，表明旋转磁场的旋转方向与电源的相序相同，即旋转磁场在空间的旋转方向是由电源的相序决定的，旋转磁场是按顺时针方向旋转的。若把定子绕组与三相电源相连的三根导线中的任意两根对调位置，则旋转磁场将反向旋转。此时电源的相序仍为$A \to B \to C$不变，而通过三相定子绕组中电流的相序由$U \to V \to W$变为$U \to W \to V$，则可得出旋转磁场将

按逆时针方向旋转。

③ 旋转磁场的极数。上述电动机每相只有一个线圈，在这种条件下所形成的旋转磁场只有一对 N、S 磁极(2 极)。如果每相设置两个线圈，则可形成两对 N、S 磁极(4 极)的旋转磁场。定子采取不同的结构和接法还可以获得 3 对(6 极)、4 对(8 极)、5 对(10 极)等不同极对数的旋转磁场。

④ 旋转磁场的转速。一对磁极的旋转磁场：当电流变化一周时，旋转磁场在空间正好转过一周。对 50 Hz 的工频交流电来说，旋转磁场每秒钟将在空间旋转 50 周。其转速为：

$$n_1 = 60f_1 = 60 \times 50 \text{ r/min} = 3\,000 \text{ r/min}$$

同理，当旋转磁场具有 p 对磁极时，旋转磁场转速(r/min)为：

$$n_1 = \frac{60f_1}{p}$$

所以，旋转磁场的转速 n，又称同步转速，它与定子电流的频率 f_1(即电源频率)成正比，与旋转磁场的极对数正反比。

(2) 转子的转动原理

设某瞬间定子电流产生的旋转磁场如图 1-5-8 所示，图中 N、S 表示两极旋转磁场，转子中只画出两根导条(铜或铝)。当旋转磁场以同步转速按顺时针方向旋转时，与静止的转子之间有着相对运动，这相当于磁场静止而转子导体朝逆时针方向切割磁力线，于是在转子导体中就会产生感应电动势，其方向可用右手定则来确定。在感应电动势作用下将产生转子电流(图 1-5-8 中仅画出上、下两根导线中的电流)。通有电流的转子导体因处于磁场中，又会与磁场相互作用产生磁场力 F，根据左手定则，便可确定转子导体所受磁场力的方向。电磁力对转轴将产生电磁转矩，其方向与旋转磁场的方向一致，于是转子就顺着旋转磁场的方向转动起来。

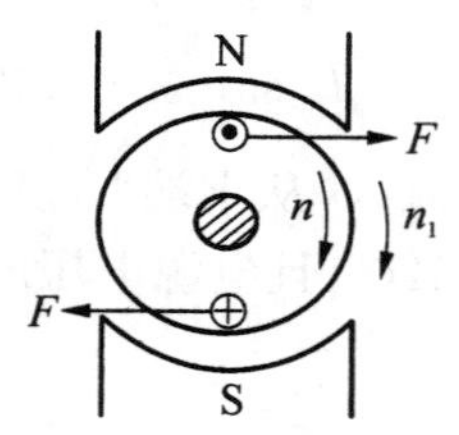

图 1-5-8　转子转动的原理图

由上述分析可知，异步电动机的转动方向总是与旋转磁场的转向相同，如果旋转磁场反转，则转子也随着反转。因此，若要改变三相异步电动机的旋转方向，只需把定子绕组与三相电源连接的三根导线对调任意两根以改变电源的相序，即改变旋转磁场的转向便可。

同步转速 n_1 与转子转速 n 之差称为转速差，转速差与同步转速的比值称为转差率，用 s 表示，即

$$s = \frac{n_1 - n}{n_1}$$

转差率是分析异步电动机运行情况的一个重要参数。

5.2　三相异步电动机的使用方法

(1) 三相异步电动机的铭牌数据

每台电动机的外壳上都附有一块铭牌，上面打印着这台电动机的一些基本数据，要正确

使用电动机，就必须要看懂铭牌。现以表 1-5-1 所示的 Y132M-4 型电动机为例，来说明铭牌上各个数据的意义。

表 1-5-1　三相异步电动机的铭牌数据

型号	Y132M-4	联结	Δ
功率	7.5 kW	工作方式	S1
电压	380 V	绝缘等级	B级
电流	15.4 A	转速	1 440 r/min
频率	50 Hz	编号	

××电机厂　　出厂日期

铭牌数据的含义如下。

① 型号。以 Y132M-4 为例：

Y——(鼠笼式)转子异步电动机(YR 表示绕线式转子异步电动机)；

132——机座中心高为 132 mm；

M——中机座(S 表示短机座，L 表示长机座)；

4——4 极电动机，磁极对数为 2。

② 电压。该电压是指电动机定子绕组应加的线电压有效值，即电动机的额定电压。Y 系列三相异步电动机的额定电压统一为 380 V。有的电动机铭牌上标有两种电压值，如 380 V/220 V，是对应于定子绕组采用 Y/Δ 两种连接时应加的线电压有效值。

③ 频率。该频率是指电动机所用交流电源的频率，我国电力系统规定为 50 Hz。

④ 功率。该功率是指在额定电压、额定频率下满载运行时电动机轴上输出的机械功率，即额定功率，又称为额定容量。

⑤ 电流。该电流是指电动机在额定运行(即在额定电压、额定频率下输出额定功率)时，定子绕组的线电流有效值，即额定电流。标有两种额定电压的电动机相应标有两种额定电流值。

⑥ 连接。连接是指电动机在额定电压下，三相定子绕组应采用的连接方法。Y 系列三相异步电动机规定额定功率在 3 kW 及以下的为 Y 连接，4 kW 及以上的为 Δ 连接。铭牌上标有两种电压、两种电流的电动机，应同时标明 Y/Δ 两种连接。

(2) 起动、调速、反转和制动

① 起动

电动机的起动就是把电动机的定子绕组与电源接通，使电动机的转子由静止加速到以一定转速稳定运行的过程。

异步电动机在起动的最初瞬间，其转速 $n=0$，转差率 $s=1$，转子电流达到最大值，定子电流也达到最大值，约为额定电流的 4～7 倍。鼠笼式异步电动机的起动电流虽大，但由于起动时转子电路的功率因数很低，故起动转矩并不大，一般起动系数只有 0.8～2。

鼠笼式异步电动机的起动方法通常有以下几种：

a. 直接起动

直接起动就是将额定电压直接加到定子绕组上使电动机起动，又叫全压起动。直接起动的优点是设备简单，操作方便，起动过程短。只要电网的容量允许，应尽量采用直接起动。例如，容量在 10 kW 以下的三相异步电动机一般都采用直接起动。此外，也可用经验公式来确定，若满足下列公式，则电动机可以直接起动。

$$\frac{\text{直接起动的起动电流(A)}}{\text{电动机额定电流(A)}} \leqslant \frac{3}{4} + \frac{\text{电源变压器总容量(kV·A)}}{4 \times \text{电动机功率(kW)}}$$

b. 降压起动

如果鼠笼式异步电动机的额定功率超出了允许直接起动的范围，则应采用降压起动。所谓降压起动，就是借助起动设备将电源电压适当降低后加在定子绕组上进行起动，待电动机转速升高到接近稳定时，再使电压恢复到额定值，转入正常运行。

目前常用的降压起动方法有 3 种：Y－Δ 降压起动、自耦变压器降压起动、软起动。

c. 绕线式转子异步电动机的起动

对于绕线式转子异步电动机可以采用转子加起动变阻器的方法起动。起动时先将起动变阻器的阻值调至最大，转子开始旋转后，随着转速的升高，逐渐减小电阻，待转速接近额定值时，把起动变阻器短接，使电动机正常运行。

② 调速

调速是指在电动机负载不变的情况下人为地改变电动机的转速，以满足生产过程的要求。由于异步电动机的转速可表示为：

$$n=(1-s)n_1=(1-s)\frac{60f_1}{p}$$

可见异步电动机可以通过改变电源频率 f_1、磁极对数 p 和转差率 s 三种方法来实现调速。

a. 变频调速

改变三相异步电动机的电源频率，可以得到平滑的调速。变频调速要由整流器和逆变器组成。连续改变电源频率可以实现大范围的无级调速，而且电动机的机械特性的硬度基本不变，这是一种比较理想的调速方法。

b. 变速调速

改变异步电动机定子绕组的连接，可以改变磁极对数，从而得到不同的转速。由于磁极对数 p 只能成倍地变化，所以这种调速方法不能实现无级调速。

c. 变速差率调速

变转差率调速是在不改变同步转速 n_1 条件下的调速，是通过转子电路中串接调速电阻（和起动电阻一样接入）来实现的，通常只用于绕线式转子异步电动机。这种调速方法广泛应用于大型的起重设备中。

③ 反转

三相异步电动机的转子转向取决于旋转磁场的转向。因此，要使电动机反转，只要将接在定子绕组上的三根电源线中的任意两根对调，即改变电动机电流的相序，使旋转磁场反向，电动机也就反转。

④ 制动

当电动机的定子绕组断电后，转子及拖动系统因惯性作用，总要经过一段时间才能停转。但要求能迅速停机,以便缩短辅助工时,提高生产机械的生产率和安全度,为此需要对电动机进行制动。

制动方法有机械制动和电气制动两类。

机械制动通常利用电磁铁制成的电磁制动器来实现。起重机械采用这种方法制动不但提高了生产效率,还可以防止在工作过程中因突然断电使重物落下而造成的事故。

电气制动是在电动机转子导体内产生制动电磁转矩来制动。常用的电气制动方法有以下两种。

a. 能耗制动

切断电动机电源后,把转子及拖动系统的动能转换为电能在转子电路中以热能形式迅速消耗掉的制动方法,称为能耗制动。其实施方法是在定子绕组切断三相电源后,立即通入直流电,产生的电磁转矩为制动转矩。在此制动转矩作用下,电动机将迅速停转。制动转矩的大小与通人定子绕组直流电流的大小有关,直流电流的大小一般为电动机额定电流的 0.5～1 倍。电动机停转后,制动转矩也随之消失,这时应把制动直流电源断开,以节约电能。

能耗制动的优点是制动平稳,消耗电能少,但需要有直流电源。目前在一些金属切削机床中常采用这种制动方法。

b. 反接制动

改变电动机三相电流的相序,把电动机与电源连接的三根导线任意对调两根,使电动机的旋转磁场反转的制动方法称为反接制动。产生的电磁转矩方向与电动机的转动方向相反,因而起制动作用。当电动机转速接近于零时,再把电源切断,否则电动机将会反转。

反接制动不需另备直流电源,比较简单,且制动转矩较大,停机迅速,效果较好,但机械冲击和耗能也较大,会影响加工的精度,所以使用范围受到一定限制,通常用于起动不频繁、功率小于 10 kW 的中小型机床及辅助性的电力拖动中。

5.3　常用低压电器

为了保证生产过程和加工工艺符合要求,使生产机械各部件的动作按顺序进行,需在生产过程中实现对电动机的自动控制。目前电动机自动控制系统中,还较多地采用继电器、接触器等有触点的自动电器和按钮、闸刀等手动电器配合使用来实现自动控制。

1. 开关

开关用来通、断、转换电路,或兼做某些保护。开关种类很多,主要介绍刀开关。

(1) HK 系列磁底胶盖刀开关

磁底胶盖刀开关的结构如图 1-5-9(a)所示。使用时应注意:电源接线必须接进线座;操作时人站在开关的侧面,拉合闸动作要迅速;开关不允许倒装。两极开关 U_N=220 V,三极开关 U_N=380 V,I_N有 15 A、30 A、60 A 三种规格。适用于照明、电热线路或用作 5.5 kW 以下三相异步电动机不频繁操作的操作开关。对于照明、电热负载开关的 U_N可选 220 V 或 380 V,开关的 I_N等于或稍大于负载最大工作电流;对于电动机开关的 U_N选 380 V,I_N等于或大于电动机额定电流的 3 倍。

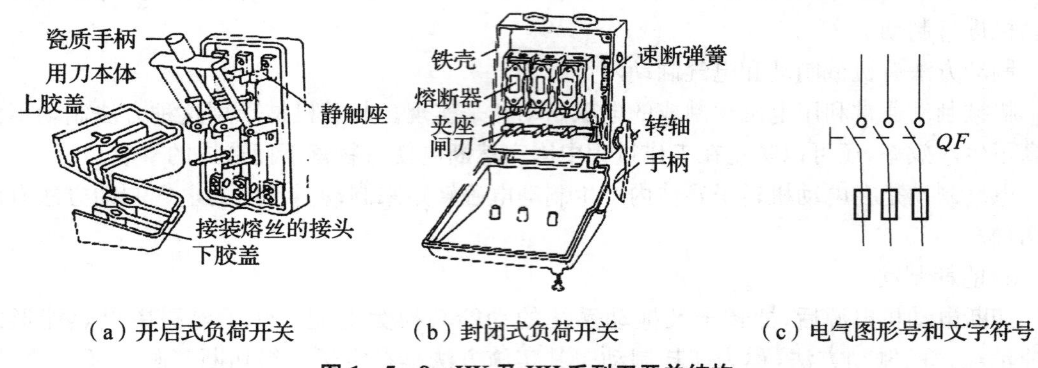

（a）开启式负荷开关　　（b）封闭式负荷开关　　（c）电气图形号和文字符号

图 1-5-9　HK 及 HH 系列刀开关结构

(2) HH 系列铁壳开关

壳开关的结构如图 1-5-9(b)所示。它的特点是因装有速断机构，开关通、断速度快慢与操作手柄动作快慢无关；因装在机械连锁装置，箱盖打开时合不上闸，合上闸后箱盖打不开，加上有铁防护外壳，所以这种开关安全及电气性能均好。使用时应注意：开关外壳应可靠接地（或接零）；操作时不要面对开关；不能随意放在地面上使用。适用于电热，照明等各种配电设备或作不大于 13 kW 三相异步电动机的操作开关。对于控制电动机开关，I_N应取 2～2.5 倍电动机额定电流。

(3) 组合开关

组合开关一般用来接通或断开大电流的电路，组合开关又称转换开关，如图 1-5-10 和图 1-5-11 所示。它是一种结构更为紧凑的手动开关电器。其结构为装在一根转轴上的若干个动触片，和静触片单根旋转开关叠装于数层绝缘板内，转动手柄时，每一动触片即插入相应的静触片中，随转轴旋转而改变通断位置。它可同时接通一部分电路。

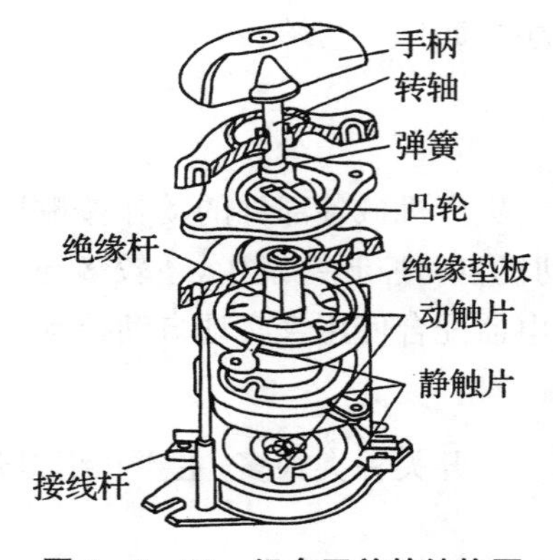

图 1-5-10　组合开关的结构图

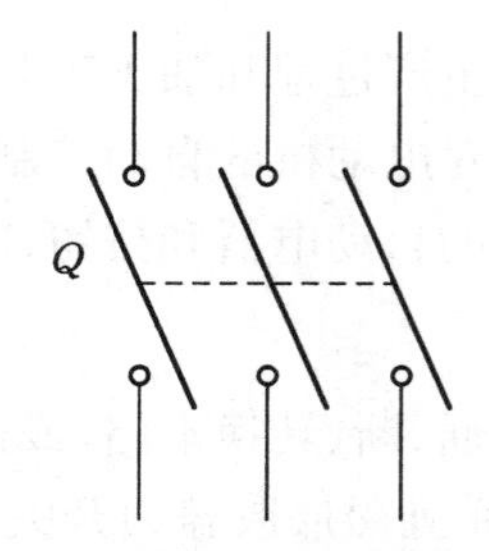

图 1-5-11　组合开关的图形符号

在机床设备中，这类组合开关主要作为电源引人开关，有时也常用来直接起停非频繁起动的小型电动机，如小型通风机等。组合开关用于控制鼠笼式异步电动机（4 kW 以下），起停频率每小时不宜超过 15～20 次，开关的额定电流也应选大些，一般取电动机额定电流的 1.5～2.5 倍。

2. 空气断路器

(1) 结构及用途

① 结构

常用的空气断路器有塑壳式(装置式)和万能式(框架式)两类。结构和图形符号如图1-5-12所示。

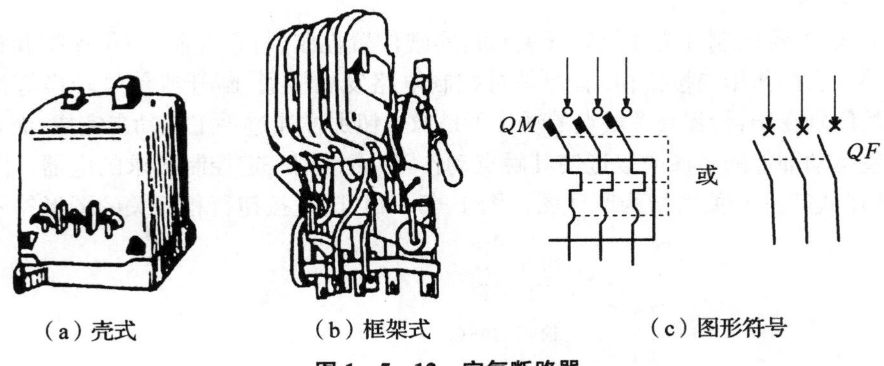

(a) 壳式　(b) 框架式　(c) 图形符号

图1-5-12　空气断路器

② 用途

温升主要是指线圈的温度。当变压器通电工作后,其温度上升到稳定值时比周围环境温度升高的数值。

(2) 安装方法及使用注意

① 安装前应擦净脱扣器电磁铁工作面上的防锈漆脂。

② 断路器与熔断器配合使用时,为保证使用的安全,熔断器应装在断路器之前。

③ 不允许随意调整电磁脱扣器的整定值。

④ 使用一段时间后,应检查弹簧是否生锈、卡住,以免不能正常动作。

3. 按钮

按钮通常用来接通或断开小电流的控制电路,从而间接控制电动机或其他电气设备的运行,其结构原理及符号如图1-5-13所示。

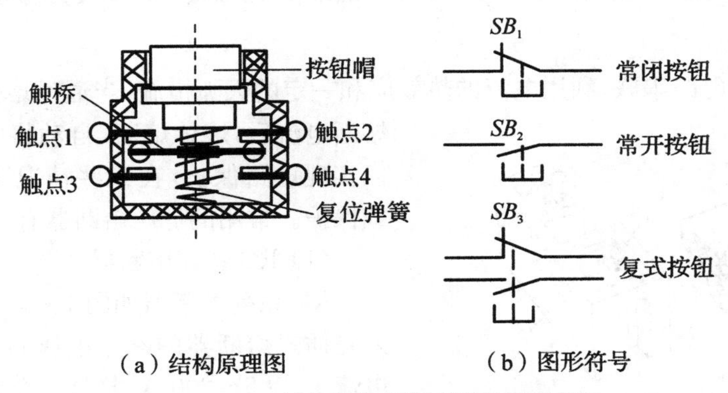

(a) 结构原理图　(b) 图形符号

图1-5-13　按钮的结构原理图及图形符号

在没有外力的正常情况下,触桥在复位弹簧的作用下使触点1和触点2处于连通闭合状态，而触点 3 和触点 4 处于断开状态。当手动按下按钮时，触点 1—2 由闭合转为断开，触点 3—4 由断开转为闭合。如果松开按钮，触桥在复位弹簧的推力作用下自动恢复到原来的正常位置，即自动复位。因此，触点 3—4 被称为常开触点，触点 1—2 被称为常闭触点。显然，所谓“常开”“常闭”触点，是以电器未动作或无外力作用下触点所处的状态来命名的。按钮触点的接触面积很小，额定电流通常不超过 5 A。有些按钮还带有信号灯。

4. 行程开关

行程开关(又称限制开关或位置开关)，是实现位置控制、行程控制、限位保护和程序控制的自动电器。它的作用与按钮相同，都是对控制电路发出接通、断开或信号转换等指令的电器。两者的区别在于：行程开关触点的动作不是像按钮那样通过手工按动来完成，而是利用生产机械某些运动部件的碰撞或接近使其触点动作，从而达到一定控制要求的电器。图 1-5-14(a)是按钮式行程开关的结构原理图。图 1-5-14(b)是按钮行程开关的图形符号。

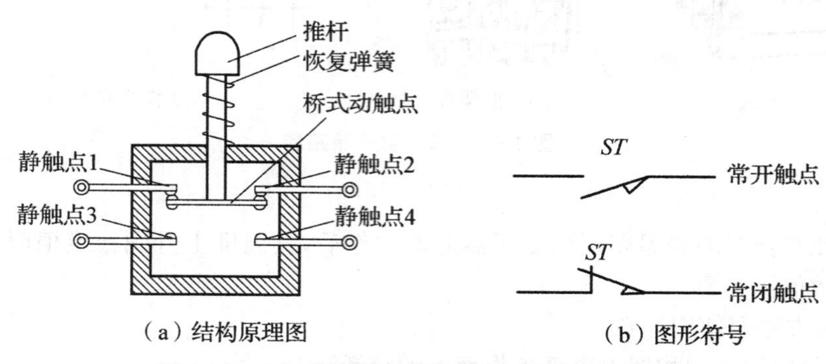

(a) 结构原理图　　(b) 图形符号

图 1-5-14　行程开关的结构原理图及图形符号

在通常状态下，行程开关被安装在适当和特定的位置。桥式动触点使静触点 1 和静触点 2 连通，而静触点 3 和静触点 4 处于断开状态，故静触点 1—2 被称为常闭触点，静触点 3—4 被称为常开触点。当预装在生产机械运动部件上的挡块碰撞到推杆时，使常闭触点断开，常开触点闭合，从而起到切换电路的作用。同时，恢复弹簧被压缩，为以后的复位做好了准备。当挡块离开推杆时，推杆在恢复弹簧的作用下回到原来位置，从而使各触点复位。近年来，为了提高行程开关的使用寿命和操作频率，已开始采用晶体管无触点行程开关(又称接近开关)。

5. 熔断器

它的熔体与电路串联，利用电流的热效应和一定的灭弧措施，当通过熔体的电流超过其熔断电流后，熔体熔断，自动将电路的电源切除以实现短路保护，在某些情况下还用来兼作过载保护。常用的低压熔断器有以下两种。

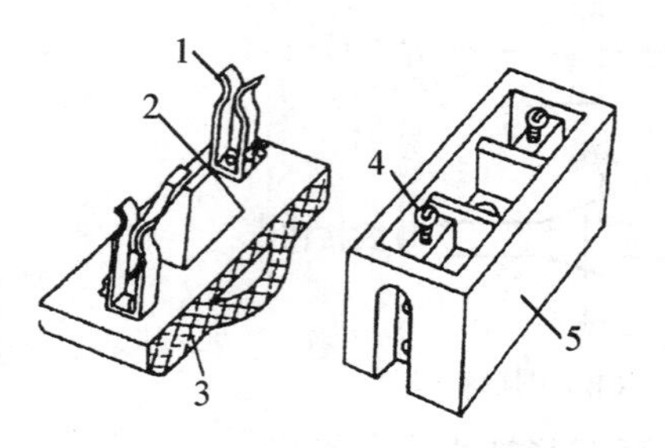

1-动触点；2-熔丝；3-瓷盖；4-静触点；5-瓷座

图 1-5-15　RCIA 系列插入式熔断器

(1) RC 系列熔断器

RC 系列熔断器如图 1-5-15 所示，RC1 系列瓷插式熔断器的额定电压 U_N 为 380 V、额定电流 I_N 为 5～200 A，共分 7 个规格。它结构简单、更换方便、价格低廉，但分断能力不强。适用于作照明、电热电路的短路及过载保护。

（2）RL 系列熔断器

RL 系列熔断器如图 1－5－16 所示，在熔断管中装有熔丝，通过金属信号色点、小弹簧与管两端的金属冒连通，在管内填满石英砂以助灭弧。熔丝断后，在小弹簧作用下信号色点掉下来。接线时为了安全，进线接下接线端。RL 系列螺旋式熔断器 U_N 为 550 V、I_N 为 15～200 A，共分 5 个规格。它体积小、换熔体方便、安全可靠并带熔断显示，分断能力较强。适合于控制箱、配电屏、机床设备及振动较大的场合作短路保护、过载保护。

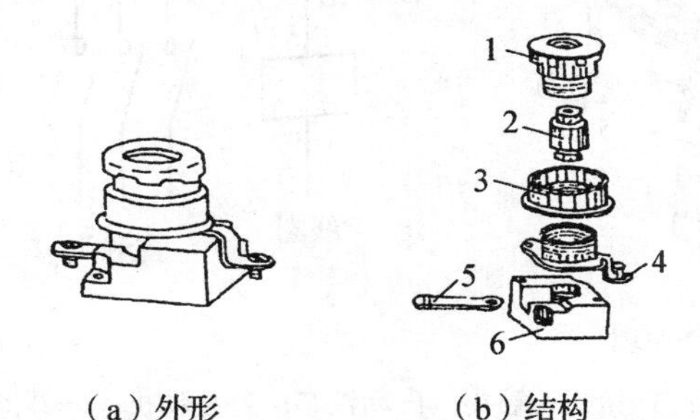

（a）外形　　（b）结构

1—瓷帽；2—熔断管；3—瓷套；4—上接线端；5—下接线端；6—底座

图 1－5－16　螺旋式熔断器

6. 交、直流接触器

接触器是一种可以用来频繁地接通和断开大电流电路的自动控制电器。主要控制电动机之类的动力负载。它除了能实现自动、远距离控制外，还具有失电压保护功能。

（1）结构

CJ0 系列交流接触器的结构如图 1－5－17 所示。

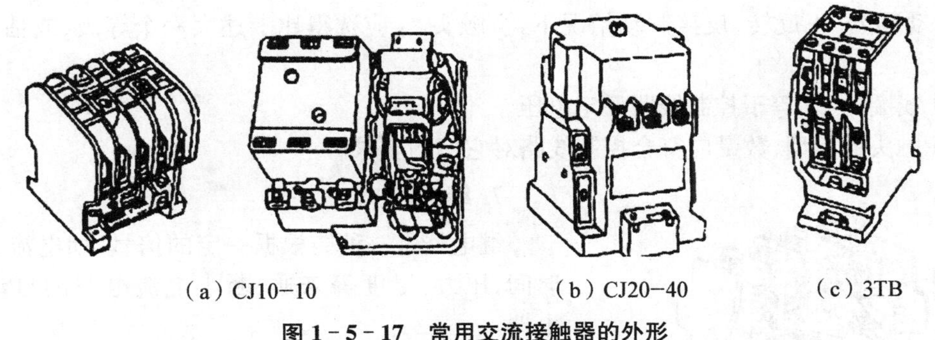

（a）CJ10—10　　（b）CJ20—40　　（c）3TB

图 1－5－17　常用交流接触器的外形

① 电磁系统包括动、静铁芯及线圈。静铁芯两端的短路环是为了减小振动及噪音而设置的。

② 触头系统，采用的是带银触点的桥式触头。银触点的主要优点是氧化层对接触电阻影响不大。在灭弧罩内的三对触头较大，用来控制电流大的主电路叫主触头，又因线圈不通电时它是断开的，所以属动合触头。灭弧罩两边的两对较小的触头，用于控制电路叫辅助触头。它们总共是两对动合、两对动断触头。

③ 灭弧系统，由灭弧罩和灭弧栅片构成，作用是加速灭弧。40 A 以下的接触器没安装灭弧栅片。

④ 其他部分有反作用弹簧、触头压力弹簧片、缓冲弹簧等。

(2) 工作原理

以图 1-5-18 所示点动控制接触器为例,按动按钮,线圈通电,动铁芯克服反作用弹簧的反作用吸合力,动合触头闭合使电动机起动;松开按钮,线圈断电,在反作用弹簧的作用下,动铁芯复位动合触头断开,电动机断电。

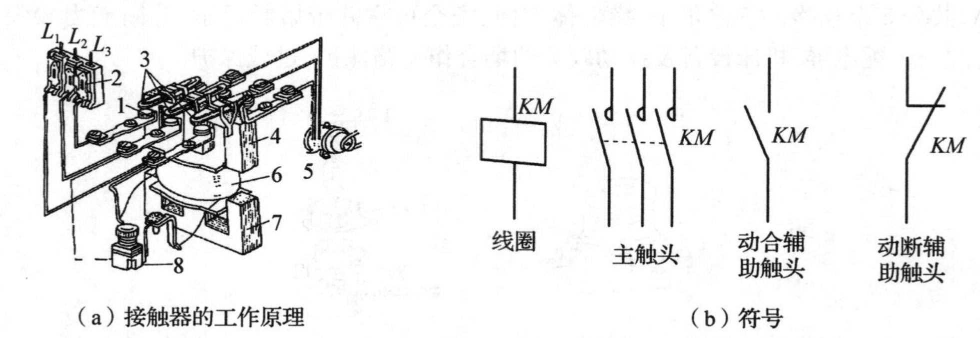

(a) 接触器的工作原理　　　　(b) 符号

1-静触头; 2-熔断器; 3-桥式动触头; 4-动铁芯; 5-电动机; 6-线圈; 7-静铁芯; 8-按钮

图 1-5-18　接触器的工作原理及符号

(3) 接触器的选择

① 根据负载电流类型选择接触器的类型。交流负载选用交流接触器;直流负载一般选用直流接触器。在电力拖动控制系统中主要是交流电动机,而直流电动机或负载的容量比较小时,也可用交流接触器进行控制,但触头的额定电流应适当选大一些。

② 触头的额定电压应等于或大于线路额定电压。

③ 触头的额定电流可根据接触器技术数据选择,也可用经验公式估算,例如,对于 CJ0 交流接触器主触头,$I_N = kP_N$(电动机额定功率/W)/U_N(电动机额定电压/V),k 取 1~1.4。对于起动频繁、正反转、反接制动情况下,主触头 I_N应选得比上述大一个等级(或估算时 k 取 1.4)。

④ 线圈的 U_N等于控制线路额定电压。

⑤ 触头的类型、数量应符合控制线路对它们的要求。

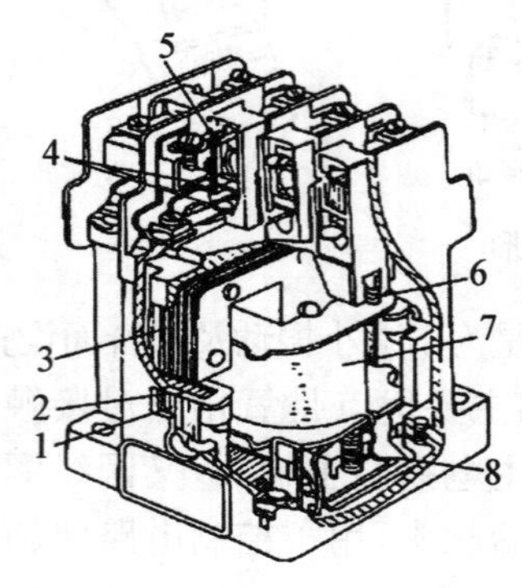

1-静铁芯; 2-短路环; 3-动铁芯; 4-动合触点; 5-动断触点; 6-复位弹簧

图 1-5-19　JZ7 中间断电器

7. 继电器

继电器是一种能根据一定的信号,如电流、电压、时间、压力、温度等来通、断小电流电路的自动控制电器。

(1) 中间继电器

中间继电器是将一个输入信号变成一个或多个输出信号的继电器。它也分交流和直流中间继电器。图 1-5-19 是广泛使用的交、直流两用 JZ7 系列中间继电器的结构图。它的结构与工作原理和交流接触器基本相同,只不过是触头较多、容量小(均为 5 A),无灭弧系统。它的动断触头最多 4 对,但稍加改装,4 对动断均可改成为动合触头。选用时不但要注意触头的额定电流，还要注意线圈的电压、触头数目及种类。

(2) 热继电器

热继电器是一种利用电流的热效应来对电路作过载保护的保护电器，主要用作电动机的过载保护。图 1-5-20 是热继电器的外形图，它主要由双金属片和电阻丝构成的热元件、传动结构、触头、复位按钮和电流整定装置构成。它的动作原理与 DZ5 系列低压断路器中的热脱扣动作原理基本相同：双金属片弯曲推动滑竿，顶动人字拨杆使触头动作。

注意：因热继电器动作具有热惯性，它不能作短路保护；更换热继电器后勿忘重新整定电流；多次动作应查明动作原因。

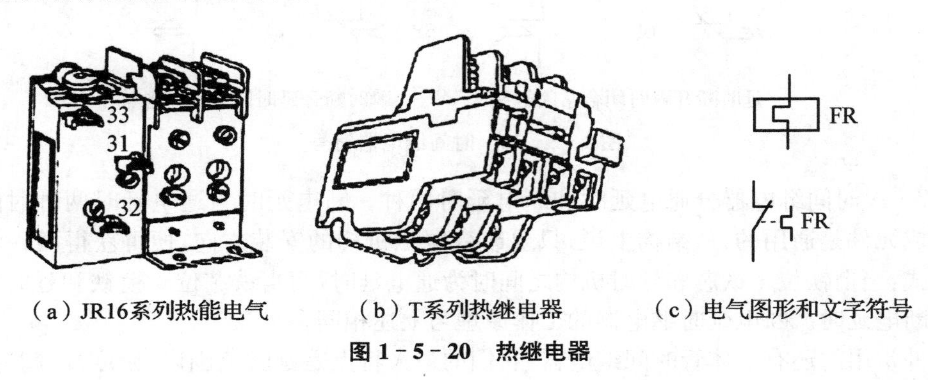

(a) JR16系列热能电气　(b) T系列热继电器　(c) 电气图形和文字符号

图 1-5-20　热继电器

(3) 时间继电器

时间继电器是一种利用电磁或机械原理或电子技术来延迟触头动作时间的自动控制器，种类很多。图 1-5-21 是 JS7-A 系列时间继电器的结构原理图，图 1-5-22 是时间继电器符号图。其中图 1-5-21(a)是通电延时型，其工作原理如下：线圈通电，衔铁克服反作用弹簧而吸合，瞬时触头动作；同时在塔形弹簧的作用下活塞杆向上运动，但被橡胶膜密封的气室必须经过受调节螺杆控制大小的进气口进气后，才能让活塞杆随橡胶膜一起缓慢地向上运动，进气口越大移动速度越快，反之越慢。经过一定的延时，活塞杆顶部的凹肩推动杠杆压延时触头，即时间继电器通电延时触头动作。线圈断电时，在反作用弹簧的作用下，活塞杆随衔铁一起向下返回，这时气室内的空气通过橡胶膜、弱弹簧和活塞的局部所形成的单向阀很快排出，延时触头及瞬时触头瞬时复位。

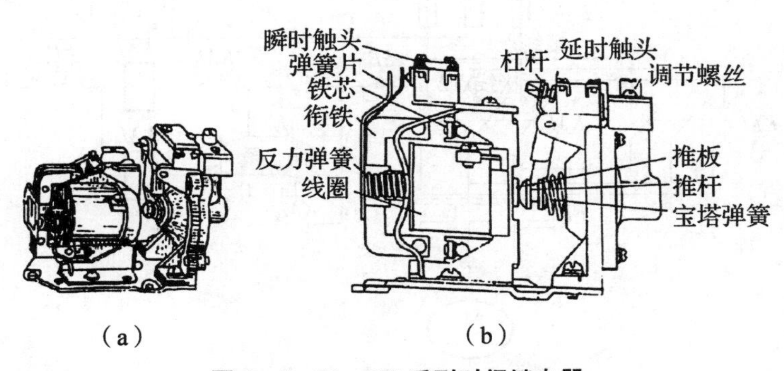

(a)　(b)

图 1-5-21　JS7 系列时间继电器

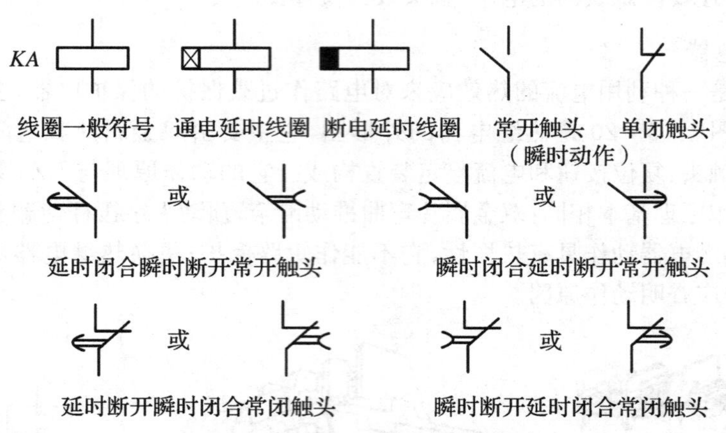

图 1－5－22　时间继电器符号

JS7－A 时间继电器分通电延时和断电延时两种。断电延时与通电延时两种时间继电器的组成元件是通用的，从结构上说，只要改变电磁机构的安装方向，便可获得两种不同的延时方式：当衔铁位于铁芯和延时机构之间时为通电延时，而当铁芯位于衔铁和延时机械之间时为断电延时。断电延时继电器的工作原理与上述相同。

另外常用的还有晶体管时间继电器，它们的最大特点是延时范围广、精度高、耐冲击、延时整定便利、寿命长。按其原理分为阻容式和数字式两大类。常见的有 JS20 型单结晶体管-晶闸管时间继电器和 JSJ 型晶体三极管时间继电器。

（二）任务实施

1. 工作准备

（1）利用交流接触器对电动机进行正反转控制的接线，如图 1－5－23 所示。（观察线路图，控制原理，元器件的结构、电器和导线的选用原则。）

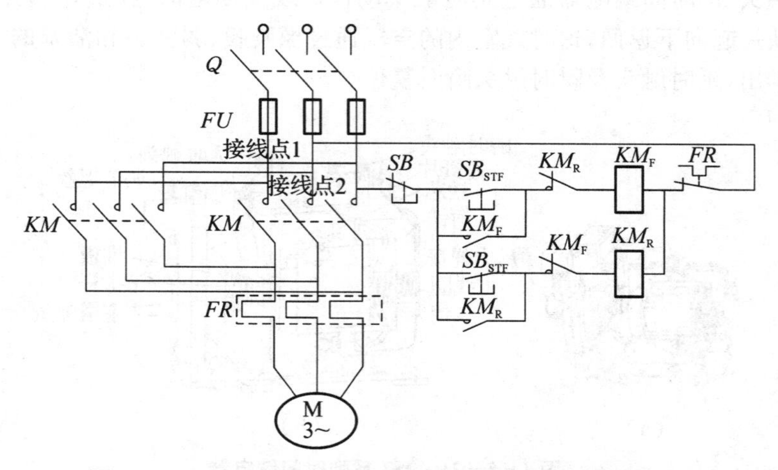

图 1－5－23　三相鼠笼式异步电动机的正反转控制线路图

(2) 准备元器件、工具和仪表(见表 1－5－2)。

表 1－5－2　电器元器件明细表

代　号	名　称	型　号	规　格	数　量
M	三相异步电动机	Y－112M－4	4 kW、380 V、△连接、8.8 A、1 440 r/min	1
QS	电源开头	HH－30/20	三极、25 A	1
FU_1	熔断器	RL1－60/25	500 V、60 A、配 25 A 熔体	3
FU_2	熔断器	RL1－15/2	500 V、15 A、配 2 A 熔体	2
KM_1、KM_2	交流接触器	CJ20－16	16 A、线圈电压 380 V	2
SB_1～SB_3	按钮	LA4－3H	保护式、500 V、5 A、按钮数 3	1
XT	端子板	JX2－1015	500 V、10 A、15 节	1

工具:电工常用工具,如试电笔、尖嘴钳、偏口钳、剥线钳、一字和十字旋具(螺丝刀)、电工刀、校验灯等。

仪表:万用表、绝缘电阻表。

2. 工作步骤

(1) 根据线路图和所控制电动机容量选择所需电器及导线,并进行安装和接线。

① 选择电器的原则。任务所用电器均为低压电器。主回路中电器的额定电流应按大于或等于电动机额定电流来选用。电动机额定电流可由铭牌中查到,对 380 V 电动机也可按 2 A/kW 来估算,而线圈电压则应按控制电路所用电源电压来选择。

熔断器的选择:其额定电压应满足不小于线路工作电压,其额定电流应不小于熔丝的额定电流。而熔体的额定电流应不小于 1.5～2.5 倍电动机额定电流。

热继电器选择:热继电器的额定电流应大于热继电器动作电流,热继电器的动作电流一般按电动机额定电流的 1.1～1.15 倍整定。

② 导线的选择。电器板上所用导线一般选用 BV 型导线,外部接线一般用 BVR 型导线,电源线与电动机的接线可用四芯橡胶线。

导线截面的选择:一般应根据电动机额定电流,从电工手册或有关室内敷设导线允许载流量(安全载流量)表中选择所需导线的截面。控制线截面积不小于 1 mm^2 铜线。

(2) 检查电动机。

根据电动机铭牌,检查其绕组接线与所选用电源电压是否相符。将电动机接线柱上所有连接片去掉,用万用表核对各相绕组及各相出线端的首、尾,并做标记。再用 500 V 绝缘电阻表摇测电动机相间绝缘及每相对地绝缘电阻,应不小于 0.5 MΩ,最后接好电动机。

(3) 安装电器盘及接线。

① 电器布置符合线路图要求。必须符合规定的间隔和爬电距离,并考虑到维修的方便。电器固定牢靠,不松动或倾斜。各电器按原理图的编号顺序,有相应的文字符号。

② 盘内布线布置合理。从一个端子到另一端子走线连续，横平竖直，中间不得有接头，有接头的地方需加装接头盒，接头应牢固。导线的敷设应成排成束，并有线夹可靠地固定。走线槽内的导线应尽可能避免交叉。

③ 导线的敷设应不妨碍电器的拆卸。线端应有与图样相一致的线号，字码清晰，线号编号符合国家标准。

④ 主、控电路导线及工作零线和保护线颜色符合国家标准及有关要求。

⑤ 各导电部分对底盘绝缘电阻应不小于 1 MΩ。

(4) 试运转。

① 试车前检查电动机，测量电动机的绝缘电阻，按图检查接线。

② 调整热继电器动作整定值。

③ 通电试验控制回路(不接电动机)。检查各种电器在正、反转起动、停止控制中是否动作正确，安全可靠。

④ 接通主回路，控制电动机作正、反转的起动、停止。

3. 注意事项。

(1) 注意电动机外壳保护线 PE，对于 TN－C 系统应与电源中线 N 相连。而对于 TN－C－S 系统，应将电动机外壳与 PE 线相连。

(2) 注意接触器线圈电压是否与控制电压相符，不符时可更换线圈或改变控制电源电压。

(3) 如发现接触器或电动机有异常声音或异味，应立即断开电源进行检查。

温馨提示

中性线上不准装熔断器

在三相四线制线路中，不允许中性线上安装熔断器，否则由于熔体烧断，会造成负载中性点和电源中性点之间的通路被切断，这样会出现两种严重的后果：(1) 线路系统若采用接零保护，特别是负载不对称，负载中性点电位发生偏移，则线路上所有设备和装置的金属外壳均有带电的危险；(2) 如果用电设备或装置有一相发生对中性线或外壳短路时，则其余两相的电压就都变成线电压，电压值要升到原来的$\sqrt{3}$倍，另一方面，若发生三相负载电流不对称，则三相电压也就不对称，这样就会造成负载大的一相电压下降，其余两相的电压升高，从而可能烧毁用电设备。因此在三相四线制线路中，中性线上不准安装熔断器。

想一想

中性线电流

为什么三相对称负载的中性线电流为零，而不对称负载中性线就有电流存在？若中性线去掉，电流又是怎么流回去的呢？

评价反馈

考核标准如表 1-5-3 所示。

表 1-5-3 考核标准

基本素养(20 分)				
序号	评估内容	自评	互评	师评
1	纪律(无迟到、早退、旷课)(5 分)			
2	安全规范操作(5 分)			
3	团结协作能力、沟通能力(5 分)			
4	仪器设备摆放,卫生整理(5 分)			
理论知识(30 分)				
序号	评估内容	自评	互评	师评
1	电动机结构和工作原理(5 分)			
2	电动机的使用方法(8 分)			
3	电动机的铭牌数据(8 分)			
4	电动机的起动、调速、反转和制动(5 分)			
5	常用低压电器(4 分)			
技能操作(50 分)				
序号	评估内容	自评	互评	师评
1	正确识别和使用元器件(10 分)			
2	按照装配工艺安装并测试电路(20 分)			
3	通过实验记录实施步骤与数据(10 分)			
4	根据所测的结果分析并检查(10 分)			
综合评价				

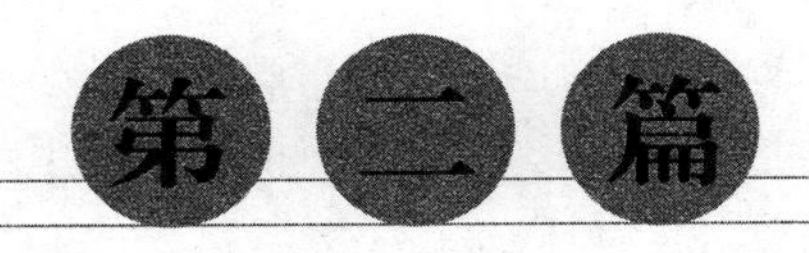

电子技术基础

项目一　小夜灯的制作

学习目标

1. 能力目标

(1) 能根据任务单的要求，正确识别与分类选取元器件，灵活使用常用的仪器仪表，能按照装配工艺要求用面包板安装并调试电路。

(2) 能根据任务单的要求编写计划与决策。

(3) 认真记录计划实施的步骤与数据。

(4) 会根据所测的结果分析任务并检查，自评自己所做的成果，并用图片的形式呈现制作的成果。

2. 知识目标

(1) 掌握二极管的结构符号及分类。

(2) 理解常用电子元器件的特性。

(3) 掌握二极管电路的分析方法。

(4) 掌握具有其他功能二极管应用方法。

3. 技能目标

(1) 掌握常用二极管的识别与测试方法。

(2) 根据电路进行组装，调试，完成小夜灯产品。

(3) 通过对小夜灯的制作，进一步掌握电子电路的装配技巧及调试方法。

实践操作

(一) 相关知识

1.1　半导体的基础知识

自然界中容易导电的物质称为导体，金属一般都是导体。有的物质几乎不导电，称为绝缘体，如橡皮、陶瓷、塑料和石英。另有一类物质的导电特性处于导体和绝缘体之间，称为半导体，如锗、硅、砷化镓和一些硫化物、氧化物等。硅(Si)和锗(Ge)是目前制作半导体器件的主要材料。

1. 本征半导体

半导体中存在两种载流子：一种是带负电的自由电子，另一种是带正电的空穴。它们在外电场的作用下都有定向移动的效应，都能运载电荷形成电流通常称为载流子。金属导体内的载流子只有一种，就是自由电子，但数目很多，远远超过半导体中载流子的数量，所以金属导体的导电性能比半导体好。

本征半导体又称为纯净半导体，其内部空穴的数量和自由电子的数量相等。例如，硅单晶体、锗单晶体，就是纯净半导体。

2. 杂质半导体

本征半导体导电能力很差，但如果在本征半导体掺入微量的其他元素的原子，就会使其导电能力大大提高。这些微量元素的原子称为杂质。常用的杂质为三价和五价元素，如硼、磷等。掺入杂质后形成的半导体称为杂质半导体。根据掺入杂质的不同，杂质半导体有 N 型和 P 型两种。

(1) N 型半导体

在半导体硅(或锗)中，掺入五价元素后，形成多数载流子是自由电子，少数载流子是空穴。自由电子导电占主导地位，称为电子型半导体，又称 N 型半导体。

(2) P 型半导体

仿效 N 型半导体，在半导体中掺入三价元素，形成多数载流子是空穴，少数载流子是电子。空穴导电占主导地位，称空穴型半导体，即 P 型半导体。

由此可见，N 型半导体中的多子是电子，少子为空穴。P 型半导体中的多子是空穴，少子为电子。

3. PN 结

在一块晶片上，用半导体特殊掺杂工艺，分别在两边生成 P 型和 N 型半导体(P 区和 N 区)，两者的交界面处就会自动形成 PN 结。P 区的多子是空穴，N 区的多子是电子。PN 结是构成各种半导体器件的基础。

(1) PN 结的形成

P 型半导体和 N 型半导体结合在一起时，如图 2-1-1 所示。半导体内的载流子发生扩散，结果是在 N 区留下带正电的离子(图中用⊕表示)，而 P 区留下带负电的离子(图中用⊖表示)，它们集中在交界面两侧形成一个很薄的空间电荷区，在就是 PN 结。

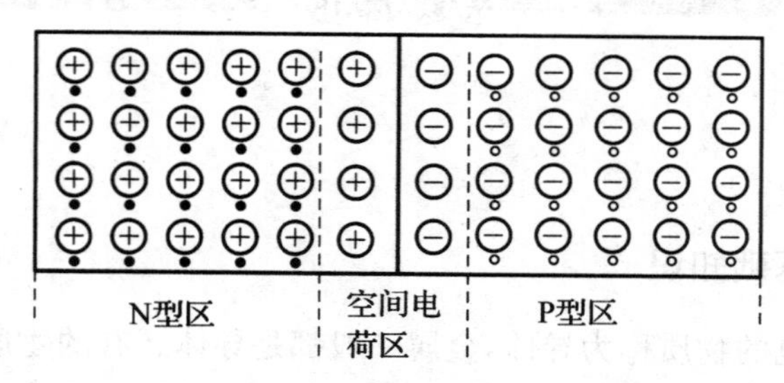

图 2-1-1　平衡状态下的 PN 结

(2) PN 结的单向导电性

上面所讨论的 PN 结中扩散运动与漂移运动达到动态平衡时，扩散电流等于漂移电流，通过 PN 结的电流为零，是在 PN 结没有外加电压的情况下。如果在 PN 结上加电压，必然会破坏原有的动态平衡，使通过 PN 结的电流不为零。

① 外加正向电压

在 PN 结上，P 区接电源正极，N 区接负极，这样的连接又称 PN 结正向偏置，称正偏。PN 结处于导通(导电)状态，此时 PN 结呈现的电阻称为正向电阻。PN 结的正向电阻较小。

② 外加反向电压

在 PN 结上，P 区接电源的负极，N 区接正极，这样的连接又称 PN 结的反向偏置，简称反偏。在外加反向电压作用下的 PN 结，这个反向电流还是很小的，PN 结基本上可认为不导电，处于截止状态。此时的电阻称为反向电阻，它的数值很大。

由上述分析可知，PN 结加正向电压时处于导通状态，PN 结加反向电压时处于截止状态，这就是 PN 结的单向导电性。

1.2　二极管

1. 二极管的结构与分类

(1) 二极管的结构

半导体二极管又称晶体二极管，简称二极管。一个二极管是在 PN 结的两端引出金属电极、外加管壳或用塑料封装而成。是一种最简单的半导体器件。图 2-1-2(a)所示是几种常见的半导体二极管的外形图。图 2-1-2(b)所示是它的图形符号。二极管的文字符号国际标准用 V 表示，有的文献用 VD 表示，习惯用 D 表示。

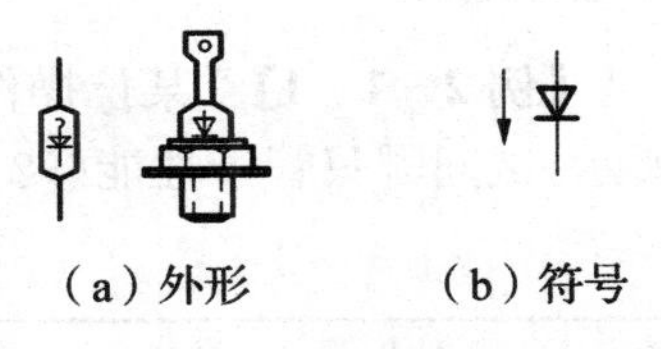

(a) 外形　　(b) 符号

图 2-1-2　半导体二极管的外形及符号

由 P 区引出的电极称为阳极，N 区引出的为阴极。因为 PN 结的单向导体性。二极管导通时电流方向是由阳极通过管子内部流向阴极，即图形符号中箭头所示的方向。

(2) 二极管的分类

按内部结构的不同，二极管可分为面接触型和点接触型两类。

按半导体材料的不同，二极管又可分为硅二极管(如 2CP 型)或锗二极管(如 2AP 型)。

按用途不同，二极管可分为检波二极管、整流二极管、稳压二极管和开关二极管等。

2. 二极管的伏安特性

二极管的伏安特性是指加到二极管两端的电压和通过二极管的电流之间的关系曲线。可通过实验测出，如图 2-1-3 所示。

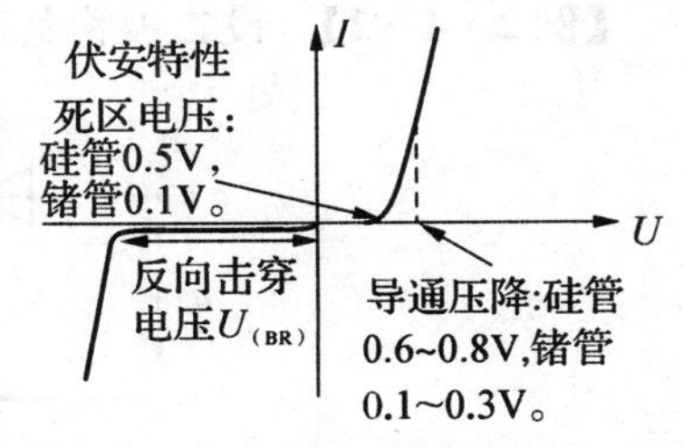

图 2-1-3　二极管伏安特性曲线

(1) 正向特性

当正向电压很低时，正向电流几乎为零，二极管呈现高电阻值，基本上还处在截止状态。当正向电压超过“死区”电压时，处于正向导通状态，此时的二极管呈现低电阻值。硅管的死区电压约为 0.5 V，锗管约为 0.1 V。正向导通后的二极管管压降变化较小，硅管为 0.6～0.8 V，锗管为 0.2～0.3 V。理想二极管可近似认为正向电阻为零。

(2) 反向特性

当反向电压在一定范围内增大时，反向电流极微小且基本不变(理想情况认为反向电流为零)，所以称反向饱和电流。理想二极管可认为反向电阻为无穷大。当反向电压增加到反向击穿电压，二极管承受反向击穿电压时，管子被击穿。二极管被反向击穿后，就失去了单向导电性，引起电路故障，管子通过较大电流会因过热而损坏，因此，使用时一定要注意避免发生反向击穿现象。

3. 二极管的主要参数

(1) 最大整流电流 I_{FM}

I_{FM}是指二极管长期运行时允许通过的最大正向平均电流。当电流超过允许值时，容易造成 PN 结过热而烧坏管子。

(2) 最大反向工作电压 U_{RM}

U_{RM}是指二极管在使用所允许加的最大反向电压。超过此值时二极管就有可能发生反向击穿。通常取反向击穿电压的一半值作为 U_{RM}。

(3) 最大反向电流 I_{RM}

I_{RM}是指在给二极管加最大反向工作电压时的反向电流值。I_{RM}越小说明二极管的单向导电性越好。

【例 2-1-1】 某位操作者有同型号的二极管甲、乙、丙 3 只，测得的数据如表 2-1-1 所示，试问哪只管子性能好？

表 2-1-1 二极管测得数据

二极管	正向电流/mA (正向电压相同)	反向电流/μA (反向电压相同)	反向击穿电压/V
甲	30	3	150
乙	100	2	200
丙	50	6	80

【解】 乙管的性能最好，因为它的耐压高，反向电流小，在正向电压相同的情况下，乙管的正向电阻最小。

【例 2-1-2】 设二极管是理想状态的，试分析并画出负载 R_L两端的电压波形 u_o。

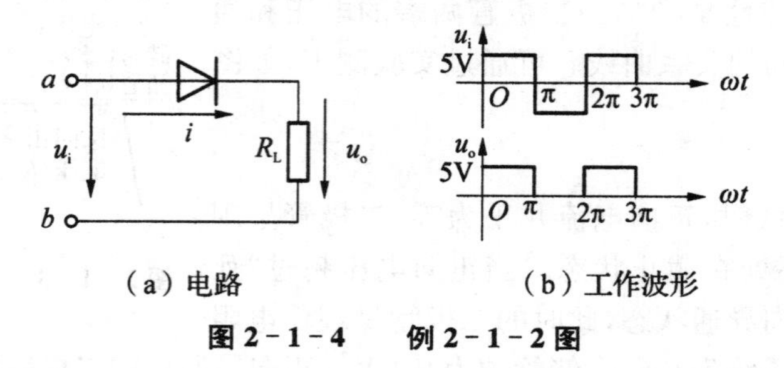

(a) 电路　　(b) 工作波形

图 2-1-4　例 2-1-2 图

【解】 当u_i为正半周时，a点电位高于b点电位，二极管外加正向电压而导通，负载电阻R_L中有电流通过，R_L两端电压为u_o。假设二极管是在理想状态下，此时$u_o=u_i$。

当u_i为负半周时，a点电位低于b点电位，二极管外加反向电压而在而截止，R_L中没有电流通过，其两端电压为零，即$u_o=0$。

4. 二极管的简单测试

二极管正偏时，直流电阻较小，二极管反偏时，呈现高阻。因此常常用万用表电阻挡粗略测试二极管的好坏，如图2-1-5所示。测量时一般用R×100，R×1 k这两挡，若测出的正、反向直流电阻数值相差很大，一般在数百倍以上，这说明二极管的单向导电性好。若测出二极管正、反向直流电阻都是无穷大，表明管子已断路；反之，两者都为零，表明管子已击穿。

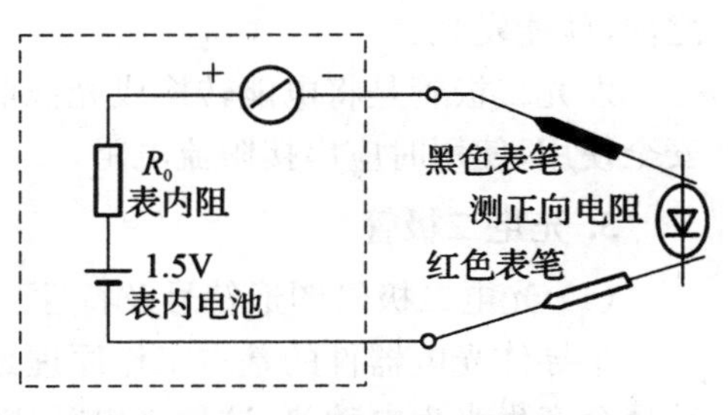

图2-1-5　万用表电阻挡测二极管

1.3　硅稳压二极管、发光二极管、光电二极管

1. 硅稳压二极管

(1) 硅稳压二极管电路符号和正常工作状态

硅稳压二极管简称稳压管。稳压管之所以能起稳压作用，主要是其反向伏安特性。由于它在电路中与适当的电阻串联后，在一定的电流变化范围内，其两端的电压相对稳定，故称为稳压管。

在电子电路中，稳压管工作于反向击穿状态。能在反向击穿状态下正常工作而不损坏，是稳压管工作的特点。

(2) 硅稳压二极管的主要特性、功能

图2-1-6表示稳压管在电路中的正确连接方法。

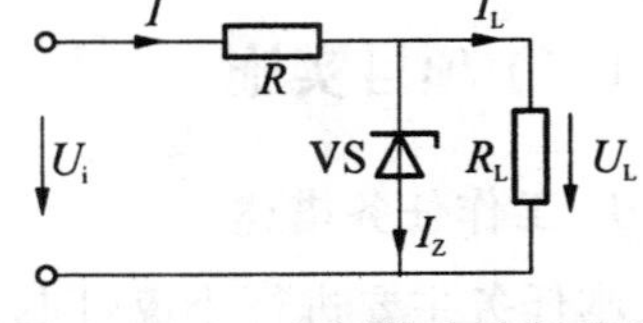

图2-1-6　稳压管电路及符号

当反向电压较低时，反向电流几乎为零，管子处于截止状态，当反向电压增大到击穿电压U_Z(也是稳压管的工作电压)时，反向电流I_Z(稳压管的工作电流)急剧增加。I_Z在较大范围内变化时，管子两端电压U_Z却基本不变，具有恒压特性。稳压管就是利用这一特性在电路中起稳压作用的。

2. 发光二极管

(1) 发光二极管的图形符号及特性

发光二极管(LED)是最常见的电光转换器件。发光二极管的图形符号、伏安特性曲线如图2-1-7所示。它与普通二极管的伏安特性曲线十分相似，只是在开启电压和正向特性的上升速率上略有差异。当所施加正向电压(U_F)未达到开启电压时，正向电流I_F几乎为零。但电压一旦超过开启电压时，则电流急剧上升，

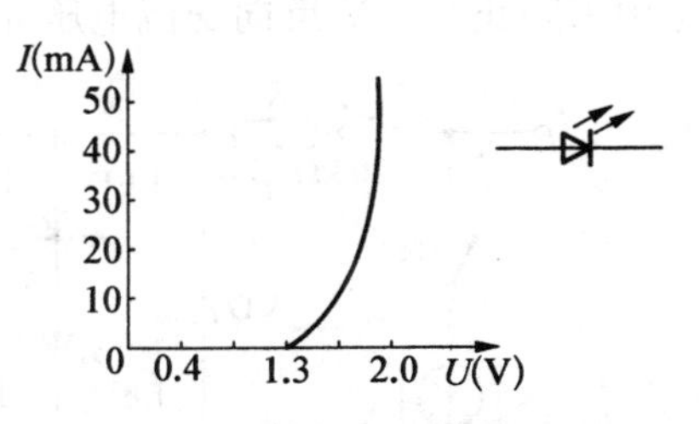

图2-1-7　发光二极管伏安特性和符号

电流、电压几乎呈线性关系，即发光二极管呈欧姆导通特性。

（2）发光二极管的正常工作状态和功能

要使发光二极管发光，就必须对其施加一定的驱动电源。发光二极管的供电电源既可以是直流的，也可以是交流的。发光二极管是一种电流控制器件。对发光二极管来说，不管供电电压如何，在正向偏置的情况下，只要流过发光二极管的正向工作电流在所规定的范围之内，就能发光。

发光二极管是将电能转换成光能的器件，在正偏情况下有合适电流就能发光。为保证安全使用，使用时应串接限流电阻。

3. 光电二极管

（1）光电二极管图形符号及特性

半导体光电器件的基本工作原理是半导体中的光生伏特效应。即使没有外加偏压，PN结也会产生光生电动势，这种光电效应通常称为光生伏特效应。光电二极管有光伏和光电导两种工作模式。光伏模式不加偏置电压，而光电导模式则要加反向偏置电压。硅光电二极管全称为硅 PN 结光电二极管，它工作于光电导工作模式，较锗光电二极管暗电流、温度系数都小得多，加之管芯制作易于精确控制，因此得到广泛应用。

图 2-1-8　结型光电二极管图形符号

结型光电二极管图形符号如图 2-1-8 所示。

（2）光电二极管功能和正常工作状态

光电二极管能将感受到的光能转变成电能，一般均以光测控器的形式工作于各种电路和控制系统中，故又称为光电探测器。光电二极管是将光能转换成电能的电子器件，光导模式光导二极管使用时必须反偏。使用时要保证光电二极管反偏电压不小于 5 V，又不能超过最大反向电压。

（二）项目实施

1. 工作任务描述

本任务主要进行小夜灯制作、测试与分析，小夜灯主要由发光二极管和普通二极管组成。小夜灯功耗小，方便实用，夜晚休息时有微微灯光照亮，无强光刺激。

如图 2-1-9 所示为小夜灯的原理电路。主要由发光二极管和稳压二极管组成，开关 S_2 闭合，照明灯亮；夜晚休息时，断开 S_2，闭合开关 S_1，LED_1～LED_4 发光，小夜灯亮。VD 是用来防止 220 V 反向交流电压冲击使发光二极管损坏。

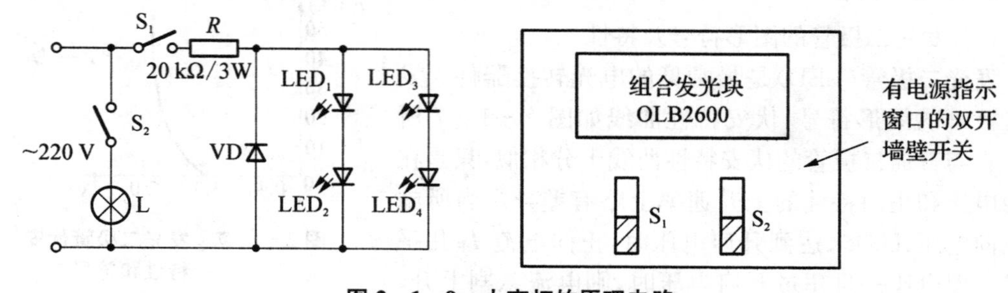

图 2-1-9　小夜灯的原理电路

制作时也可选购平面组合发光块取代 4 只发光二极管，如型号 OLB2600 的发光块，内部由 4 只高亮度的发光二极管封装而成；另选购一个带电源指示窗口的双开墙壁开关，把其指示窗口锉大，再镶上组合发光块，用 502 胶粘牢，按电路接好连线，就制成了小夜灯。

2. 各种元器件的识别与检测

(1) 二极管的识别与检测

表 2-1-2　用万用表判断二极管的极性、检测质量好坏的方法

	测试方法	正常数据	极性判别	质量好坏
正向电阻	如图 2-1-11(a)所示	几百欧至几千欧。锗管的正向电阻比硅管的稍小	模拟表黑表笔所接为阳极； 数字表红表笔所接为阳极	(1) 正、反向电阻相差越大，性能越好 (2) 正、反向电阻均小或为 0，短路损坏 (3) 正、反向电阻均很大或为无穷大，开路损坏 (4) 正向电阻较大或反向电阻偏小，性能不良
反向电阻	如图 2-1-11(b)所示	大于几百千欧。锗管的反向电阻比硅管的稍小	模拟表黑表笔所接为阴极； 数字表红表笔所接为阴极	

(2) 发光二极管(LED)的识别与检测

发光二极管(LED)的外形，如图 2-1-10 所示。

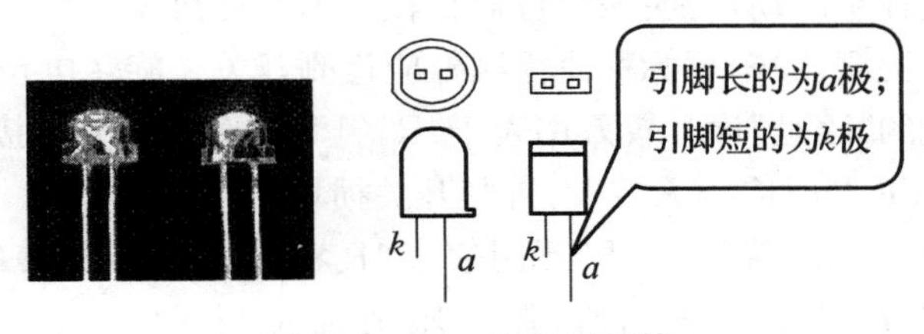

图 2-1-10　发光二极管

① 发光二极管极性的判别。将万用表置于“R×10 k”挡，两表笔分别接到发光二极管的两端测量一次，对换表笔又测一次，如果两次测得的电阻值为一大一小，则该发光二极管是好的。测得的电阻值较小的那一次，即发光二极管是发亮的，与黑表笔相连接的是发光二极管正极，与红表笔相连接的是发光二极管负极。测得的电阻值很大的那一次，与黑表笔相接的是发光二极管负极，与红表笔相接的是发光二极管正极。

② 发光二极管好坏的判别。测量时一般用“R×10 k”档，若测出的正、反向直流电阻数值相差很大，一般在数百倍以上，这说明发光二极管是好的。若测出发光二极管正、反向直流电阻都是无穷大，表明管子已断路；反之，两者都为零，表明管子已击穿。

(3) 稳压二极管的检测

① 稳压二极管极性的判别。将万用表置于“R×100”或“R×1 k”挡，两表笔分别接到稳压二极管的两端测量一次，对换表笔又测一次，如果两次测得的电阻值为一大一小，则为该稳压二极管是好的。测得的电阻值较小的那一次，与黑表笔相连接的是稳压二极管正极，与红表笔相连接的是稳压二极管负极。测得的电阻值很大的那一次，与黑表笔相接的是稳压二极管负极，与红表笔相接的是稳压二极管正极。

② 稳压二极管好坏的判别。测量时一般用“R×100”或“R×1 k”这两档，若测出的正、

反向直流电阻数值相差很大，一般在数百倍以上，这说明稳压二极管是好的。若稳压测出二极管正、反向直流电阻都是无穷大，表明管子已断路；反之，两者都为零，表明管子已击穿。

（4）电阻器的识别与检测

根据电阻色环的判断电阻值：

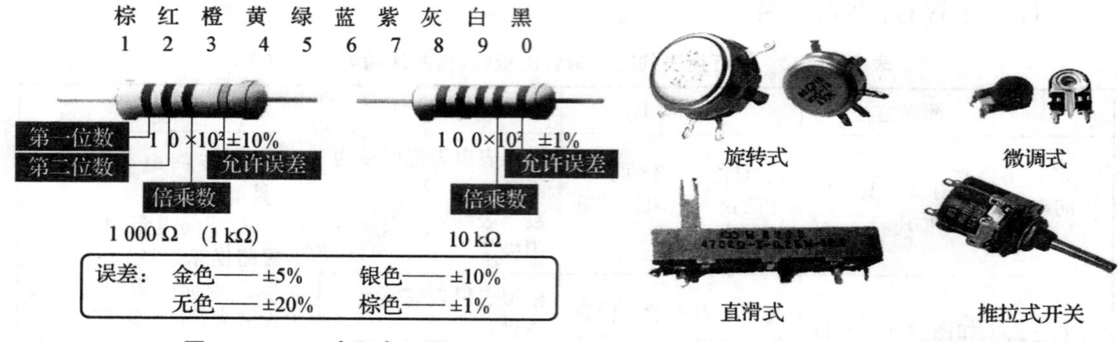

图 2-1-11 电阻色环图　　**图 2-1-12 部分电位器实物照片**

标称阻值的检测：置万用表欧姆挡于适当量程，先测量电位器两个定片之间的阻值是否与标称值相符，再测动片与任一定片间电阻。慢慢转动转轴从一个极端向另一个极端，若万用表的指示从 0 Ω（或标称值）至标称值（或 0 Ω）连续变化，且电位器内部无“沙沙”声，则质量完好。若转动中表针有跳动，说明该电位器存在接触不良故障。

带开关电位器的检测：除进行标称值检测外应检测开关。旋转电位器轴柄，接通或断开开关时应能听到清脆的“喀哒”声。置万用表于“R×1”挡，两表笔分别接触开关的外接焊片，接通时电阻值应为 0，断开时应为无穷大，否则开关损坏。

检测外壳与引脚间的绝缘性能：置万用表于“R×1 k”挡，一只表笔接触电位器外壳，另一只表笔分别接触电位器的各引脚，测得阻值都应为无穷大，否则存在短路或绝缘不好。

3. 整机的装配与调试

（1）组装电路

按图 2-1-9 组装好电路，电路板装配应遵循“先低后高、先内后外”的原则。先安装电阻与二极管；再安装插头；最后装接电源输出线 CT-OUT。电路装配工艺要求是先将电路所有元器件（零部件）正确装入印制电路板相应位置上，采用单面焊接方法，要求无错焊、漏焊、虚焊。

元器件（零部件）引线保留长度 L 为 0.5～1.5 mm；元器件面相应元器件（零部件）高度平整、一致。最后装接电源输出线 CT-OUT。

（2）电路调试方法

① 电源电路调试。先用万用表检查电路是否有短路，如果有，先排除故障（特别是 L）。

② 控制电路调试。通电后要观察电路有无异常现象，例如有无冒烟现象，有无异常气味，手摸元器件外封装，是否发烫等。如果出现异常现象，应立即关断电源，待排除故障后再通电。如果均正常，观察能否实现预定功能。

一般来说，元件安装时要与线路板留出一定距离，避免出现问题。

评价反馈

1. 任务单

任务单如表2-1-3所示。

表2-1-3　任务单

<table>
<tr><td>任务名称</td><td>小夜灯的制作</td><td>学　　时</td><td></td><td>班　　级</td><td></td></tr>
<tr><td>学生姓名</td><td></td><td>学生学号</td><td></td><td>任务成绩</td><td></td></tr>
<tr><td>实训器材与仪表</td><td></td><td>实训场地</td><td></td><td>日　　期</td><td></td></tr>
<tr><td>客户任务</td><td colspan="5">① 识别所给元器件的种类,区分不同类型的元器件,并指出判断依据。
② 测量所使用元器件的参数,判断质量好坏。
③ 按照小夜灯电路原理图组装电路。
④ 通电调试电路,使小夜灯电路能正常工作。</td></tr>
<tr><td>任务目的</td><td colspan="5">① 掌握二极管的结构符号及分类;理解常用电子元器件的特性;掌握二极管电路的分析方法。
② 掌握具有其他功能二极管的应用方法,为分析实际的电子电路打下必要的基础;掌握常用二极管的识别与测试方法。
③ 训练学生的工程意识和良好的劳动纪律观念;培养学生认真做事、用心做事的态度;培养学生良好的语言表达能力、客观评价能力、劳动组织和团体协作能力以及自我学习和管理素养。</td></tr>
<tr><td colspan="6">(一) 资讯问题</td></tr>
<tr><td colspan="6">① 导体的基础知识,PN结的特性。
② 二极管的伏安特性及电路分析方法。
③ 各种常用元器件的识别、分类、检测。</td></tr>
<tr><td colspan="6">(二) 决策与计划</td></tr>
<tr><td colspan="6"></td></tr>
<tr><td colspan="6">(三) 实施</td></tr>
<tr><td colspan="6"></td></tr>
<tr><td colspan="6">(四) 检查(评价)</td></tr>
<tr><td colspan="6"></td></tr>
</table>

2. 考核标准

考核标准如表 2－1－4 所示。

表 2－1－4　考核标准

序号	工作过程	主要内容	评分标准	配分	学生(自评)		教师	
					扣分	得分	扣分	得分
1	资讯(10 分)	任务相关知识查找	查找相关知识学习,该任务知识能力掌握度达到 60%,扣 5 分	10				
			查找相关知识学习,该任务知识能力掌握度达到 80%,扣 2 分					
			查找相关知识学习,该任务知识能力掌握度达到 90%,扣 1 分					
2	决策、计划(10 分)	确定方案、编写计划	制定整体设计方案,在实施过程中修改一次,扣 2 分	10				
			制定实施方法,在实施过程中修改一次,扣 2 分					
3	实施(10 分)	记录实施过程步骤	实施过程中,步骤记录不完整度达到 10%,扣 2 分	10				
			实施过程中,步骤记录不完整度达到 20%,扣 3 分					
			实施过程中,步骤记录不完整度达到 40%,扣 5 分					
4	检查、评价(60 分)	小组讨论	自我评述完成情况	3				
			小组效率	3				
		整理资料	规则和标准的整理	3				
			其他资料的整理	3				
		元器件的识别、分类、检测	普通二极管识别、分类与检测	4				
			发光二极管识别、分类与检测	4				
			稳压二极管识别、分类与检测	4				
			电阻器的识别、分类与检测	4				
			电位器的识别、分类与检测	4				
			开关的识别、分类与检测	4				
		电路焊接、装配与调试	电路焊接质量	5				
			电路装配	5				
			静态调试方法	8				
			动态调试方法	8				
			功能实现	5				
			调试结果记录	3				

续　表

序号	工作过程	主要内容	评分标准	配分	学生(自评)		教师	
					扣分	得分	扣分	得分
5	职业规范团队合作(10分)	安全生产	安全文明操作规程	3				
		组织协调	团队协调与合作	3				
		交流与表达能力	用专业语言正确流利地简述任务成果	4				
合计				100				

项目二　电子助听器的制作

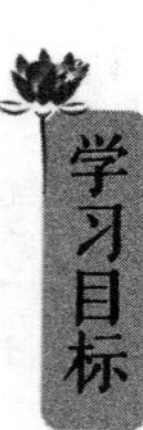

1. 能力目标

（1）能根据任务单的要求，正确识别与分类选取元器件，灵活使用常用的仪器仪表，能按照装配工艺要求用面包板安装并调试电路。

（2）能根据任务单的要求编写计划与决策。

（3）认真记录计划实施的步骤与数据。

（4）会根据所测的结果分析任务并检查，自评自己所做的成果，并用图片的形式呈现制作的成果。

2. 知识目标

（1）熟悉晶体管放大、饱和、截止三种工作状态条件和工作在这三种状态特点，并能够用输出电压的大小来判断。

（2）熟悉晶体管的直接耦合形式。

（3）熟悉反馈的基本概念，基本组成，反馈类型的判断方法。

（4）加深理解放大电路引入负反馈的方法和对放大器性能指标的影响。

3. 技能目标

（1）晶体管识别与检测。

（2）根据电路进行组装，调试，完成电子助听器产品。

（3）学习反馈放大电路性能指标的测量。

（4）通过对电子助听器的制作，进一步掌握电子电路的装配技巧及调试方法。

实践操作

（一）相关知识

2.1　三极管

晶体三极管又称半导体三极管，也称为晶体管，简称三极管，是通过一定的工艺，将两个

PN 结结合在一起的器件。由于 PN 结之间的相互影响，使三极管表现出不同于单个 PN 结的特性而具有电流放大功能。

1. 三极管的结构与分类

(1) 三极管的结构

根据三极管结构的不同，无论是硅管或锗管，都有 PNP 和 NPN 两种类型。三极管有两个 PN 结：发射结和集电结；三个电极：基极 B、发射极 E 和集电极 C。图 2-2-1 所示是 NPN 型三极管的结构示意图和电路符号，图 2-2-2 所示是 PNP 型三极管的结构示意图和电路符号。两种型号三极管的符号用发射极上的箭头方向来加以区分。使用时要注意区分发射极和集电极，不能混用。PNP 型三极管和 NPN 型三极管尽管结构不同，但在电路中的工作原理是基本相同的，只是工作时所采用的电源极性相反。

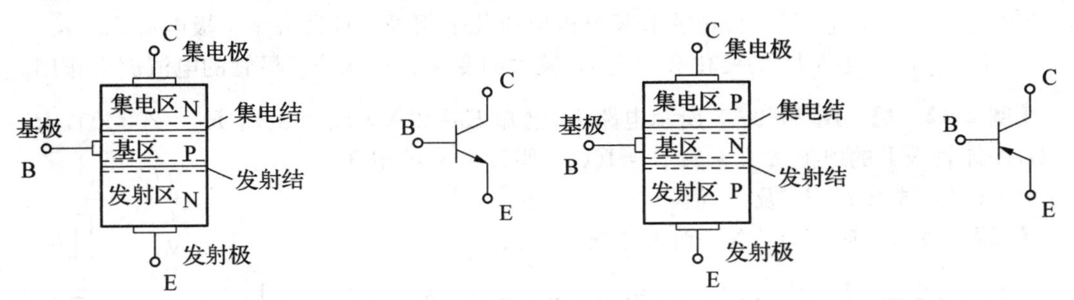

图 2-2-1 NPN 型三极管结构及符号 **图 2-2-2 PNP 型三极管结构及符号**

从图 2-2-1 和图 2-2-2 中可以看出，三极管有发射区、基区和集电区三个区，分别引出发射极 e、基极 b 和集电极 c。发射区和基区之间的 PN 结称为发射结，集电区和基区之间的 PN 结称为集电结。

(2) 三极管的分类

三极管的种类很多，按功率大小可分大功率管和小功率管；按电路中的工作频率可分高频管和低频管；按制成三极管所使用的材料可分为硅管和锗管。从外形来看，各种三极管一般都有三个电极。图 2-2-3 所示是几种常见三极管的外形，其中 3AD50 功率管的底壳就是管子集电极。根据三极管结构的不同，无论是硅管或锗管，都有 PNP 和 NPN 两种类型。

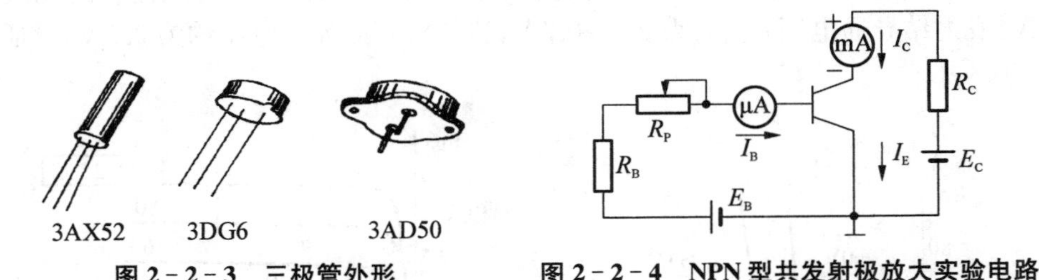

图 2-2-3 三极管外形 **图 2-2-4 NPN 型共发射极放大实验电路**

2. 三极管的电流放大作用

三极管的各极电流之间有什么关系呢？通过实验来说明，将三极管按图 2-2-4 连成实验电路，图中三极管 VT 为 NPN 型管。在三极管的发射结加正向电压，集电结加反向电压，只有这样才能保证三极管工作在放大状态。改变可变电阻 R_B，则基极电流 I_B、集电极电

流 I_C和发射极电流 I_E都发生变化。

实验时,改变 R_B 的大小使基极电流 I_B 随之改变,然后测量 I_B、I_C 及 I_E 数值,实验结果列于表 2-2-1 中。

表 2-2-1 三极管电流测试数据

I_B(μA)	0	20	40	60	80	100
I_C(mA)	0.005	0.99	2.08	3.17	4.26	5.40
I_E(mA)	0.005	1.01	2.12	3.23	4.34	5.50

从表中实验数据可得以下结论：

① 表中测试数据有 $I_E=I_C+I_B$ 的关系。此关系表明三极管电极间的电流分配规律。

② $I_E\approx I_C\geqslant I_B$，发射极电流和集电极电流几乎相等。且远大于基极电流 I_B。

③ $I_C=\beta I_B$，微小 I_B 的变化会引起 I_C 较大的变化。这就是三极管的电流放大作用。

【例 2-2-1】 图 2-2-5 所示电路中,已知 $E_C=9$ V, $E_B=3$ V, $R_B=200$ kΩ, $R_C=3$ kΩ,晶体管 VT 的电流放大系数 $\beta=100$。 假设发射结电压 $U_{BE}=0.6$ V。试求 I_B、I_C 及 I_E 值。

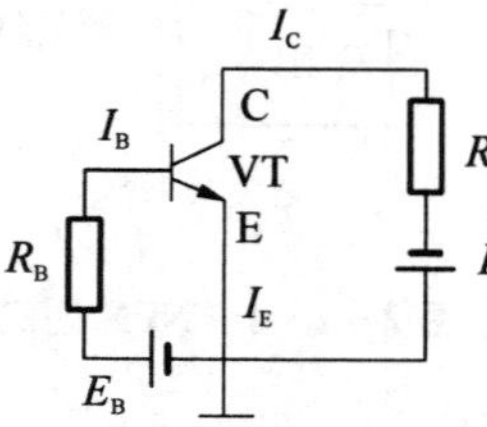

【解】 由输入回路的已知条件可求出 I_B 值：

$$I_B=\frac{E_B-U_{BE}}{R_B}=\frac{3-0.6}{200}\text{mA}=0.012\text{ mA}=12\ \mu\text{A}$$

图 2-2-5 例 2-2-1 图

由电流放大原理：

$$I_C=\beta I_B=100\times 0.012\text{ mA}=1.2\text{ mA}$$

$$I_E=I_C+I_B=\beta I_B+I_B=(\beta+1)I_B=101\times 0.012\text{ mA}=1.212\text{ mA}$$

3. 三极管的特性

(1) 输入特性曲线

输入特性曲线表示电压 U_{CE}为参变量时,输入回路中 I_B 与 U_{BE}间的关系。

三极管的输入特性也有一个“死区”。在“死区”内,U_{BE}虽已大于零,但 I_B 几乎仍为零。当 U_{BE}大于某一值后,I_B 才随 U_{BE}增加而明显增大。和二极管一样,硅三极管的死区电压约为 0.5 V,发射结导通电压 U_{BE}约为 0.6～0.7 V,锗三极管的死区电压约为 0.2 V,导通电压约为 0.2～0.3 V。

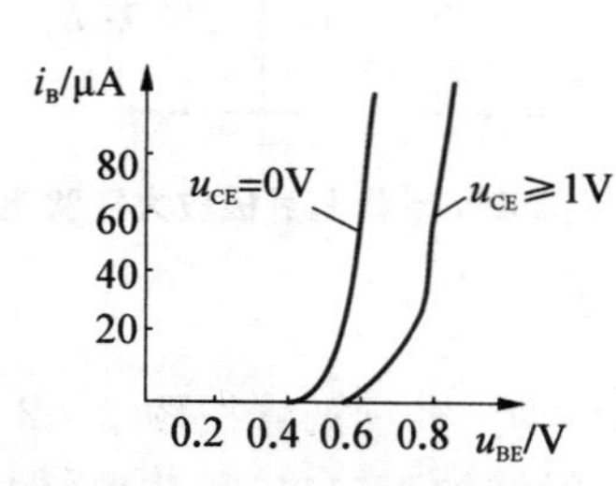

图 2-2-6 输入特性曲线

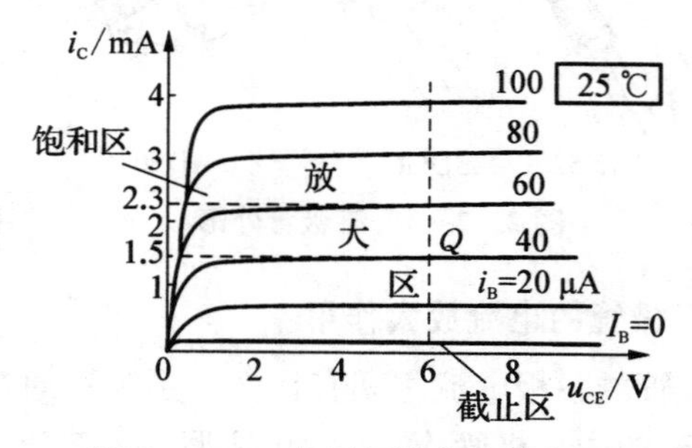

图 2-2-7 共射极输出特性曲线

(2) 输出特性曲线

输出特性表示输入电流 I_B 为在参变量时，输出回路中 I_C 与 U_{CE} 的关系。

由输出特性曲线可见，输出特性分放大、饱和和截止三个区域。通常把三极管的输出特性曲线分成三个工作区：

① 截止区

$I_B=0$ 的特性曲线以下区域为截止区。此时三极管的集电结处于反偏，发射结电压 $U_{BE}\leqslant 0$，也是处于反偏状态。由于 $I_B=0$，$I_C=\beta I_B$，严格说来也应该为零，三极管无放大作用。

可见，在基极电流 $I_B=0$ 所对应的曲线下方的区域是截止区。在这个区域里，$I_B=0$，$I_C\approx 0$，三极管不导通，也就不能放大。三极管工作在截止区的电压条件是：发射结反偏，集电结也反偏。

② 饱和区

三极管处于饱和状态，这时晶体管失去了放大作用。即三极管的发射结和集电结都处于正向偏置，三极管无放大作用。

可见，在饱和区，三极管不能起放大作用。三极管工作在饱和区的电压条件是：发射结正偏，集电结也正偏。

③ 放大区

三极管输出特性曲线的饱和区和截止区之间的部分为放大区。工作在放大区的三极管才具有电流放大作用。此时三极管的发射结必为正偏，而集电结则为反向偏置。

可见，在放大区这个区域里，基极电流不为零，集电极电流也不为零，且 $I_C=\beta I_B$，具有放大作用。三极管工作在放大区的电压条件是：发射结正偏，集电结反偏。

【例 2-2-2】 试根据图 2-2-8 所示管子的对地电位，判断管子是硅管还是锗管且处于哪种工作状态？

【解】 (1) 在图 2-2-8(a)中，三极管为 NPN 型。由发射结电压 $U_{BE}=0.7$ V，知道处于正偏，且是硅管，但是 $V_B>V_C$，因此集电结也处于正向偏置，此 NPN 型硅管处于饱和状态。

(2) 在图 2-2-8(b)中，三极管为 PNP 型。发射结电压 $U_{BE}=-0.3$ V，为正向偏置，所以该管为锗管，又因为 $V_B>V_C$，集电结为反向偏置，所以，此 PNP 型锗管工作在放大状态。

(3) 在图 2-2-8(c)中，发射结电压 $V_{BE}=+0.6\text{ V}-0\text{ V}=+0.6$ V（注意此管为 PNP 管），而处于反向偏置，集电结也是反偏 ($V_B>V_C$)，因此，管子处在截止状态。此处无法判别其为硅管还是锗管。

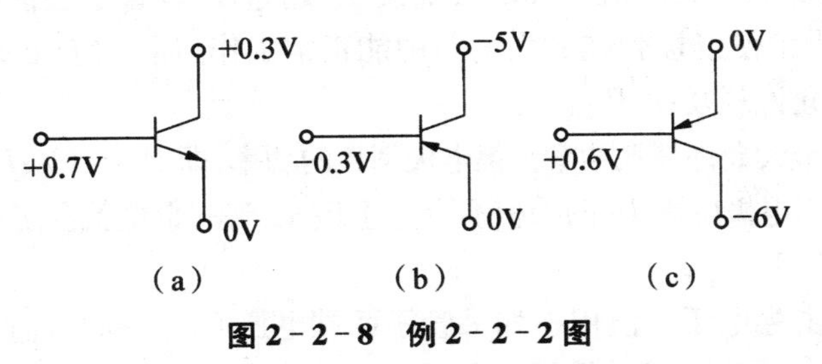

图 2-2-8　例 2-2-2 图

【例 2-2-3】 测得工作在放大电路中三极管三个电极电位：$U_1=3.5\ \mathrm{V}$，$U_2=2.8\ \mathrm{V}$，$U_3=12\ \mathrm{V}$，试判断管型、电极及所用材料。

【解】 判断的依据是工作在放大区时三极管各电极电位的特点。

若为硅管，$U_{BE}=0.6\sim0.8\ \mathrm{V}$；若为锗管，$U_{BE}=0.1\sim0.3\ \mathrm{V}$。NPN 型，则 $V_C>V_B>V_E$；PNP 型，则 $V_C<V_B<V_E$。由此可见：管型为 NPN 型，硅管，脚 1 为基极，脚 2 为发射极，脚 3 为集电极。

4. 三极管的主要参数

(1) 电流放大系数

① 共射直流电流放大系数 $\bar{\beta}$

当三极管接成共发射极电路时，在没有信号输入的情况下，集电极电流 I_C 和基极电流 I_B 的比值叫作共发射极直流电流放大系数：

$$\bar{\beta}=\frac{I_C}{I_B}$$

② 共射交流电流放大系数 β

当三极管接成共发射极电路时，在有信号输入的情况下，集电极电流的变化量 ΔI_C 和基极电流的变化量 ΔI_B 的比值叫作共发射极交流电流放大系数：

$$\beta=\frac{\Delta I_C}{\Delta I_B}$$

在实验中发现，可以用 $\bar{\beta}$ 值来代替 β 值，$\beta=\bar{\beta}$。常用的小功率三极管的 β 值一般为 20～200。β 值过小，管子电流放大作用小；β 值过大，管子稳定性差。一般选用 β 值在 40～100 的管子较为合适。

(2) 极间反向饱和电流 I_{CBO} 和 I_{CEO}

① 集电结反向饱和电流 I_{CBO}。良好的晶体管 I_{CBO} 应该很小。

② 集电极—发射极反向电流 I_{CEO}，又叫穿透电流。有

$$I_{CEO}=I_{CBO}+\beta I_{CBO}=(1+\beta)I_{CBO}$$

(3) 极限参数

① 集电极最大允许电流 I_{CM}

I_{CM} 是集电极允许的最大电流。集电极电流 I_C 超过 I_{CM}，管子性能将显著下降，甚至有烧坏管子的可能。为了使三极管在放大电路中能正常工作，I_C 不应超过 I_{CM}。

② 集电极最大允许耗功率 P_{CM}

P_{CM} 表示集电极最大允许消耗功率。集电极消耗的功率，即 $P_C=U_{CE}I_C$，使用中加在晶体管上的电压 U_{CE} 和通过集电极电流 I_C 的乘积不能超过 P_{CM}。超过此值就会使管子性能变坏或烧毁。

③ 反向击穿电压 $U_{(BR)CEO}$

$U_{(BR)CEO}$ 是反向击穿电压。使用中如果管子两端电压 $U_{CE}>U_{(BR)CEO}$ 时，集电极电流 I_C 将急剧增大，这种现象称为击穿。管子击穿后将造成永久性损坏。

5. 三极管的简单测试

三极管除了应用专门的仪器测试外，也可用万用表做一些简单的测试。

(1) 硅管或锗管的判别

因为硅管发射结正向压降一般为 0.6～0.8 V，而锗管只有 0.1～0.3 V，所以只要按图 2-2-9 测得基-射极的正向压降，即可区别硅管或锗管。

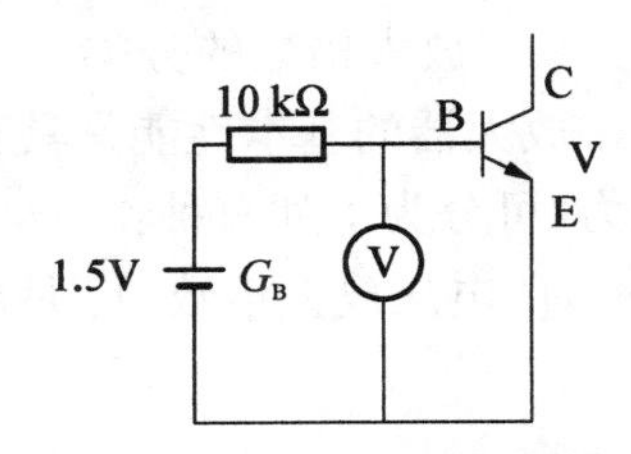

图 2-2-9　判别硅管和锗管的测试电路

(2)NPN 管型和 PNP 管型的判别

三极管内部有两个 PN 结，根据 PN 结正向电阻小、反向电阻大的特性，可以测定管型。

测试时，可以先测定管子的基极。将万用表选挡开关放在 R×1 k 挡或 R×100 挡，用黑表笔和任一管脚相接(假设它是基极 B)，红表笔分别和另外两个管脚相接，测量其阻值，如图 2-2-10(a)所示。再把黑表笔所接的管脚调换一个，按上述方法测试，如果能测出两个阻值都很红笔小，则黑表笔所接的就是基极，而且是 NPN 型的管子。原因是黑表笔与表内电池的正极相接，这时测得的是两个 PN 结的正向电阻值，所以很小。

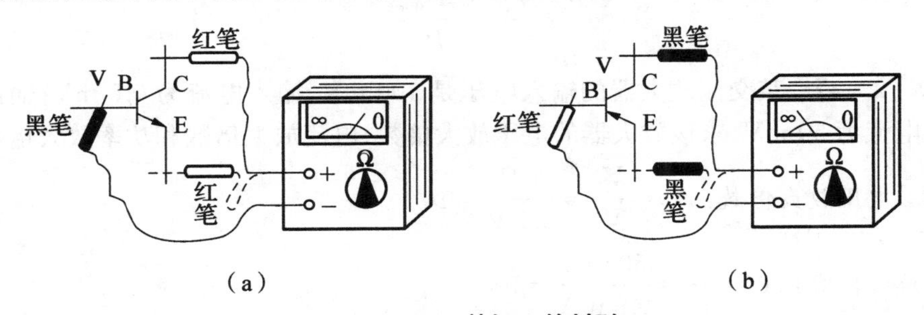

图 2-2-10　基极 B 的判别

如果用红表笔与任一管脚相接，黑表笔分别与另两个管脚相接，再把红表笔调换另一管脚，按上述方法测量，如图 2-2-10(b)所示，如果两次阻值都很小，则红表笔所接的就是 PNP 管的基极。

(3) E、B、C 三个管脚的判别

首先用前述方法确定三极管的基极 B 和管型。假定确定为 NPN 型管，而且基极 B 已找出，则可用图 2-2-10 来判断 C、E 极，即先假定一个待定电极为集电极 C(另一个假定为发射极 E)接入电路，记下电阻表摆动的幅度，然后再把这两个待定电极对调一下，即原来假定为 C 极的改为假定为 E 极(原假定为 E 极的改为假定为 C 极)接入电路，再记下电阻表摆动的幅度。摆动幅度大的一次(即阻值小的一次)，黑表笔所接的管脚为集电极 C，红表笔所接管脚为发射极 E。如果待测电极管子是 PNP 型管，只要把图 2-2-10 所示电路中红、黑表笔对调位置，仍照上述方法测试。

2.2　放大电路的基础知识

1. 放大电路的概述

能把微弱的电信号放大，转换成较强的电信号的电路称为放大电路，简称放大器。应当指出放大器必须对电信号有功率放大作用，即放大器的输出功率应比输入功率要大。否则，不能算是放大器。

2. 放大器的放大倍数

(1) 放大倍数的分类

放大器的基本性能是具有放大信号的能力。通常用放大倍数 A 来表示放大器的放大能力,可分为下列三种:

① 电压放大倍数 A_v 是放大器输出电压有效值 V_o 与输入电压有效值 V_i 的比值。即

$$A_v=\frac{V_o}{V_i}$$

② 电流放大倍数 A_i 是放大器输出电流有效值 I_o 与输入电流有效值 I_i 的比值。即

$$A_i=\frac{I_o}{I_i}$$

③ 功率放大倍数 A_P 是放大器输出功率 P_o 与输入功率 P_i 的比值。即

$$A_P=\frac{P_o}{P_i}$$

【例 2-2-4】 某交流放大器的输入电压是 100 mV,输入电流为 0.5 mV;输出电压为 1 V,输出电流为 50 mV,求该放大器的电压放大倍数、电流放大倍数和功率放大倍数。

【解】 电压放大倍数:$A_v=\frac{V_o}{V_i}=\frac{1\ \text{V}}{0.1\ \text{V}}=10$

电流放大倍数:$A_i=\frac{I_o}{I_i}=\frac{50\ \text{mA}}{0.5\ \text{mA}}=100$

功率放大倍数:$A_P=A_i\cdot A_v=10\times100=1\,000$

(2) 放大器的增益

放大倍数用对数表示叫作增益 G,功率放大倍数取常用对数来表示,称为功率增益 G_P。

在电信工程中,对放大器的三种增益,作如下规定:

① 功率增益:$G_P=10\lg A_P(\text{dB})$

② 电压增益:$G_v=20\lg A_v(\text{dB})$

③ 电流增益:$G_i=20\lg A_i(\text{dB})$

【例 2-2-5】 试求例 2-2-4 中放大器的电压增益、电流增益和功率增益。

【解】 电压增益:$G_v=20\lg A_v=20\lg 10\ \text{dB}=20\ \text{dB}$

电流增益:$G_i=20\lg A_i=20\lg 100\ \text{dB}=40\ \text{dB}$

功率增益:$G_P=10\lg A_P=10\lg 1\,000\ \text{dB}=30\ \text{dB}$

2.3 共发射极放大电路

1. 放大电路的组成

(1) 放大电路的构成

由 NPN 三极管构成如图 2-2-11 所示电路称为固定偏置的共发射极放大电路,u_i 为

输入电压。R_L是负载，u_o为输出电压。该电路中，输入电压、电容 C_1、三极管的基极和发射极组成输入回路，而负载 R_L、电容 C_2、三极管的集电极和发射极组成输出回路，发射极是输入回路和输出回路的公共端，所以这种方法的放大电路称为共发射极放大电路。

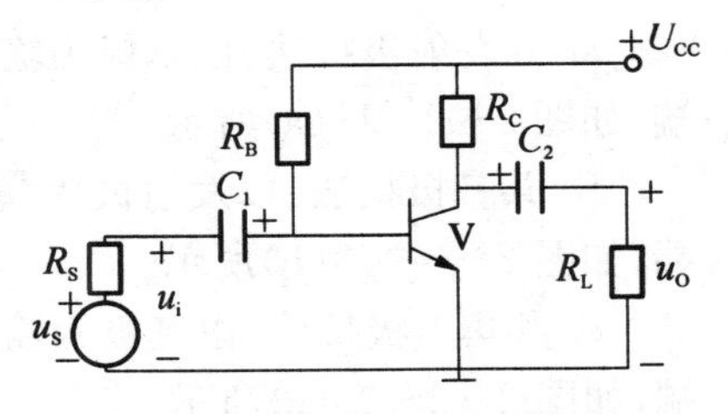

图 2-2-11　基本放大电路

(2) 放大电路各个元件的作用

电路中各个元件的作用如下：

① 三极管 V(或用 T/VT 表示)：电流放大元件，工作在放大状态。

② 基极偏置电阻 R_B(简称基极电阻)：主要为三极管提供适当大小的静态基极电流 I_B(又称为偏置电流)，以确保放大电路有较好的工作性能。R_B的阻值为几十千欧姆到几百千欧姆。

③ 电源 U_{CC}：U_{CC}为集电结提供反向偏置电压，保证三极管工作在放大状态。U_{CC}的取值为几伏到几十伏。

④ 集电极负载电阻 R_C：R_C的主要作用是将集电极电流的变化转换为电压的变化，实现放大电路的电压放大。R_C的阻值一般为几千欧到几十千欧。

⑤ 耦合电容 C_1 和 C_2：一是交流耦合作用，即利用它们传递交流信号。为了减少交流信号的衰减，C_1 和 C_2 应该足够大，一般为几微法到几十微法。二是隔直作用，即阻断信号源、放大器、负载之间的支流通路，从而使直流互不影响。C_1 和 C_2 通常采用电解电容器，是有极性的。在连接时要注意它们的极性。

(3) 三极管放大电路的工作电压和基本连接方式

① 三极管的工作电压

三极管工作在放大区时，通常在它的发射结加正向电压，集电结加反向电压。因此，NPN 型管的发射极电位低于基极电位，PNP 型管则相反，如图 2-2-12 所示。

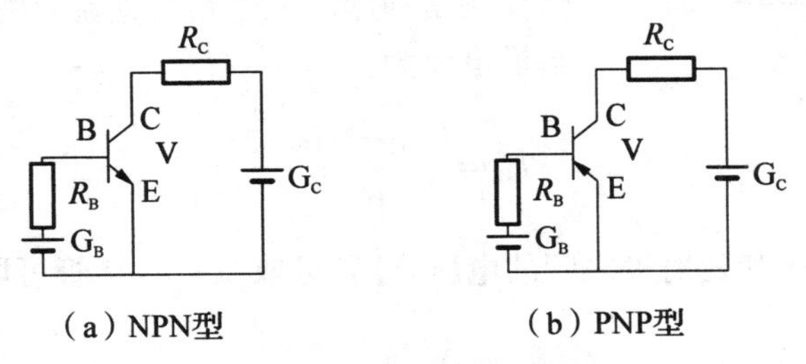

图 2-2-12　三极管电源的接法

可以看出两类管子的外部电路所接电源极性正好相反。加在基极和发射极之间的电压叫偏置电压，一般硅管在 0.5～0.8 V，锗管在 0.1～0.3 V。加在集电极和基极之间电压一般是几伏到几十伏。

② 三极管在电路中的基本连接方式

三极管有三个电极，其中一个电极作为信号的输入端，一个电极作为信号的输出端，另一个电极作为放大电路的输入回路和输出回路的公共端。根据公共端的不同，三极管可有三种基本连接方式(或称组态)，即共发射极放大电路、共集电极放大电路和共基极放大电路。

a. 共发射极接法：以基极为输入端，集电极为输出端，发射极为输入、输出两回路的共同端，如图 2－2－13(a)所示。

b. 共基极接法：以发射极为输入端，集电极为输入端，基极为输入、输出两回路的共同端，如图 2－2－13(b)所示。

c. 共集电极接法：以基极为输入端，发射极为输出端，集电极为输入、输出两回路的共同端，如图 2－2－13(c)所示。

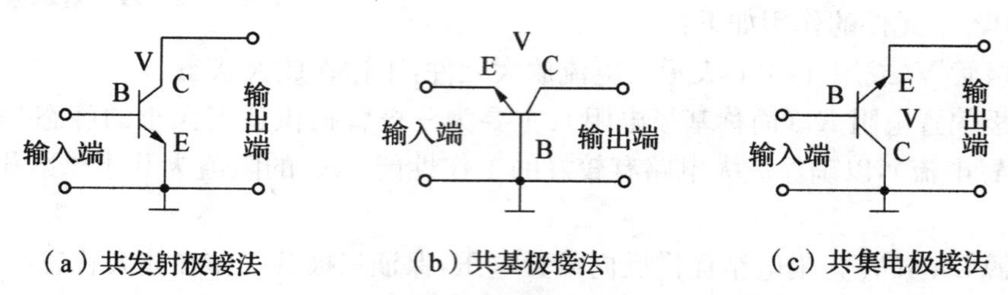

（a）共发射极接法　（b）共基极接法　（c）共集电极接法

图 2－2－13　三极管在电路中的三种基极连接方式

由图 2－2－13 可见，放大电路的公共端，即“⊥”地，就是三极管的发射极，故名共射放大电路。

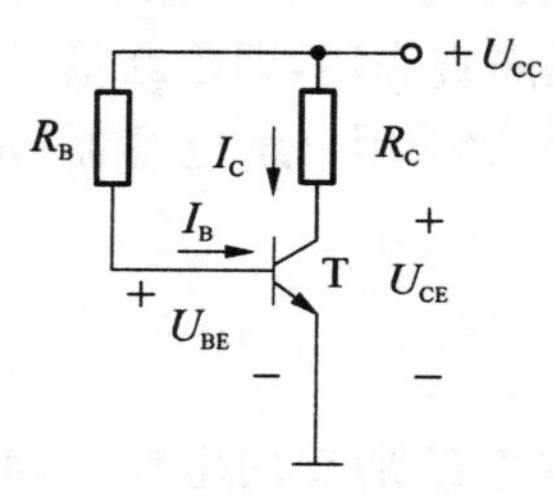

图 2－2－14　共发射极放大电路的直流通路

2. 放大器的静态工作点

(1)静态

当没有输入信号时，即 $u_i=0$，放大电路这种状态称静止状态，简称静态。静态分析就是用估算法来计算静态值 I_B、I_C、U_{BE}、U_{CE}等。静态时，耦合电容 C_1 和 C_2 视为开路，放大电路图 2－2－11 简化成图 2－2－14，称此为放大电路的直流通路。

估算法是利用放大电路的直流通路计算各静态值的。

基极电流为：

$$I_B=\frac{U_{CC}-U_{BE}}{R_B}$$

式中：U_{BE}是三极管基极和发射极之间的电压，硅管可取 0.7 V，锗管可取 0.3 V。

集电极电流为：

$$I_C=\beta I_B$$

集电极、发射极之间的电压为：

$$U_{CE}=U_{CC}-I_C R_C$$

(2) 静态工作点

U_{BE}、I_B、U_{CE}、I_C 这些静态值也称为静态工作点。

【例 2－2－6】　用估算法求图 2－2－11 所示电路的静态工作点，电路中 $U_{CC}=9$ V，$R_C=3$ kΩ，$R_B=300$ kΩ，$\beta=50$。

【解】　由上述公式可计算各个静态值如下：

$$I_B = \frac{U_{CC}}{R_B} = \frac{9}{300 \times 10^3} = 30\ \mu A$$

$$I_C = \beta I_B = 50 \times 30 \times 10^{-6} = 1.5\ mA$$

$$U_{CE} = U_{CC} - R_C I_C = 9 - 3 \times 10^3 \times 1.5 \times 10^{-3} = 4.5\ V$$

3. 共发射极电路的放大和反相作用

(1) 共发射极电路的放大和反相

图 2-2-15 所示是共射交流放大电路。输入端接低频交流号(低频信号范围一般为 20 Hz～20 kHz),输入电压用 u_i 表示,输出端接负载电阻 R_L(可能是小功率的扬声器或者接下一级放大电路等),输出电压用 u_o 表示。

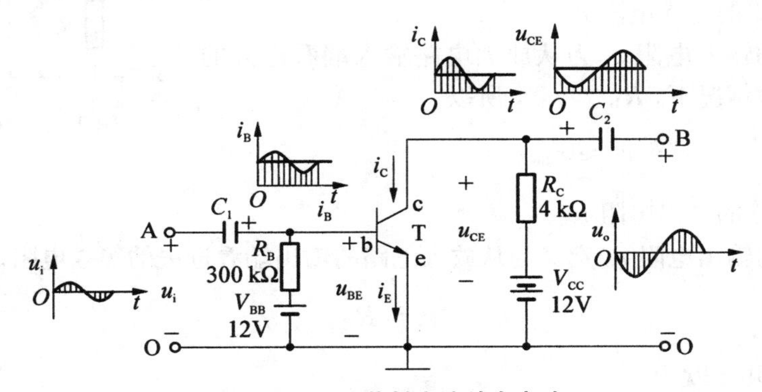

图 2-2-15　共射交流放大电路

(2) 放大器的直流通路和交流通路的画法

在交流放大器中同时存在着直流分量和交流分量两种成分。直流偏置电流和电压(如 I_{BQ}、I_{CQ}、V_{BEQ}、V_{CEQ}等)决定了放大器静态工作点,它们反映的是放大器直流通路的情况;而交流电流和电压都与信号的变化有关,它们反映的是放大器交流通路的情况。

下面对放大器的直流通路和交流通路的画法,简要说明如下:

对于直流通路来说,放大器中的电容可视为开路,电感可视为短路。对于交流通路而言,容抗小的电容器以及内阻小的电源,其交流压降很小可视作短路。它们的画法要点是:

① 画直流通路:把电容视为开路,其他不变。

② 画交流通路:把电容和电源都简化成一条短路直线。

4. 共发射极放大电路的分析

(1) 放大电路的静态分析

用估算法来计算静态值 I_B、I_C、U_{BE}、U_{CE}等。

静态时,耦合电容 C_1 和 C_2 视为开路,电路简化成图 2-2-14 为放大电路的直流通路。

基极电流为:

$$I_B = \frac{U_{CC} - U_{BE}}{R_B}$$

当 $U_{CC} \gg U_{BE}$ 时,上式可近似为:

$$I_B = U_{CC}/R_B$$

集电极电流为：

$$I_C = \beta I_B$$

集电极、发射极之间的电压为：

$$U_{CE} = U_{CC} - I_C R_C$$

(2) 放大电路的动态

放大电路的交流通路。即电容 C_1、C_2 和直流电源对于交流分量都相当于短路，交流通路如图 2-2-16 所示。

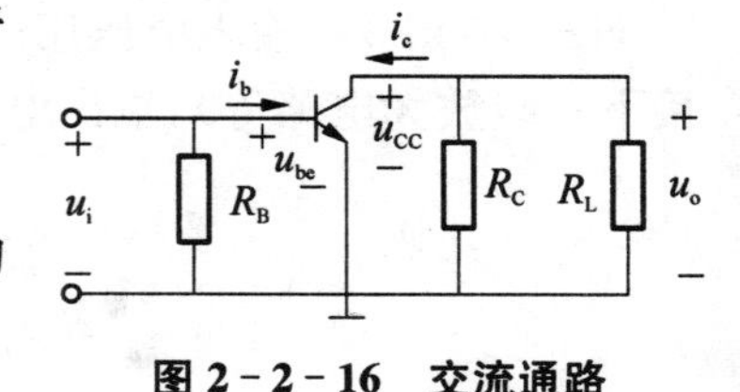

图 2-2-16　交流通路

① 放大电路的输入电阻 r_i

放大电路的输入电阻 r_i 为从放大电路输入端看进去的等效电阻。通常情况下，$R_B \gg r_{be}$，所以

$$r_i \approx r_{be}$$

② 放大电路的输出电阻 r_o

放大电路的输出电阻 r_o 定义为从放大电路的输出端看进去的等效电阻。所以

$$r_o = R_C$$

R_C 一般为几千欧姆。

③ 电压放大倍数 A_u

放大电路的电压放大倍数为：

$$A_u = \frac{\dot{U}_o}{\dot{U}_i} = -\beta \frac{R'_L}{r_{be}}$$

式中的负号表示输出电压与输入电压的相位是相反的。其中，$R'_L = R_C \parallel R_L$

当放大电路输出端开路（即没有接 R_L）时，则放大电路的电压放大倍数为：

$$A_u = -\beta \frac{R_C}{r_{be}}$$

很显然，比接上 R_L 时放大倍数高。可见，R_L 越小，电压放大倍数越低。

【例 2-2-7】 放大电路如图 2-2-15 所示，已知 $R_B = 300\ \text{k}\Omega$，$R_C = 3\ \text{k}\Omega$，$R_L = 6\ \text{k}\Omega$，$\beta = 50$，$U_{CC} = 12\ \text{V}$，试求：(1) 放大电路不接负载电阻 R_L 时的电压放大倍数；(2) 放大电路接有负载电阻 R_L 时的电压放大倍数；(3) 放大电路的输入电阻 r_i 和输出电阻 r_o。

【解】 先计算 r_{be}。

$$I_B = \frac{U_{CC} - U_{BE}}{R_B} \approx \frac{U_{CC}}{R_B} = \frac{12}{300 \times 10^3} = 40\ \mu\text{A}$$

$$I_E = (1+\beta) I_B = (1+50) \times 40 \times 10^{-3} = 2.04\ \text{mA}$$

$$r_{be}=300+(1+\beta)\frac{26}{I_E}=300+(1+50)\frac{26}{2.04}=0.95\ \text{k}\Omega$$

(1) 不接 R_L 时

$$A_u=-\beta\frac{R_C}{r_{be}}=-50\times\frac{2}{0.95}=-105.26$$

(2) 接有负载 R_L 时

$$A_u=-\beta\frac{R_C\ /\!/\ R_L}{r_{be}}=-50\times\frac{2\ /\!/\ 6}{0.95}=-78.95$$

(3) 输入电阻

$$r_i=R_B\ /\!/\ r_{be}\approx r_{be}=0.95\ \text{k}\Omega$$

输出电阻

$$r_o=R_C=2\ \text{k}\Omega$$

2.4　分压式偏置共发射极放大电路

1. 分压式偏置共发射极放大电路的组成

分压式偏置放大电路如图 2－2－17(a)所示，这是一种具有自动稳定静态工作点的放大电路，其中 R_{B1} 和 R_{B2} 构成偏置电阻，R_E 为发射极电阻，C_E 为发射极旁路电容，是电解电容，其容量一般为几十微法到几百微法。

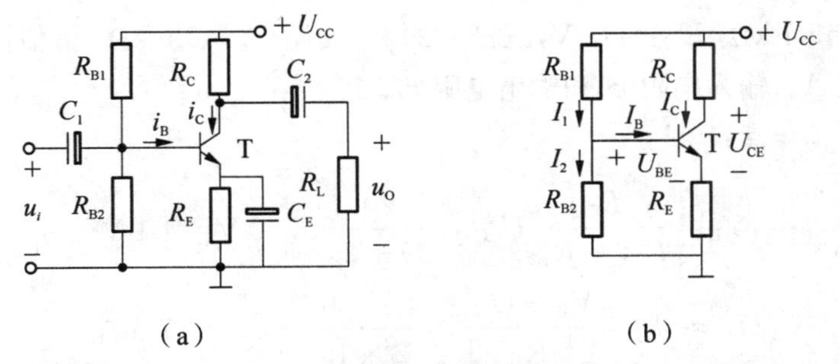

图 2－2－17　分压式偏置共发射极放大电路及直流通路

分压式偏置放大电路自动稳定静态工作点的物理过程可表示如下：

$$\text{温度升高}\rightarrow I_C\uparrow\rightarrow V_E\uparrow\rightarrow U_{BE}\downarrow\rightarrow I_B\downarrow\rightarrow I_C\downarrow$$

即当温度升高时，I_C 和 I_E 增大，$V_E=I_ER_E$ 也增大。由于 V_B 为 R_{B1} 和 R_{B2} 构成的分压电路来固定，则 U_{BE} 减小，从而引起 I_B 减小，使得 I_C 自动下降，稳定静态工作点。

分压式偏置放大电路中接入发射极电阻 R_E，发射极电流的直流分量通过它，起到自动稳定静态工作点的作用；另外，R_E 两端并联上电容 C_E 后，对直流分量没有影响；对交流分量可以视为短路，这样就不会由于接入发射极电阻 R_E 而降低放大电路的电压放大倍数。

2. 分压式偏置共发射极放大电路的分析

(1) 静态分析

分压式偏置电路的直流通路如图 2-2-17(b)所示。

$$V_B = \frac{R_{B2}}{R_{B1}+R_{B2}}U_{CC}$$

$$I_C \approx I_E = \frac{V_B - U_{BE}}{R_E}$$

$$I_B = \frac{I_C}{\beta}$$

$$U_{CE} = U_{CC} - R_C I_C - R_E I_E$$

(2) 动态分析

分压式偏置电路的交流通路如图 2-2-18 所示。

① 输入电阻：$r_i = R_{B1} // R_{B2} // r_{be}$

② 输出电阻：$r_o = R_C$

③ 放大电路的电压放大倍数为：

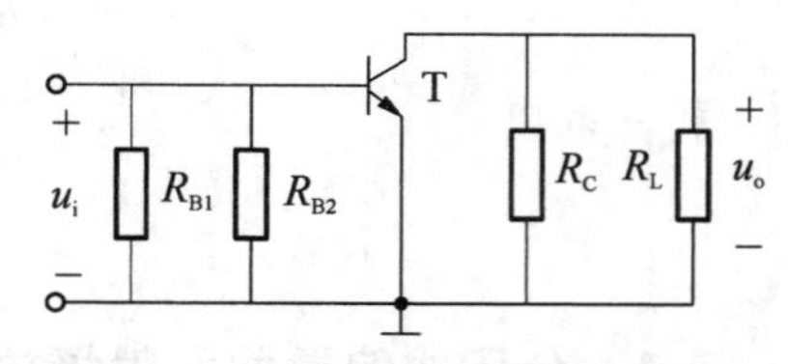

图 2-2-18　分压式偏置放大电路

$$A_u = \frac{\dot{U}_o}{\dot{U}_i} = -\beta\frac{R'_L}{r_{be}}$$

其中，$R'_L = R_C // R_L$。

【例 2-2-8】 电路如图 2-2-17(a)所示，$R_{B1}=39\ \text{k}\Omega$，$R_{B2}=20\ \text{k}\Omega$，$R_C=2.5\ \text{k}\Omega$，$R_E=2\ \text{k}\Omega$，$R_L=5.1\ \text{k}\Omega$，$U_{CC}=12\ \text{V}$，三极管的 $\beta=40$，$r_{be}=0.9\ \text{k}\Omega$，试估算静态工作点，计算电压放大倍数 A_u、输入电阻 r_i 和输出电阻 r_o。

【解】 静态工作点：

$$V_B = \frac{R_{B2}}{R_{B1}+R_{B2}}U_{CC} = \frac{20}{39+20}\times 12\ \text{V} = 4.1\ \text{V}$$

$$I_C \approx I_E = \frac{V_B - U_{BE}}{R_E} = \frac{4.1-0.7}{2\times 10^3}\text{mA} = 1.7\ \text{mA}$$

$$I_B = \frac{I_C}{\beta} = \frac{1.7\times 10^{-3}}{40}\mu\text{A} = 42.5\ \mu\text{A}$$

$$\begin{aligned} U_{CE} &= U_{CC} - I_C R_C - I_E R_E \\ &= (12 - 1.7\times 10^{-3}\times 2.5\times 10^3 - 1.7\times 10^{-3}\times 2\times 10^3)\text{V} = 4.35\ \text{V} \end{aligned}$$

输入电阻和输出电阻：

$$r_i = R_{B1} // R_{B2} // r_{be} \approx r_{be} = 0.9\ \text{k}\Omega$$

$$r_o = R_C = 2.5\ \text{k}\Omega$$

电压放大倍数：

$$A_u=-\beta\frac{R'_L}{r_{be}}=-40\times\frac{2.5\,/\!/\,5.1}{0.9}=-74.6$$

2.5　多级放大电路

1. 多级放大电路的组成

为了推动负载工作，必须把多个单级放大电路串联起来，构成多级放大电路，才可以使信号逐级放大，在输出端能获得一定幅度的电压信号和足够的输出功率。多级放大电路的方框图如图 2-2-19 所示。其中的输入级主要完成与信号源的衔接并对信号进行放大；中间级主要用于电压放大，将微弱的输入电压放大到足够的幅度；输出级用于对信号进行功率放大，输出负载所需要的功率并完成和负载的匹配。

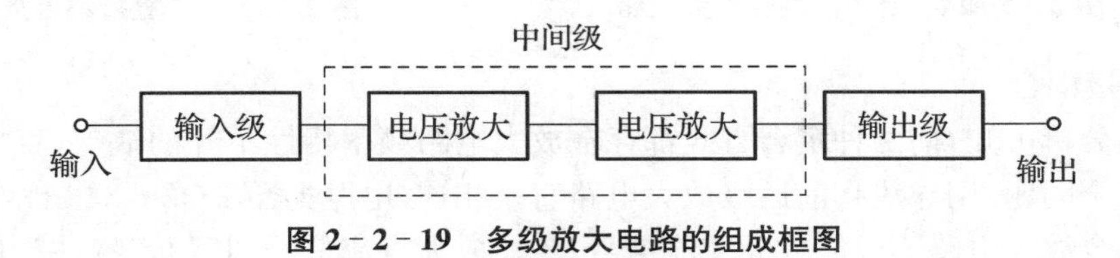

图 2-2-19　多级放大电路的组成框图

2. 多级放大电路的级间耦合方式

在多级放大电路中，单级放大电路之间的联结方式称为耦合，以实现信号的顺利传递。常用的级间耦合方式有三种，即：阻容耦合、变压器耦合和直接耦合。

（1）阻容耦合方式

图 2-2-20 为两级阻容耦合放大电路。两级放大电路之间通过电容连接起来，后级放大电路的输入电阻充当了前级放大电路的负载，故称为阻容耦合。由于电容器具有“隔直流、通交流”的作用，前级放大电路的输出信号通过耦合电容传递到后级放大电路的输入端，而两级放大电路的直流工作点互相不影响，这是它的优点之一。由于阻容耦合的体积小、重量轻，使它在多级放大电路中得到广泛的应用，但其低频特性不太好。

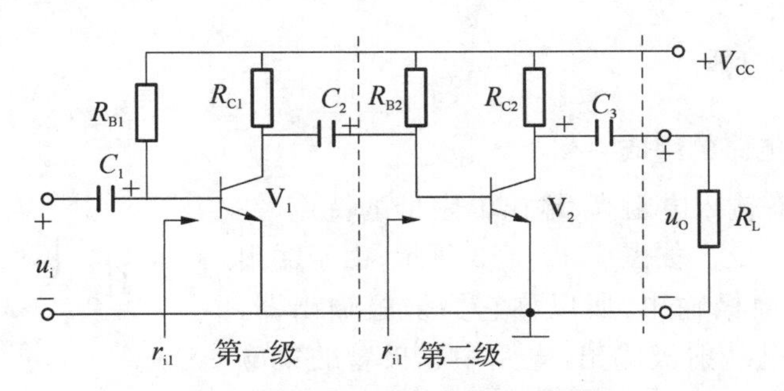

图 2-2-20　阻容耦合放大电路

（2）变压器耦合方式

通过变压器来实现级间耦合的放大电路如图 2-2-21 所示。变压器 T1 把第一级放大电路的输出信号传递给第二级放大电路，变压器 T2 再将第二级放大电路的输出信号耦合给负载。变压器具有“通交流、隔直流”的性质，所以采用变压器耦合方式的放大电路各级 Q 点彼此独立。这种耦合方式的最大优点在于其能实现电压、电流和阻抗的变换，特别适合放大电路之间、放大电路与负载之间的阻抗匹配，变压器耦合的缺点是体积和重量都比较大，其频率特性不好。

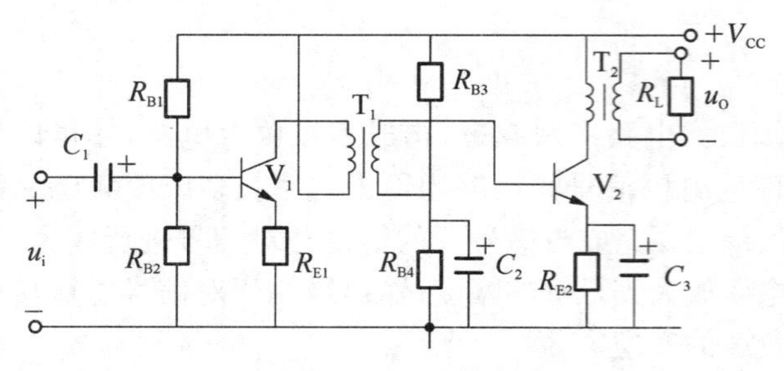

图 2-2-21　变压器耦合放大电路

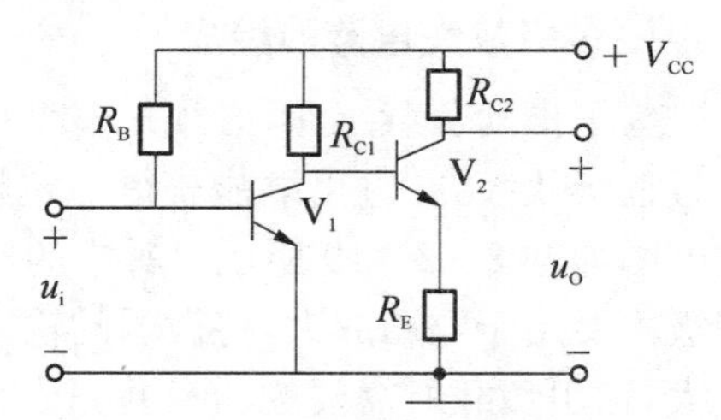

图 2-2-22　直接耦合放大电路

（3）直接耦合

从以上分析可知，前两种耦合方式都存在放大电路频率特性不好的缺点，直接耦合放大电路解决这个问题，用导线将前后级放大电路直接相连，电路如图 2-2-22 所示。

直接耦合放大电路不但能放大交流信号，还能放大直流信号，其频率特性是最好的。但直接耦合放大电路的各级放大电路的静态工作点彼此影响，因此不便于调试和维修。直接耦合放大电路还有一个最大的问题，就是当温度变化时，前级放大电路直流工作点的变化会传递到下一级，而下一级会把它当作信号加以放大，这种无输入但有输出的现象叫作零点漂移。零点漂移是一种缓慢变化的干扰信号，必须加以解决。解决温度漂移的方法是采用差动放大电路。由于直接耦合非常便于集成化，是集成电路中普遍采用的耦合方式。

3. 多级放大电路的电压放大倍数

从图 2-2-22 中可以看出，在多级放大电路中，第一级的输出电压 U_{o1} 就是第二级的输入电压 U_{i2}，所以，多级放大电路的电压放大倍数就等于各级电压放大倍数的乘积。即

$$A_u = A_{u1} \times A_{u2} \times \cdots \times A_{un}$$

*2.6　射极输出器

1. 射极输出器电路的组成

射极输出器具有输入电阻高、输出电阻低的特点，在各种电路中应用很广泛。如图 2-2-23 所示，由于输出信号是由三极管发射极输出，所以称它为射极输出器。射极输出器的电路是从射极输出，电路中三极管的集电极成为输入回路和输出回路的公共端，所以，它实际上是一个共集电极的晶体管放大电路。

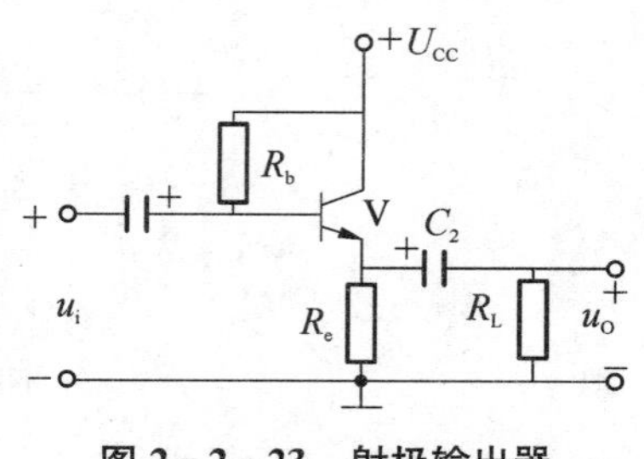

图 2-2-23　射极输出器

2. 射极输出器电路的特点

(1)射极输出器的特点

① 输出电压与输入电压相位相同，大小近似相等，即电压放大倍数近似为 1。输出电压

随输入电压变化而变化，具有很好的跟随性，因此该电路又被称为射极跟随器。

② 输入电阻很高，可达几十千欧到几百千欧。

③ 输出电阻低，一般为几欧至几百欧。

(2) 射极输出器的应用

① 用作输入级。在要求输入电阻很高的放大电路中，常用射极输出器作输入级。它的输入电阻高，向信号源吸取的电流小，有利于信号的传输。

② 用作输出级。由于射极输出器的输出电阻低，常用于放大器的输出级。放大器的输出电阻越小，负载能力越强。

③ 用作中间隔离级。虽然射极输出器不能放大电压信号，但将其接在两级共射放大电路之间，利用它输入电阻高的特点，可提高前级的电压放大倍数；利用它输出电阻低的特点，可减小后级对前级的影响，从而提高了前后两级的放大倍数，隔离了级间的相互影响，使前、后级能够更好地配合。在这里，射极输出器起到阻抗变化的作用。

*2.7　放大电路中的负反馈

1. 反馈的基本概念

反馈是改善放大电路性能的一种重要手段，因此，在电子技术中得到了广泛的应用。把放大电路的输出量(输出电压或输出电流)的一部分或全部，通过反馈网络，反送到输入回路中的过程就叫反馈。

在反馈放大器中，不同类型的反馈，对电路性能的影响也各不相同。按反馈信号的成分可分为直流反馈和交流反馈；按反馈的极性可分为正反馈和负反馈；按反馈信号与输出信号的关系，可分为电压反馈和电流反馈；按反馈信号与输入信号的关系，可分为串联反馈和并联反馈。

2. 反馈的基本类型及分析方法

要确定放大电路有无反馈，判别有无反馈的方法是：找出反馈元件，确认反馈通路，如果在电路中存在连接输出回路和输入回路的反馈通路，即存在反馈。

(1) 正反馈和负反馈及判断

根据反馈极性的不同，可将反馈分为正反馈和负反馈。

如果引入反馈信号后，放大电路的净输入信号减小，放大倍数减小，这种反馈为负反馈；反之，反馈信号使放大电路的净输入信号增大，放大倍数增大，则为正反馈。

判断方法一般采用瞬时极性法。具体步骤是：

① 首先找出反馈支路，然后设输入端基极的瞬时极性为⊕(或⊖)，再依次判断各三极管管脚的瞬时极性。注意：同一只三极管发射极的瞬时极性与基极的瞬时极性相同，集电极的瞬时极性与基极瞬时极性相反；信号传输过程中经电容、电阻后瞬时极性不改变。

② 反馈信号送回输入端，若送回基极与原极性相同时为正反馈，相反则为负反馈；若送回发射极与原极性相同时为负反馈，相反时则为正反馈。

(2) 直流反馈和交流反馈及判断

若反馈回来的信号是直流量，为直流反馈。若反馈回来的信号是交流量，为交流反馈。若反馈信号既有交流分量，又有直流分量，则为交、直流负反馈。

判断方法:反馈回路中有电容元件时,为交流反馈;无电容元件时,则为交、直流反馈。

(3) 电压反馈和电流反馈及判断

如果反馈信号取自输出电压,称为电压反馈;如果反馈信号取自输出电流,称为电流反馈。

判断方法:

① 短路法:将输出端短路,若反馈信号因此而消失,为电压反馈;如果反馈信号依然存在,则为电流反馈。

② 对共射极电路还可用取信号法,即反馈信号取自输出端的集电极时为电压反馈;反馈信号取自输出端的发射极时则为电流反馈。

需要说明的是:电压负反馈有稳定输出电压 u_o 的作用。电流负反馈具有稳定输出电流 i_o 的作用。

(4) 串联反馈和并联反馈

根据反馈信号与输入信号在放大电路输入端的连接方式不同,有串联反馈和并联反馈。

如果反馈信号与输入信号在输入端串联连接,也就是说,反馈信号与输入信号以电压比较方式出现在输入端,则称为串联反馈。如果反馈信号与输入信号在输入端并联连接,也就是说,反馈信号与输入信号以电流比较方式出现在输入端,则称为并联反馈。

判断串联反馈和并联反馈的一种简便方法是:如果反馈信号送回基极为并联反馈;如果反馈信号送回发射极则为串联反馈。

【例 2-2-9】 判断图 2-2-24 所示电路的反馈类型。

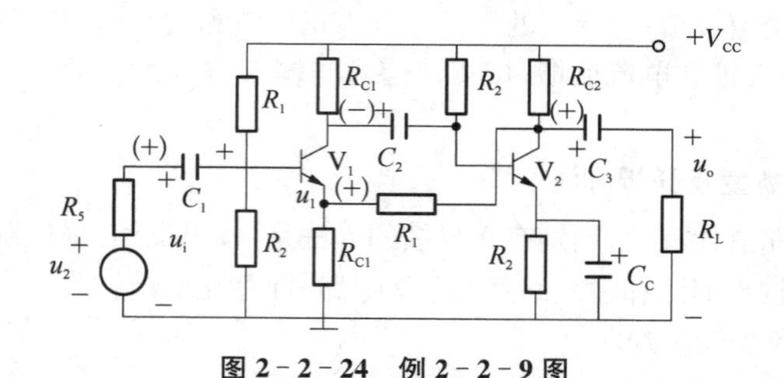

图 2-2-24 例 2-2-9 图

【解】 首先设 V_1 的基极瞬时极性为正,则的发射极瞬时极性也为正,由于共发射极电路输出电压与输入电压反相,所以电路各处的瞬时极性如图 2-2-24 所示。反馈信号取自 V_2 管集电极,瞬时极性为正,最后送回到输入端的发射极,与发射极的原极性相同,所以是负反馈。

反馈回路中无电容元件,因此是交、直流反馈。

输出级是共射极电路,信号取自集电极,因此是电压反馈。

反馈信号送回输入端的发射极,因此是串联反馈。

综上所述,该电路为电压串联负反馈电路。

3. 负反馈对放大器性能的影响

只要引入负反馈,不管它是什么组态,都能使放大倍数稳定,通频带展宽,非线性失真减小等。当然这些性能的改善都是以降低放大倍数为代价的。

(1) 放大倍数下降，但提高放大倍数的稳定性

为了分析方便，假设放大电路中反馈网络为纯电阻，放大器没有负反馈时的放大倍数为A，加负反馈后的放大倍数为A_f，反馈系数为F，则闭环放大倍数可写成：

$$A_f=\frac{A}{1+AF}$$

上式表明，引入负反馈后，放大倍数的相对变化量是未加负反馈时放大倍数相对变化量的$1/(1+AF)$倍。可见反馈越深，放大电路的放大倍数越稳定。

【例 2-2-10】 假设放大电路中反馈系数F为0.01，放大器没有负反馈时的放大倍数A为100，那么引入负反馈后放大倍数A_f为多少？

【解】 $A_f=\frac{A}{1+AF}=\frac{100}{1+100\times 0.01}=\frac{100}{2}=50$

(2) 减小输出波形的非线性失真

当输入信号的幅度较大或静态工作点设置不合适时，放大器件可能工作在特性曲线的非线性部分，而使输出波形失真，这种失真称非线性失真。

这时引入负反馈，即引入了失真(称预失真)，经过基本放大电路放大后，就使输出波形趋于正弦波，减小了输出波形的非线性失真。

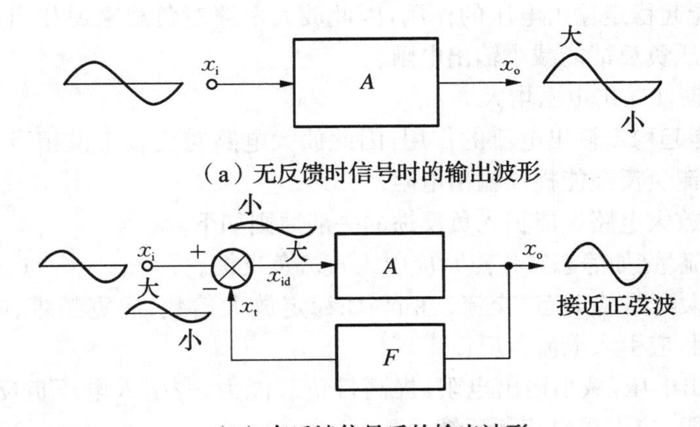

图 2-2-25　有无反馈信号的输出波形

(3) 扩展通频带

无反馈放大电路的幅频特性如图 2-2-26 所示。可以看出，图中f_H为上限截止频率，f_L为下限截止频率，可以看出，其通频带$f_{bw}=f_H-f_L$是比较窄的。

如果在放大电路中引入负反馈(以电压串联负反馈为例)，则幅频特性变得平坦，使上限截止频率升高，下限截止频率下降，通频带被展宽了，如图 2-2-26 所示。

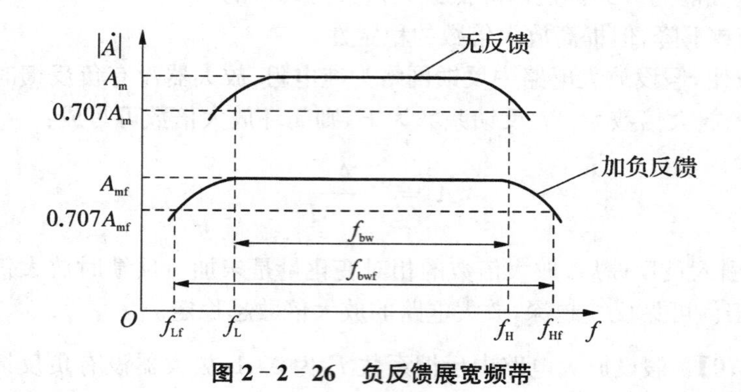

图 2-2-26　负反馈展宽频带

(4) 改变放大电路的输入和输出电阻

① 串联负反馈使输入电阻增大

在串联负反馈电路中,反馈网络与基本放大电路的输入电阻串联。可见,串联负反馈使输入电阻增大。

② 并联负反馈使输入电阻减小

在并联负反馈电路中,反馈网络与基本放大电路的输入电阻并联。可见,并联负反馈使输入电阻减小。

③ 电压负反馈使输出电阻减小

电压负反馈能起稳定输出电压的作用,因此放大电路对负载来说相当于一个内阻很小的恒压源,所以电压负反馈能减小输出电阻。

④ 电流负反馈使输出电阻增大

电流负反馈能起稳定输出电流的作用,因此放大电路对负载来说相当于一个内阻很大的恒流源,所以电流负反馈能提高输出电阻。

总结:为改善放大电路性能引入负反馈的一般原则如下。

① 要稳定直流量(如静态工作点),应引入直流负反馈。

② 要改善放大电路的动态(交流)性能(如稳定放大倍数、展宽频带、减小非线性失真等),提高输出电阻,应引入电流负反馈。

③ 要稳定输出电压,减小输出电阻,提高带负载能力,应引入电压负反馈;要稳定输出电流,提高输出电阻,应引入电流负反馈。

④ 要提高输入电阻,应引入串联负反馈;要减小输入电阻,应引入并联负反馈。

(二) 项目实施

1. 工作任务描述

本任务主要进行电子助听器电路的制作,使用时只要对传声器轻轻发声,耳机中就能听到放大后洪亮的声音,可满足听力受损者的需要。

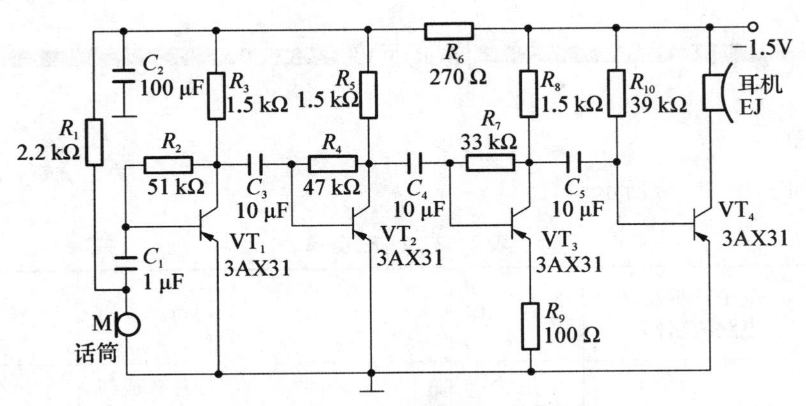

图 2－2－27　电子助听器电路原理图

2. 晶体管识别与检测

基极判别的方法是将万用表置于 R×1 k 挡，用两表笔去搭接晶体管的任意两管脚，如果阻值很大（几百千欧以上），将表笔对调再测一次，如果阻值也很大，则剩下的那只管脚引线必是基极 B。

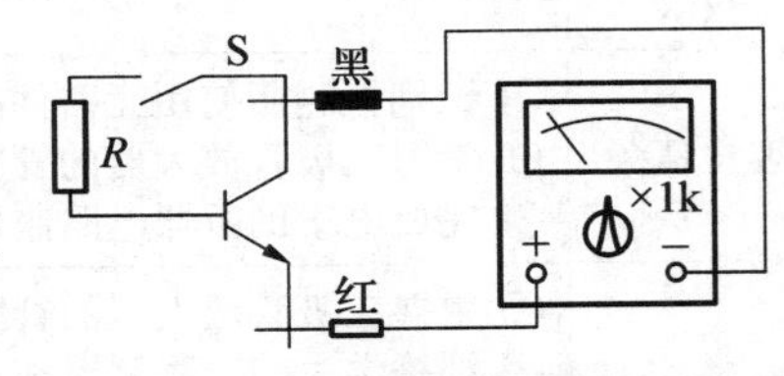

图 2－2－28　三极管集电极的判别

三极管基极确定后，可用万用表黑表笔（即表内电池极）接基极，红表笔（即表内电池负极）去接另外两管脚引线中的任意一个，如果测得的电阻值很大（几百千欧以上），则该管是 PNP 型管；如果测得的电阻值较小（几千欧以下），则该管是 NPN 型管。

三极管放大能力的检测如图 2－2－29 所示。

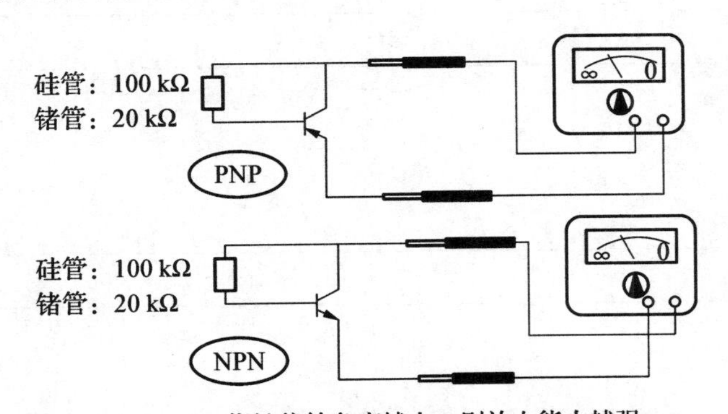

图 2－2－29　三极管放大能力的检测

3. 整机的装配与调试

（1）按照电路原理图安装各元器件。

（2）测试电路参数。

（3）调试通电试验。

评价反馈

1. 任务单

任务单如表 2-2-2 所示。

表 2-2-2　任务单

<table>
<tr><td>任务名称</td><td>电子助听器
电路的制作</td><td>学　　时</td><td></td><td>班　　级</td><td></td></tr>
<tr><td>学生姓名</td><td></td><td>学生学号</td><td></td><td>任务成绩</td><td></td></tr>
<tr><td>实训器材与
仪表</td><td></td><td>实训场地</td><td></td><td>日　　期</td><td></td></tr>
<tr><td>客户任务</td><td colspan="5">① 识别检测所使用元器件的性能和质量，并指出判断依据。
② 学习三极管放大器的管脚识别和测试方法，设计简单的功能电路。
③ 完成电子助听器电路制作，注意装配顺序。测试并调整电路。</td></tr>
<tr><td>任务目的</td><td colspan="5">① 掌握三极管放大器的管脚识别和测试方法；掌握三极管放大器的电路的应用。
② 训练学生的工程意思和良好的劳动纪律观念；培养学生认真做事、用心做事的态度；工作积极主动、精益求精；能虚心请教与热心帮助同学。能主动、大方、准确表达自己的观点与意愿；遵守安全操作规程。</td></tr>
<tr><td colspan="6">（一）资讯问题</td></tr>
<tr><td colspan="6">① 三极管放大器的结构和原理。
② 三极管放大器的识别和测试方法。
③ 三极管放大器的应用电路。</td></tr>
<tr><td colspan="6">（二）决策与计划</td></tr>
<tr><td colspan="6"></td></tr>
<tr><td colspan="6">（三）实施</td></tr>
<tr><td colspan="6"></td></tr>
<tr><td colspan="6">（四）检查（评价）</td></tr>
<tr><td colspan="6"></td></tr>
</table>

2. 考核标准

考核标准如表 2-2-3 所示。

表 2-2-3　考核标准

序号	工作过程	主要内容	评分标准	配分	学生(自评)		教师	
					扣分	得分	扣分	得分
1	资讯(10 分)	任务相关知识查找	查找相关知识学习,该任务知识能力掌握度达到 60%,扣 5 分	10				
			查找相关知识学习,该任务知识能力掌握度达到 80%,扣 2 分					
			查找相关知识学习,该任务知识能力掌握度达到 90%,扣 1 分					
2	决策、计划(10 分)	确定方案、编写计划	制定整体设计方案,在实施过程中修改一次,扣 2 分	10				
			制定实施方法,在实施过程中修改一次,扣 2 分					
3	实施(10 分)	记录实施过程步骤	实施过程中,步骤记录不完整度达到 10%,扣 2 分	10				
			实施过程中,步骤记录不完整度达到 20%,扣 3 分					
			实施过程中,步骤记录不完整度达到 40%,扣 5 分					
4	检查、评价(60 分)	小组讨论	自诉完成情况	6				
			小组效率					
		整理资料	工艺要求整理	3				
			元器件参数资料的整理	3				
		元器件的识别、检测	热释电人体红外传感器检测	4				
			三极管的检测	4				
			电容器的检测	4				
			电阻器的检测	4				
		电路分析、参数计算	集成运算放大器的使用	6				
			电路参数分析计算	6				
		任务总结报告的撰写	新建议的提出、论证	5				
		电路装配与调试	布局合理、美观、性能好	5				
			焊接质量,焊点规范程度、一致性	5				
			使用万用表分析测试数据情况	5				

续 表

序号	工作过程	主要内容	评分标准	配分	学生(自评)		教师	
					扣分	得分	扣分	得分
5	职业规范团队合作(10分)	安全生产	安全文明操作规程	3				
		组织协调	团队协调与合作	3				
		交流与表达能力	用专业语言正确流利地简述任务成果	4				
合计				100				

项目三　语音提示和告警电路的制作

学习目标

1. 能力目标

(1) 能根据任务单的要求，正确识别与分类选取元器件，灵活使用常用的仪器仪表，能按照装配工艺要求用面包板安装并调试电路。

(2) 能根据任务单的要求编写计划与决策。

(3) 认真记录计划实施的步骤与数据。

(4) 会根据所测的结果分析任务并检查，自评自己所做的成果，并用图片的形式呈现制作的成果。

2. 知识目标

(1) 了解语言提示、告警电路的组成及使用方法。

(2) 熟悉集成功率放大器的基本性能和特点。

(3) 熟悉集成功放 LM386 集成功放电路的应用。

3. 技能目标

(1) 了解功率放大集成块的应用，学会组装一种语言电路。

(2) 根据电路进行组装，调试，完成小夜灯产品。

(3) 通过对语音提示和告警电路的制作，进一步掌握电子电路的装配技巧及调试方法。

(4) 学习集成功率放大器基本技术指标的测试。

实践操作

(一) 相关知识

3.1　功率放大电路

在电子设备中，最后一级放大电路一定要带动负载的。例如：使扬声器发出声音；使电动机旋转等。要完成这些要求，末级放大电路不但要输出大幅度的电压，还要给出大幅度的电流，即向负载提供足够大的功率。这种放大电路称为功率放大电路。又称功率放大器。

功率放大电路与电压放大电路只是所完成的任务要求不同。电压放大电路，通常工作在小信号状态，要求在不失真的情况下，输出尽量大的电压信号。而功率放大电路，通常是工作在大信号状态，要求在不失真（或失真允许的范围内）的情况下，向负载输出尽量大的信号功率。

1. 功率放大器的特殊要求

（1）要求输出功率尽可能大

负载得到的功率为 $P_o=U_oI_o$，其中 U_o、I_o 分别是输出电压和输出电流的有效值。为了得到足够大的功率输出，要求功放管的电压和电流有足够大的输出幅值，对功放管的极限参数要求较高。

（2）效率要求高

功率放大器主要是把直流电源提供的能量转换为交流能量传送到负载，因此功率放大器要求其效率要高。效率定义如下：

$$\eta=\frac{P_o}{P_E}$$

式中：P_o 是负载得到的交流信号有功功率；P_E 是电源提供的直流功率。

（3）非线性失真尽量减小

功率放大器是在大信号状态下工作，即动态范围大，因此就不可避免地会产生非线性失真。在要求输出功率足够大的情况下，允许一定范围的非线性失真，但是，应该使非线性失真尽量减小。

功率放大器可分为甲类功率放大器、乙类功率放大器、甲乙类功率放大器三种。

2. 变压器耦合推挽功率放大器

传统的功率放大电路常常采用变压器耦合方式。可分为单管甲类变压器耦合功率放大器和变压器耦合推挽功率放大电路。

图 2-3-1 所示为一个典型的变压器耦合推挽功率放大电路的原理图及工作波形图。T_1为输入变压器，T_2为输出变压器，当输入电压 u_i为正半周时，V_1导通，V_2截止；当输入电压 u_i为负半周时，V_2导通，V_1截止。两个三极管的集电极电流 i_{c1}和 i_{c2}均只有半个正弦波，但通过输出变压器 T_2耦合到负载上，负载电流 i_L和输出电压 u_o则基本上是正弦波。

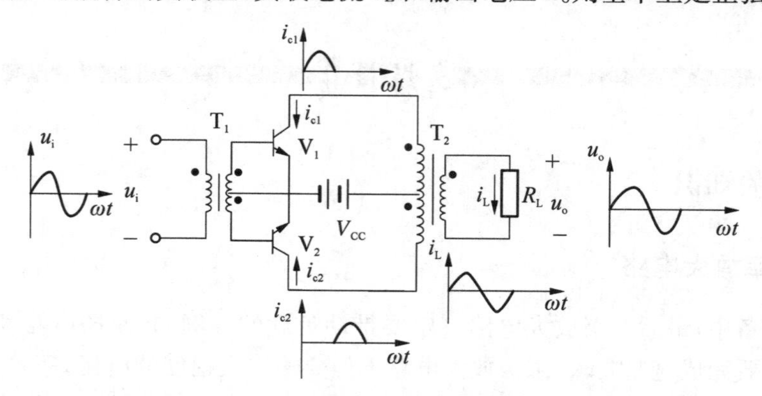

图 2-3-1 变压器耦合推挽功率放大电路

功率放大电路采用变压器耦合方式的主要优点是便于实现阻抗匹配。但是,变压器体积大,比较笨重。

单管甲类变压器耦合功率放大电路属于甲类功率放大器,其效率较低,单管甲类变压器耦合功率放大器的理想最大效率 50%

变压器耦合功率放大电路是属于乙类功率放大器,其效率较高,乙类推挽功率放大电器的理想最大效率到 78%,它比单管甲类功率放大器的理想最大效率 50%,提高了很多。

3. 互补对称功率放大器

基本互补对称功率放大电路如图 2-3-2 所示,电路中 T_1 和 T_2 分别是 NPN 型和 PNP 型三极管,而且两管的特性参数相同,两个三极管的基极和发射极连接在一起,信号从基极输入,从发射极输出,R_L 为负载电阻。该电路实质上就是一个复合的射极跟随器。

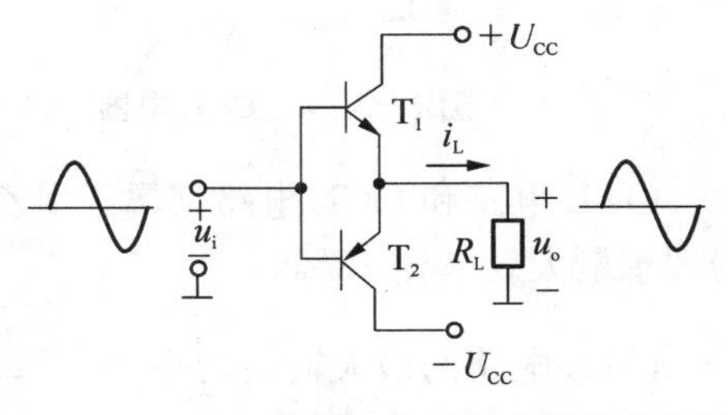

图 2-3-2　基本互补对称功率放大电器

静态时,两个三极管基极偏置电流 $I_B=0$, $I_C=0$, $U_{CE}=U_{CC}$。两管都工作在乙类状态。

动态时,如果忽略发射结的死区电压,则当输入电压 u_i 为正时,T_1 管导通,T_2 管截止,电流由 T_1 的射极流出经过负载 R_L,产生输出电压 u_o 的正半周;当当输入电压 u_i 为负时,T_1 管截止,T_2 管导通,电流由 T_2 的射极流出经过负载 R_L,产生输出电压 u_o 的负半周。这样,T_1、T_2 两个晶体管轮流导通、交替工作,工作特性对称,互补对方所缺的半个输出电压波形,所以被称为互补对称电路。

实际上,由于发射结死区电压的影响,在 T_1 与 T_2 导通、截止的交替处的输出波形便衔接不上而产生失真,如图 2-3-3 所示,这种失真称为交越失真。

为了消除交越失真,一般在两个三极管的基极之间加上二极管(或者电阻,或电阻和二极管的串联),如图 2-3-4 所示。图中 D_1 和 D_2 上产生的直流正向压降,作为 T_1 和 T_2 管的正向偏置电压,使得静态时 T_1 和 T_2 管处于开始导通状态,从而克服了 T_1 和 T_2 管死区电压的影响,消除了交越失真。这个电路中由于输出不用电容,成为无电容输出的互补对称电路,简称 OCL 电路。

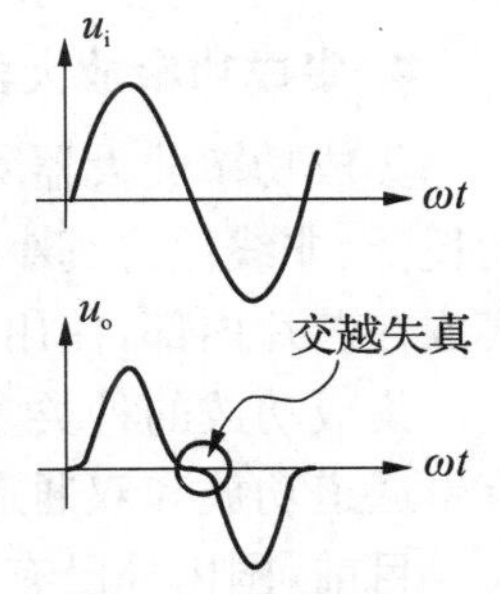

图 2-3-3　交越失真

图 2-3-4 中使用了双电源,为了减少电源数目,可以去掉负电源,而在负载电路中串联一个容量较大的电容 C(数百到数千微法)代替负电源,如图 2-3-5 所示。图中 T_1 和 T_2 管组成互补对称电路输出级,工作在甲乙类状态。T_3 是推动管,是为了使互补对称电路具有尽可能大的输出功率。一般只要选取 R_1、R_2 的数值,给 T_1 和 T_2 管提供一个合适的偏置电流,从而使电容的两端充电电压 $U_C = U_A = U_{CC}/2$。这种电路的输出通过电容 C 与负载 R_L 耦合,而不是用变压器,所以又称为无输出变压器互补对称电路,简称 OTL 电路。

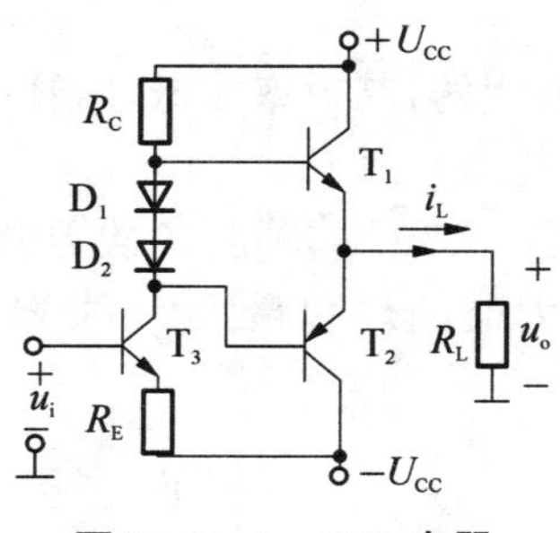

图 2-3-4　OCL 电器

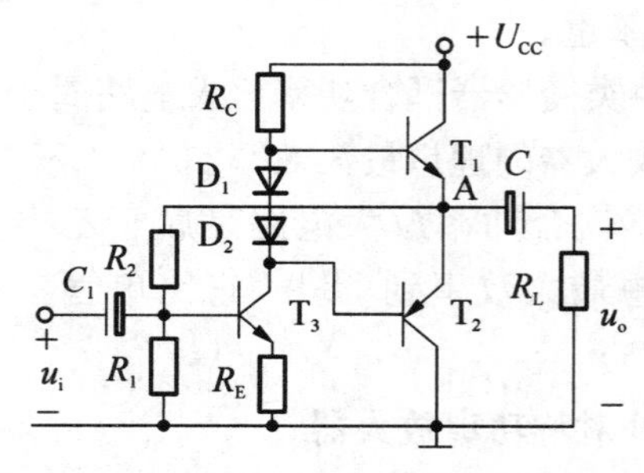

图 2-3-5　OTL 电路

OTL 电路和 OCL 电路都属于甲乙类功率放大器，其效率较高，乙类推挽功率放大电器的理想最大效率到 78%。

OTL 电路的最大输出功率为：$P_{om}=\dfrac{U_{CC}^2}{8R_L}$

OCL 电路的最大输出功率为：$P_{om}=\dfrac{U_{CC}^2}{2R_L}$

【例 2-3-1】　设图 2-3-5 互补对称 OTL 功放电路中，$U_{CC}=6\ \text{V}$、$R_L=8\ \Omega$，求该电路输出的最大输出功率？

【解】　$P_{om}=\dfrac{U_{CC}^2}{8R_L}=\dfrac{(6)^2}{8\times 8}\text{W}\approx 0.56\ \text{W}$

4. 集成功率放大器

集成功率放大器除具有一般集成电路的特点外，还具有温度稳定性好、电源利用率高、功耗低、非线性失真小等优点。有时还将各种保护电路如过流保护、过压保护、过热保护等集成在芯片内部，使用更加安全可靠。

集成功放的种类多，从用途上分，有通用型功放和专用型功放；从芯片内部的构成划分，有单通道功放和双通道功放；从输出功率来分，有小功率功放和大功率功放等。

目前，国内外已有许多种类的集成功率放大电路，下面以 LM384 为例，对集成功率放大器做一个简单的介绍。

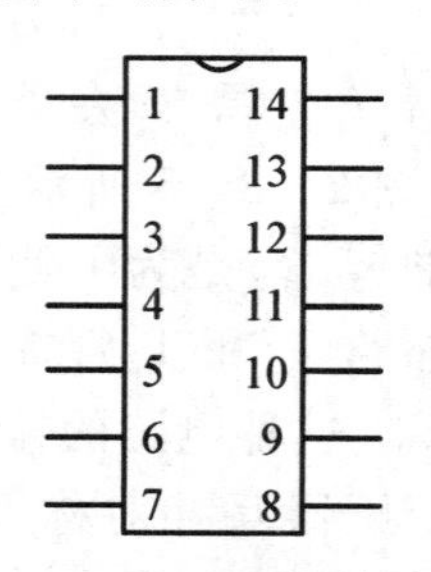

图 2-3-6　LM384 的封装图

LM384 内部电路由输入级、中间级和输出级所组成，其封装图如图 2-3-6 所示，是标准的双列直插式 14 脚集成电路，电源电压的常用范围为 12 V 到 26 V，最大值为 28 V，输入电压的最大值为 ±0.5 V，电压增益为 50，当电源电压为 22 V，负载 $R_L=8\ \Omega$ 时，输出功率约为 5 W，失真仅为 0.2%，它是 OTL 电路。LM384 各个管脚的功能说明如表 2-3-1。

表 2-3-1　LM384 各个管脚的功能

管脚号	功能说明	管脚号	功能说明
1	接旁路电容(5 μF)	8	输出端(经 500 μF 电容接负载)
2	同相输入端	9	空脚
3	接地端	10	接地端
4	接地端	11	接地端
5	接地端	12	接地端
6	反相输入端	13	空脚
7	接地端	14	电源端

LM384 的典型应用电路如图 2-3-7 所示，电容 C 用于与扬声器耦合和电容 C 两端保持等于 $U_{CC}/2$，C_1 用来消除电源线的电感效应，C_2 是低频旁路电容。

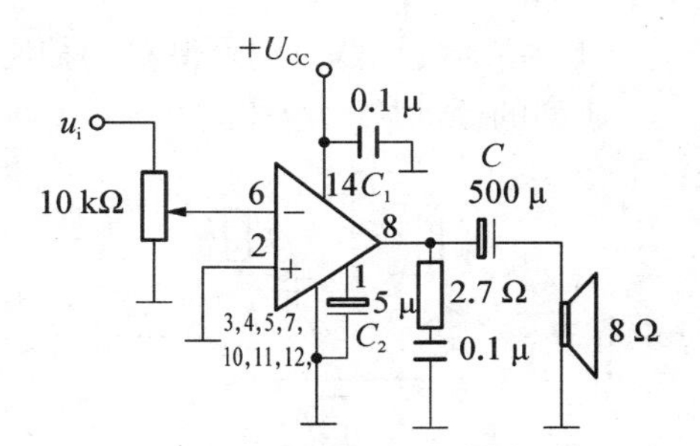

图 2-3-7　LM384 典型应用电路

3.2　差动放大电路

如前所述，单级放大电路的电压放大倍数有限，可能达不到实际所需要的电压放大倍数。这时，就要将放大电路一级一级地连接起来组成多级放大器。

1. 多级放大器的耦合方式

在多级放大器中，相邻的两个单级放大器之间为了传递信号而选用的连接方式称为耦合方式。对于多级放大器，耦合方式有变压器耦合方式、阻容耦合方式和直接耦合方式。而电压放大器常采用直接耦合方式和阻容耦合方式，如图 2-3-8 所示，第一级和第二级放大器间采用了阻容耦合方式，而第二级和第三级放大器间采用了直接耦合方式。

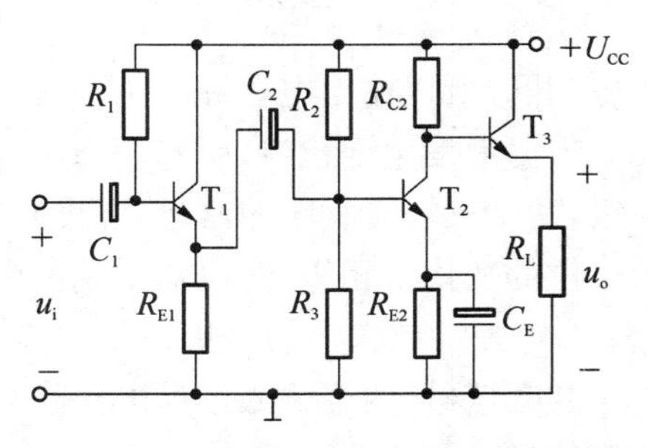

图 2-3-8　多级放大器级间耦合方式

阻容耦合是通过耦合电容将两级放大器连接起来。由于电容具有“通交流隔直流”的特性，将前后级放大器的直流通路隔断，各级放大器的静态值可以独立计算，而电容对交流信号阻碍作用很小，不影响交流信号的通过。

直接耦合是把两级放大器直接连接起来，它们之间不接电容，因此，这种放大电路可以放大缓慢变化的信号。但是直接耦合带来了阻容耦合放大器所没有的问题：静态工作点相互影响和零点漂移。

(1) 前后级放大电路静态工作点的相互影响

图 2-3-8 中，第二级和第三级放大器间采用了直接耦合方式，第二级放大器的集电极直流电位等于第三级放大器的基极直流电位。为了使前后级放大器有一个合适的静态工作点，通常在后一级电路中的发射极串接一个电阻或接入具有一定稳定电压的稳压二极管，以

提高前一级的集电极直流电位，保证电路正常工作。但是，这样就会提高对电源电压的要求。

(2) 零点漂移

一个理想的直接耦合放大器，当输入信号为零时，输出端的电位应该保持不变。实际上，由于温度、射频等因素的影响，直接耦合的多级放大器在输入信号为零时，输出端的电位会偏离初始设定值，产生缓慢而不规则的波动，这种输出端电位的波动现象，称为零点漂移。由于第一级的两点漂移经过后面多级放大器的放大，在输出端的漂移信号甚至“淹没”了有效信号。因此，抑制第一级的零点漂移至关重要。

引起零点漂移的原因很多，如电源的波动，晶体管参数随温度的变化，电路元件参数的变化等等，其中温度的影响最严重。温度对零点漂移的影响，称为温度漂移。下面的分析中主要讨论温度漂移的影响及抑制。

2. 差动放大器

(1) 差动放大器对温度漂移的抑制

典型的差动放大器如图 2-3-9 所示，该电路具有对称性。两个三极管的型号相同，特性一致，相应的电阻阻值相等。信号电压由两个三极管的基极与地之间输入，输出电压从两个三极管的集电极之间输出。这种电路称为双端输入——双端输出方式差动放大电路。

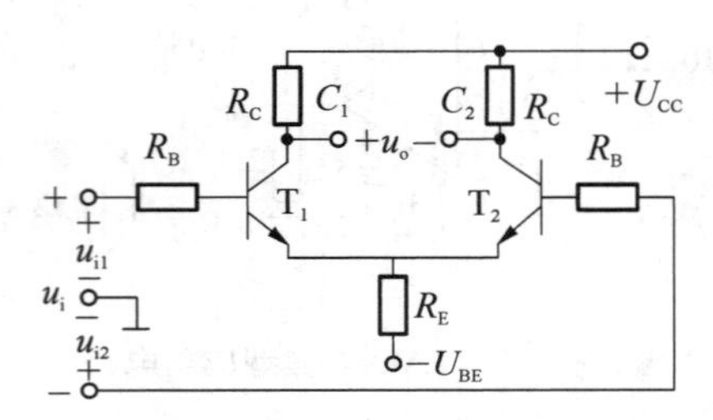

图 2-3-9 典型差动放大器

静态时，$u_{i1}=u_{i2}=0$，两个输入端视为短路，电源 U_{EE}通过电阻 R_E 向来年各个三极管提供偏置电流，来建立一个合适的静态工作点。由于电路是对称的，两管的基极电位相同，基极电流也是相同的，集电极的电位也相同，所以输出电压 $u_o=U_{C1}-U_{C2}=0$。

当温度发生变化时，引起静态工作点的变化。差动放大器一般作为集成放大电路的第一级，两个三极管相距非常近，温度对两个晶体管的影响是相同的，因此两个三极管的集电极电位的变化量相等，所以输出端的电压仍然为零，从而克服了温度漂移。

(2) 差动放大器的分析

共模信号：两个输入信号电压的大小相等，极性相同，即 $u_{i1}=u_{i2}$，这样的输入信号称为共模信号。

差模信号：两个输入信号电压的大小相等，极性相反，即 $u_{i1}=-u_{i2}$，这样的输入信号称为差模信号。

① 差模输入分析

如图 2-3-9 所示，假设单边放大电路的电压放大倍数都为 A_{ud1}，则差动放大器的输出电压为：

$$u_o=u_{o1}-u_{o2}=A_{ud1}u_{i1}-A_{ud1}u_{i2}=A_{ud1}(u_{i1}-u_{i2})=A_{ud1}u_i$$

则差模输入电压放大倍数 A_{ud}为：

$$A_{ud}=\frac{u_o}{u_i}=A_{ud1}=-\beta\frac{R_C}{R_B+r_{be}}$$

即差动放大器的差模电压放大倍数与单边放大电路的电压放大倍数相等。

② 共模输入分析

如图 2-3-9 所示，在共模信号的作用下，输出电压 $u_o=u_{o1}-u_{o2}=0$，则共模电压放大倍数为：

$$A_{uc}=0$$

发射极电阻 R_E 对共模信号具有很强的抑制能力。理想的差动放大器共模放大倍数为零。

③ 共模抑制比

对于一个理想的差动放大器，应该是有效地放大差模信号，完全抑制共模信号。但是，由于电路不能完全对称，共模电压放大倍数而已因此不可能为零。通常把差动放大器的差模电压放大倍数 A_{ud} 与共模电压放大倍数 A_{uc} 之比，称为共模抑制比，用 K_{CMRR} 表示，单位为分贝(dB)：

$$K_{CMRR}=\frac{A_{ud}}{A_{uc}}$$

也可以用对数形式表示：

$$K_{CMRR}=20\lg\frac{A_{ud}}{A_{uc}}$$

K_{CMRR} 是用来衡量差动放大器抑制共模信号能力的，K_{CMRR} 的值越大，表示差动放大电路对共模信号的抑制能力越强，差动电路的性能也就越好。

④ 差动放大器的其他输入输出方式

差动放大电路除了前面所述的双端输入-双端输出方式外，还有双端输入-单端输出方式，如图 2-3-10(a)所示；单端输入-双端输出方式，如图 2-3-10(b)所示；单端输入-单端输出方式，如图 2-3-10(c)所示等方式，这些输入输出方式在实际中也经常使用。

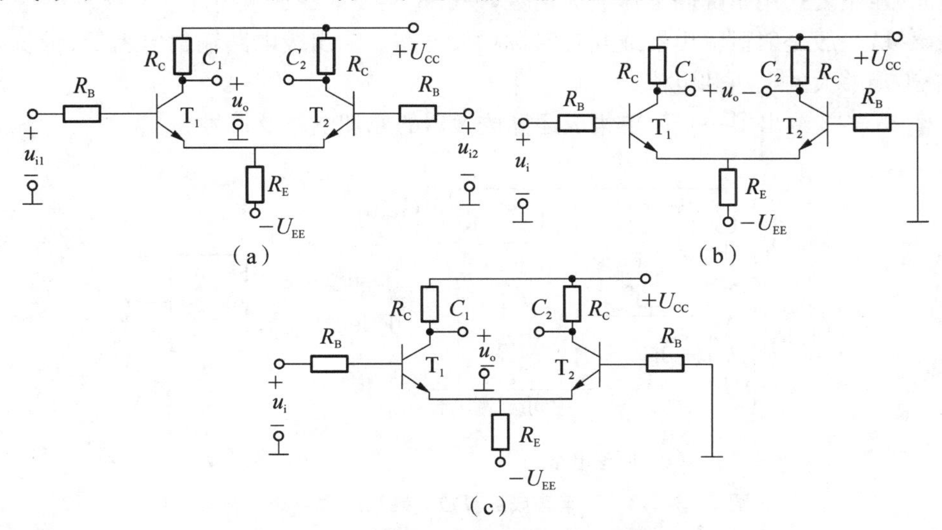

图 2-3-10　差分电路的其他输入输出方式

提示:单端输出时,电压放大倍数只有双端输出时电压放大倍数的一半;单端输入等效于差模的双端输入。推导过程在此不做介绍。

3.3 集成运算放大器

分立电路是由各种单个元件连接起来的电子电路。集成电路是把三极管等整个电路的各个元件以及相互之间连接同时制造在一块半导体芯片上,组成一个不可分割的整体。集成电路与分立元件相比,体积小、重量轻、功耗低、可靠性高,是电子技术的一个飞跃,大大促进了各个科学领域的发展。

集成电路按功能一般分为数字集成电路和模拟集成电路。模拟集成电路中发展最早、应用广泛的是集成运算放大器(简称集成运放或运放)。本节内容介绍集成运算放大器内部基本电路原理,主要讨论集成运算放大器的应用。

1. 集成运算放大器简介

集成运算放大电路由于在一个小芯片上制造成百上千甚至几十万个元件,因此,难于制造电感和大电容元件,各级放大电路之间都采用直接耦合的连接方式。另外,用三极管恒流源电路代替高阻值的电阻,二极管用三极管构成。

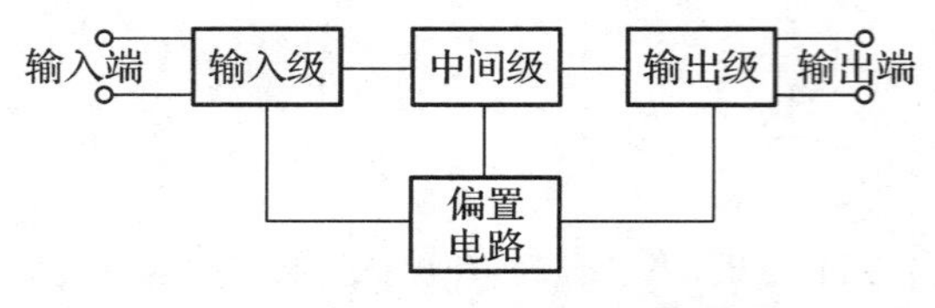

图 2-3-11　集成运放方框图

(1) 集成运放的组成

集成运算放大器的种类非常多,内部电路也各不相同,但一般由输入级、中间级、输出级三部分组成,如图 2-3-11 所示。

输入级:由于集成运放内部各级放大电路之间的连接方式采用直接耦合,所以,输入级一般是半导体三极管或 MOS 管组成具有恒流源的差动放大电路。因此,它具有输入电阻高、零点漂移小、抗干扰能力强等性能。它有两个输入端,分别称为同相输入端和反相输入端。

中间级:主要作用是提高电压放大倍数,一般是共发射极放大电路。

输出级:一般是射极输出器或互补对称功放电路。输出级电路输出电阻低、带负载能力强,能输出足够大的电压和电流。

图 2-3-12 给出了一个简单集成运算放大器的原理电路及符号。

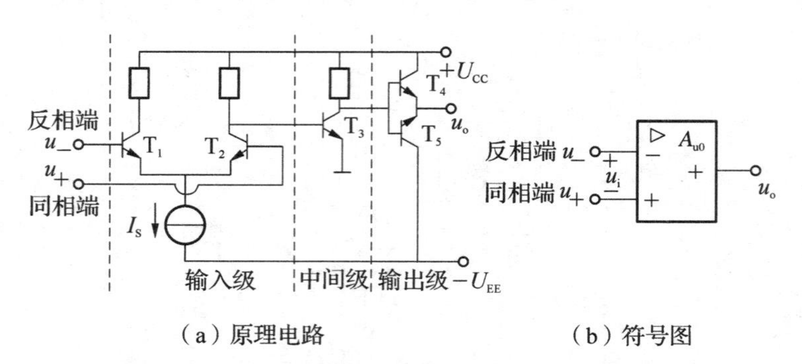

(a) 原理电路　　　(b) 符号图

图 2-3-12　简单集成运算放大器的原理电路及符号

（2）理想运放的特点

理想运放具有以下主要参数：

① 开环电压放大倍数　　　$A_{uo}\to\infty$

② 差模输入电阻　　　$r_i\to\infty$

③ 开环输出电阻　　　$r_o\to 0$

④ 共模抑制比　　　$K_{CMRR}\to\infty$

理想运放的符号和电压传输特性如图 2－3－13 所示。

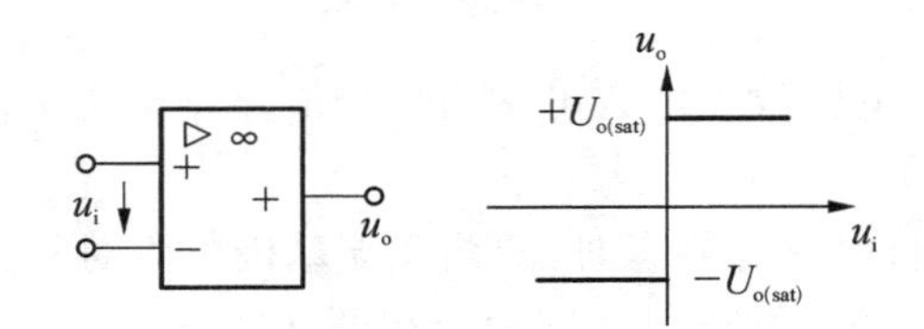

图 2－3－13　理想运放的符号和电压传输特性

理想运放工作在线性区时，利用理想参数可得到两个特点：

① 虚短

由于 $u_o=A_{uo}(u_+-u_-)$，而 $A_{uo}\to\infty$，所以 $u_+-u_-=\dfrac{u_o}{A}\approx 0$，即 $u_+\approx u_-$。换句话说，集成运放两个输入端之间的电压非常接近于零，但不是真的短路，简称为“虚短”。

② 虚断

由于 $u_i\approx 0$，且 $r_i\to\infty$，所以两输入端的输入电流 $i_I\approx 0$，即流入理想运放两个输入端的电流通常可看成零，但不是真正的断开，简称为“虚断”。

提示：虚短、虚断是理想运放工作在线性区的重要概念，涉及电压关系可利用虚短，涉及电流关系可利用虚断。

理想运放工作在饱和区（即非线性）时，则 u_+ 与 u_- 不一定相等，有：

当 $u_+>u_-$ 时，$u_o=+U_o(\text{sat})$；

当 $u_+<u_-$ 时，$u_o=-U_o(\text{sat})$。

提示：理想运放工作于饱和区时，两输入端的输入电流也等于零。

2. 集成运算放大器的应用

集成运算放大器已广泛应用于生产、生活等各个领域。本节内容将介绍集成运放的线性应用的几种基本电路。

（1）反相比例运算电路

图 2－3－14 所示电路是反相比例运算电路。输入信号 u_i 经电阻 R_1 加到反相输入端，同相输入端通过 R_2 接“地”。R_F 接在输出端和反相输入端之间，引入电压并联负反馈。

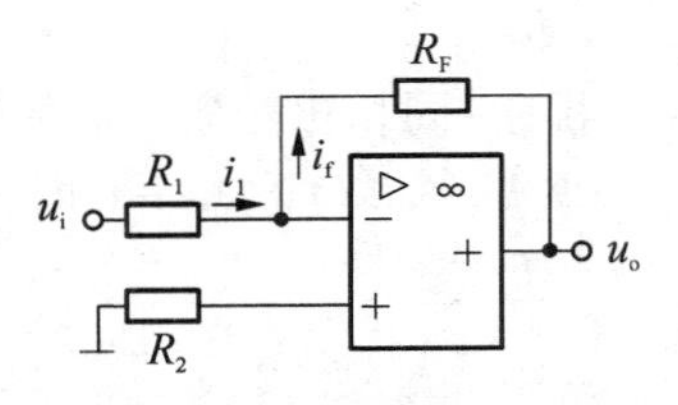

图 2－3－14　反比例运算电路

由于虚短和虚断，有：

$$u_+=u_-=0$$

$$i_1=i_f$$

$$\frac{u_{\mathrm{i}}}{R_1}=\frac{u_{-}-u_{\mathrm{o}}}{R_{\mathrm{F}}}=-\frac{u_{\mathrm{o}}}{R_{\mathrm{F}}}$$

$$u_{\mathrm{o}}=-\frac{R_{\mathrm{F}}}{R_1}u_{\mathrm{i}}$$

即输出电压与输入电压成反相比例关系。该电路的闭环电压放大倍数表达式如下：

$$A_{uf}=\frac{u_{\mathrm{o}}}{u_{\mathrm{i}}}=-\frac{R_{\mathrm{F}}}{R_1}$$

从上式可以看出：闭环电压放大倍数可认为仅与电路中电阻 R_{F} 和 R_1 的比值有关，而与运算放大器本身的参数无关。

图中 R_2 是一平衡电阻，以保证静态时，两输入端基极电流对称。取 $R_2=R_1 /\!/ R_{\mathrm{F}}$。

当 $R_1=R_{\mathrm{F}}$ 时，$u_{\mathrm{o}}=-u_{\mathrm{i}}$，即该电路即为反相器。

(2) 同相比例运算电路

图 2-3-15 所示电路是同相比例运算电路，输入信号 u_{i} 经 R_2 加到运算放大器的同相输入端，输出电压经 R_{F} 和 R_1 分压后，取 R_1 上的电压反馈到运算放大器的反相输入端，电路中引入电压串联负反馈。

根据虚短和虚断，可知：

$$u_{-}=u_{+}=u_{\mathrm{i}}$$

$$i_1=i_{\mathrm{f}}$$

$$-\frac{u_{-}}{R_1}=\frac{u_{-}-u_{\mathrm{o}}}{R_{\mathrm{F}}}$$

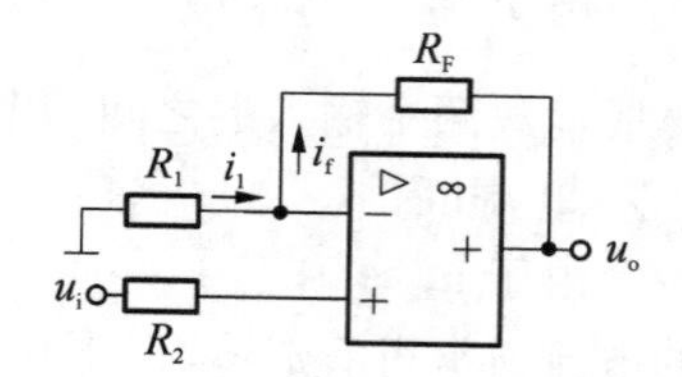

图 2-3-15　同相比例运算电路

即
$$-\frac{u_{\mathrm{i}}}{R_1}=\frac{u_{\mathrm{i}}-u_{\mathrm{o}}}{R_{\mathrm{F}}}$$

也就是
$$u_{\mathrm{o}}=\left(1+\frac{R_{\mathrm{F}}}{R_1}\right)u_{\mathrm{i}}$$

即输出电压与输入电压成同相比例关系。其闭环电压放大倍数如下式：

$$A_{uf}=\frac{u_{\mathrm{o}}}{u_{\mathrm{i}}}=1+\frac{R_{\mathrm{F}}}{R_1}$$

图 2-3-15 中 R_2 是一个平衡电阻，以保证静态时两输入端基极电流对称。取 $R_2=R_{\mathrm{F}} /\!/ R_1$。

提示：同相比例放大器的闭环放大倍数总是大于或等于 1。

当 $R_1=\infty$ 或 $R_{\mathrm{F}}=0$ 时，则有：

$$A_{uf}=\frac{u_{\mathrm{o}}}{u_{\mathrm{i}}}=1$$

这就是电压跟随器。由于电压跟随器引入了电压串联负反馈，具有输入电阻高，输出电阻低的特点，在电路中常常作为缓冲器。

(3) 反相加法运算电路

图 2-3-16 所示的电路为反相加法运算电路，它引入的是电压并联负反馈。

由于虚短和虚断，可得下面表达式：

$$u_- = u_+ = 0$$

$$i_1 + i_2 = i_f$$

$$\frac{u_{i1}}{R_1} + \frac{u_{i2}}{R_2} = -\frac{u_o}{R_F}$$

即
$$u_o = -\left(\frac{R_F}{R_1}u_{i1} + \frac{R_F}{R_2}u_{i2}\right)$$

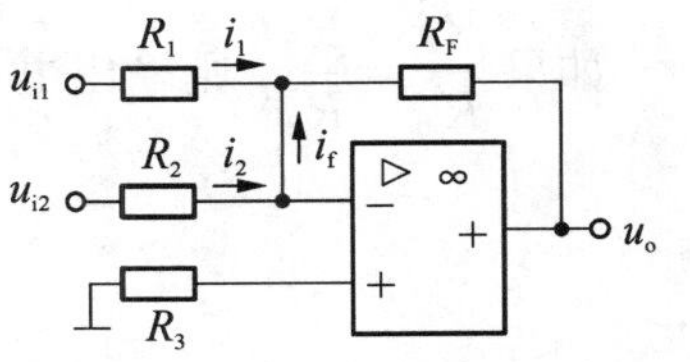

图 2-3-16　反相加法运算电路

上式表明：输入输出的关系表达式也与运算放大器本身的参数无关，只要电阻值足够精确，即可保证加法运算的精度和稳定性。

若 $R_1 = R_2 = R_F$，则有下面表达式成立：

$$u_o = -(u_{i1} + u_{i2})$$

平衡电阻 $R_3 = R_1 \mathbin{/\!/} R_2 \mathbin{/\!/} R_F$。

【例 2-3-2】 已知反相加法运算电路的运算关系为 $u_o = -(2u_{i1} + 0.5u_{i2})$V，且已知 $R_F = 100\ \text{k}\Omega$，求 R_1、R_2、R_3。

【解】 由 $u_o = -\frac{R_F}{R_1}u_i$ 可得：

$$\frac{R_F}{R_1} = 2 \qquad R_1 = \frac{R_F}{2} = \frac{100}{2} = 50\ \text{k}\Omega$$

$$\frac{R_F}{R_2} = 0.5 \qquad R_2 = \frac{R_F}{0.5} = \frac{100}{0.5} = 200\ \text{k}\Omega$$

$$R_3 = R_1 \mathbin{/\!/} R_2 \mathbin{/\!/} R_F \approx 28.6\ \text{k}\Omega$$

(4) 减法运算电路

图 2-3-17 所示电路为减法运算电路，两个输入信号 u_{i1} 和 u_{i2} 分别加入运算放大器的反相输入端和同相输入端，是反相输入与同相输入结合的放大电路。

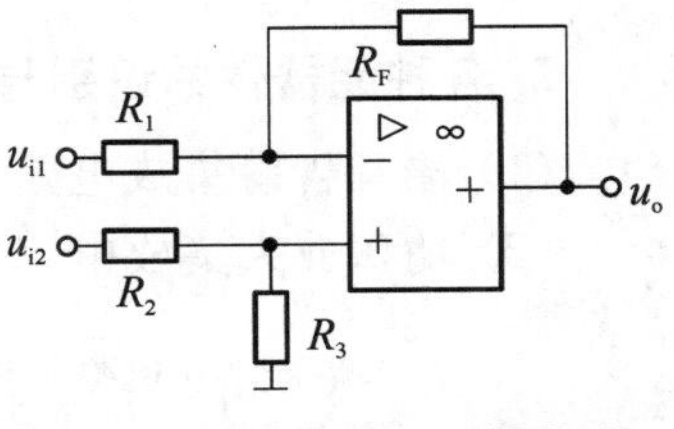

由于理想运放工作于线性区，是线性器件，该电路是线性电路，可应用叠加原理分析。

图 2-3-17　减法运算电路

当 u_{i1} 单独作用时，为反相比例运算电路：

$$u'_o = -\frac{R_F}{R_1}u_{i1}$$

当 u_{i2} 单独时，是同相比例运算电路：

$$u''_o = \left(1 + \frac{R_F}{R_1}\right)\frac{R_3}{R_2 + R_3}u_{i2}$$

则根据叠加定律，可得：

$$u_o = u'_o + u''_o = \left(1 + \frac{R_F}{R_1}\right)\frac{R_3}{R_2 + R_3}u_{i2} - \frac{R_F}{R_1}u_{i1}$$

如果 $\frac{R_F}{R_1} = \frac{R_3}{R_2}$，则输出电压是：

$$u_o = \frac{R_F}{R_1}(u_{i2} - u_{i1})$$

即输出电压与两输入电压之差（$u_{i2} - u_{i1}$）成正比。所以，在这种条件下，图 2-3-17 所示的电路就是一个差动放大电路。若再有 $R_1 = R_F$，则 $u_o = u_{i2} - u_{i1}$，即减法运算。

（二）项目实施

1. 工作任务描述

本任务主要进行语音提示和告警电路的制作、测试与分析。它是一种根据需要可以发出人的语言声音的集成电路。如图 2-3-18 所示。

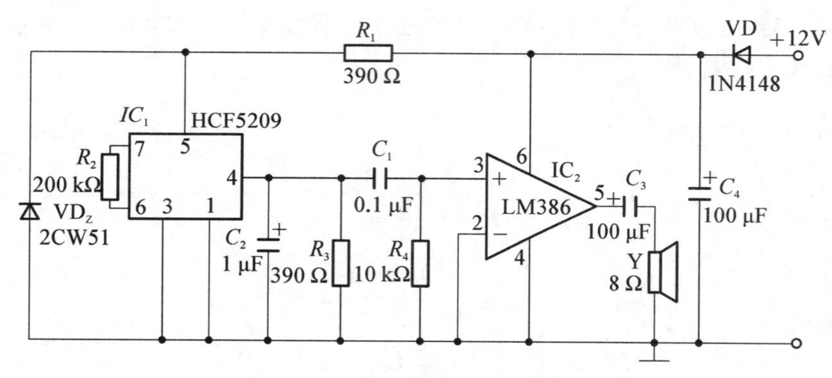

图 2-3-18 语言提示和告警电路

2. 各种元器件的识别与检测

（1）语音告警集成电路 HCF5209 的识别与检测

（2）功率放大集成电路 LM386 的识别与检测

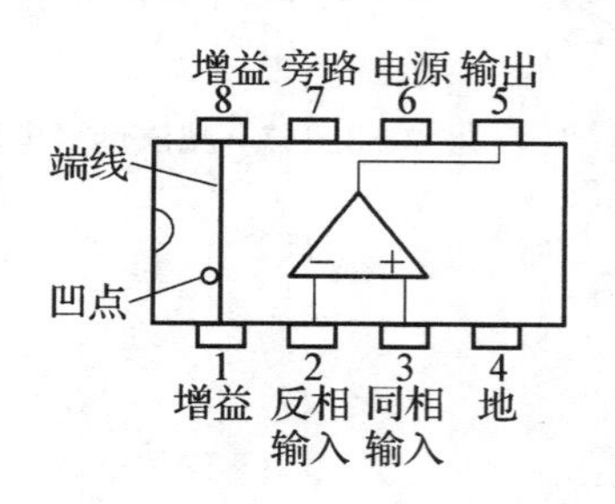

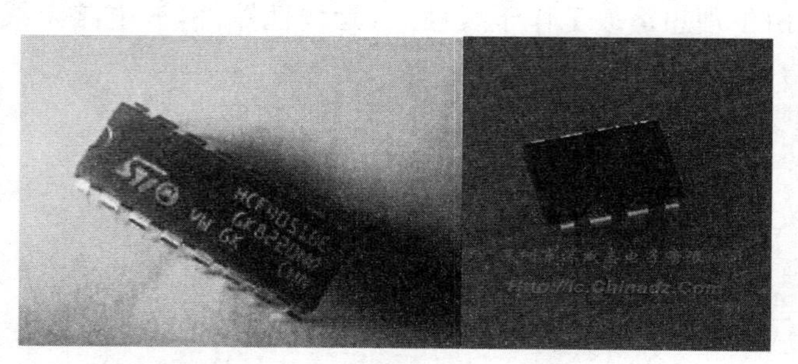

图 2-3-19 LM386 外形引脚图和实物图

3. 整机的装配与调试

(1) 组装电路

按图 2-3-18 组装好电路,电路板装配应遵循"先低后高、先内后外"的原则。先安装电阻与二极管;再安装插头;最后装接电源输出线 CT-OUT。电路装配工艺要求是先将电路所有元器件(零部件)正确装入印制电路板相应位置上,采用单面焊接方法,要求无错焊、漏焊、虚焊。

元器件(零部件)引线保留长度 L 为 0.5～1.5 mm;元器件面相应元器件(零部件)高度平整、一致。最后装接电源输出线 CT-OUT。

(2) 电路调试方法

① 电源电路调试。先用数字万用表检查电路是否有短路,如果有,先排除故障(特别是 L)。

② 控制电路调试。通电后要观察电路有无异常现象,例如有无冒烟现象,有无异常气味,手摸元器件外封装,是否发烫等。如果出现异常现象,应立即关断电源,待排除故障后再通电。如果均正常,观察能否实现预定功能。

评价反馈

1. 任务单

任务单如表 2-3-2 所示。

表 2-3-2　任务单

<table>
<tr><td>任务名称</td><td>语音提示和告警电路的制作</td><td>学时</td><td></td><td>班级</td><td></td></tr>
<tr><td>学生姓名</td><td></td><td>学生学号</td><td></td><td>任务成绩</td><td></td></tr>
<tr><td>实训器材与仪表</td><td></td><td>实训场地</td><td></td><td>日期</td><td></td></tr>
<tr><td>客户任务</td><td colspan="5">① 学习功率放大器的原理及参数估计,能选用合适类型、参数的元器件。
② 到图书馆或网上查看了解功率放大器的使用。
③ 集成功率放大器基本技术指标的测试。
④ 学习资料搜索、查询的方法。
安装、调试语音提示和告警电路。</td></tr>
<tr><td>任务目的</td><td colspan="5">① 了解语音提示和告警电路的组成及使用方法。
② 了解功率放大集成块的应用,学会组装一种语言电路;熟悉 LM386 集成功率放大电路的应用;熟悉集成功率放大器的基本性能和特点;学习集成功率放大器基本技术指标的测试
③ 训练学生的工程意识和良好的劳动纪律观念;培养学生认真做事、用心做事的态度。</td></tr>
<tr><td colspan="6">(一) 资讯问题</td></tr>
<tr><td colspan="6">① 三种基本功率放大器。
② 集成功率放大器基本技术指标测试。
③ 电路的制作和调试方法。</td></tr>
</table>

续 表

(二) 决策与计划
(三) 实施
(四) 检查(评价)

2. 考核标准

考核标准如表 2-3-3 所示。

表 2-3-3 考核标准

序号	工作过程	主要内容	评分标准	配分	学生(自评)		教师	
					扣分	得分	扣分	得分
1	资讯 (10 分)	任务相关知识查找	查找相关知识学习,该任务知识能力掌握度达到 60%,扣 5 分	10				
			查找相关知识学习,该任务知识能力掌握度达到 80%,扣 2 分					
			查找相关知识学习,该任务知识能力掌握度达到 90%,扣 1 分					
2	决策、计划 (10 分)	确定方案、编写计划	制定整体设计方案,在实施过程中修改一次,扣 2 分	10				
			制定实施方法,在实施过程中修改一次,扣 2 分					
3	实施 (10 分)	记录实施过程步骤	实施过程中,步骤记录不完整度达到 10%,扣 2 分	10				
			实施过程中,步骤记录不完整度达到 20%,扣 3 分					
			实施过程中,步骤记录不完整度达到 40%,扣 5 分					

续　表

序号	工作过程	主要内容	评分标准	配分	学生(自评)		教师	
					扣分	得分	扣分	得分
4	检查、评价(60分)	小组讨论	完成情况和效率	3				
		整理资料	规则和标准的整理	3				
			其他资料的整理	3				
		常用元器件的识别、检测	稳压二极管识别与分类	4				
			集成功率放大器的识别与分类	4				
			电容识别与分类	4				
			扬声器识别与分类	4				
		电路分析、参数计算	电路的分析、参数计算	7				
		任务总结报告的撰写	新建议的提出、论证	7				
		电路装配与调试	布局合理、美观、性能好	7				
			焊接质量,焊点规范程度、一致性	7				
			使用万用表分析测试数据情况	7				
5	职业规范团队合作(10分)	安全生产	安全文明操作规程	3				
		组织协调	团队协调与合作	3				
		交流与表达能力	用专业语言正确流利地简述任务成果	4				
合计				100				

项目四　低压直流电源的制作

学习目标

1. 能力目标

(1) 能根据任务单的要求，正确识别与分类选取元器件，灵活使用常用的仪器仪表，能按照装配工艺要求用面包板安装并调试电路。

(2) 能根据任务单的要求编写计划与决策。

(3) 认真记录计划实施的步骤与数据。

(4) 会根据所测的结果分析任务并检查，自评自己所做的成果，并用图片的形式呈现制作的成果。

2. 知识目标

(1) 了解稳压电源的组成和主要性能指标。

(2) 理解简单的串联稳压电路的组成及工作原理。

(3) 掌握二极管整流和电容滤波工作原理，掌握固定输出集成稳压电路与可调输出集成稳压电路的组成。

3. 技能目标力：

(1) 掌握直流稳压电源的故障分析以及直流稳压电源的安装，调试与检测方法。

(2) 会用仪器、仪表对直流稳压电源进行调试与测量。

(3) 通过对直流稳压电源电路的制作，进一步掌握电子电路的装配技巧及调试方法。

实践操作

(一) 相关知识

4.1　直流电源概述

直流电源电路由变压器、整流电路、滤波电路、稳压电路等四个部分组成。电源电路如图 2-4-1 所示。

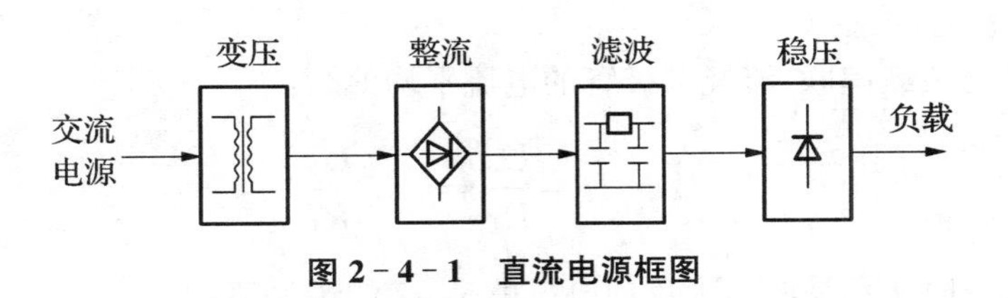

图 2-4-1　直流电源框图

直流电源电路功能:把交流电压变成稳定的大小合适的稳定直流电压。

4.2　整流电路

将交流电变为直流电的过程,称为整流。利用半导体二极管的单向导电性组成整流电路。整流电路可分为半波整流电路、全波整流电路、桥式整流电路。

1. 半波整流电路

(1) 半波整流电路的组成

半波整流电路如图 2-4-2 所示,它由电源变压器 T,整流二极管 D 和负载电阻 R_L组成。

图 2-4-2　单相半波整流电路

(2) 半波整流电路的工作原理

设变压器副边电压为:

$$u_2=\sqrt{2}U_2\sin\omega t$$

图 2-4-3 中,在 u_2的正半周 ($0\leqslant\omega t\leqslant\pi$) 期间,$a$ 端为正,b 端为负,二极管因正向电压作用而导通。电流从 a 端流出,经二极管 D 流过负载电阻 R_L 回到 b 端。如果略去二极管的正向压降,则在负载两端的电压 u_o就等于 U_2。其电流、电压波形如图 2-4-3(b)(c)所示。

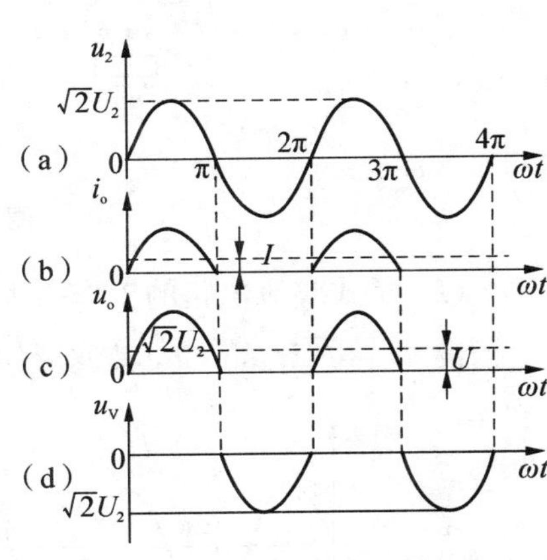

图 2-4-3　单相半波整流波形图

在 u_2的负半周 ($\pi\leqslant\omega t\leqslant 2\pi$) 期间,二极管承受反向电压而截止,负载中没有电流,故 $u_2=0$。这时,二极管承受了全部 u_2,其波形如图 2-4-3(d)所示。

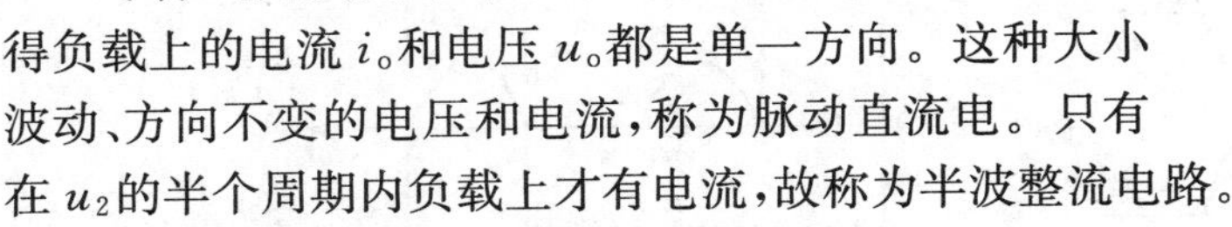

尽管 u_2是交变的,但因二极管的单向导电作用,使得负载上的电流 i_o和电压 u_o都是单一方向。这种大小波动、方向不变的电压和电流,称为脉动直流电。只有在 u_2的半个周期内负载上才有电流,故称为半波整流电路。

(3) 负载上的直流电压和电流

由于负载电压 u_o为半波脉动,在整个周期中负载电压平均值为:

$$U_o=0.45U_2$$

负载上的电流平均值为:

$$I_o=\frac{U_o}{R_L}=0.45\frac{U_2}{R_L}$$

(4) 整流二极管的选择

由于二极管与负载串联，流经二极管的电流平均值为：

$$I_V = I_o = \frac{U_o}{R_L} = 0.45\frac{U_2}{R_L}$$

二极管在截止时所承受的最大反向电压就是 u_2 的最大值，即

$$U_{VM} = \sqrt{2}U_2$$

半波整流电路结构简单，但只利用交流电压半个周期，直流输出电压低，波动大，整流效率低。

2. 桥波整流电路

(1) 桥式整流电路的组成

为了克服半波整流电路的缺点，实际中多采用单相全波整流电路和单相桥式整流电路。单相全波整流电路是由两个单相半波整流电路组合而成的，其工作原理与半波整流相同。单相桥式整流电路如图 2－4－4(a)(b)(c)所示，图 2－4－4(b)(c)是桥式整流电路的另外两种画法。

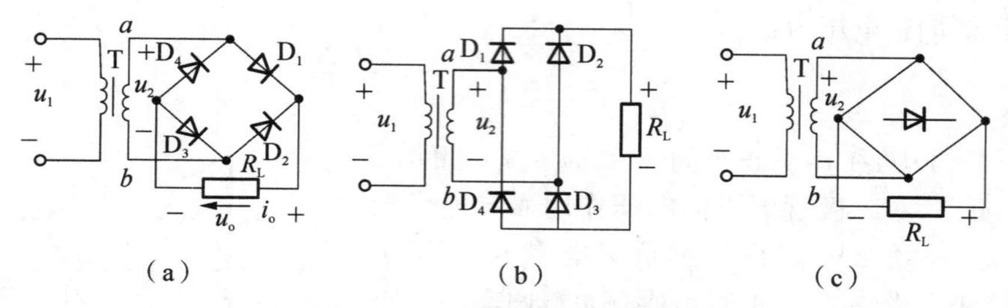

图 2－4－4 单相桥式整流电路

(2) 桥式整流电路的工作原理

设 $u_2 = \sqrt{2}U_2\sin\omega t$，其波形如图 2－4－5(a)所示。

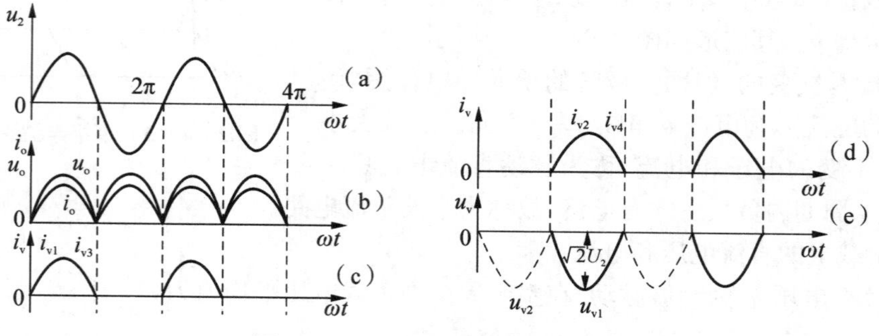

图 2－4－5 单相桥式整流波形图

在 u_2 的正半周 ($0 \leqslant \omega t \leqslant \pi$) 内，变压器副边 a 端为正，b 端为负，二极管 D_1、D_3 受正向电压作用而导通，D_2、D_4 受反向电压作用而截止，电流路径为 $a \to D_1 \to D_3 \to b$。

在 u_2 的负半周 ($\pi \leqslant \omega t \leqslant 2\pi$) 期间，$a$ 端为负，b 端为正，二极管 D_2、D_4 受正向电压作用

而导通，D_1、D_3受反向电压作用而截止，电流路径为 $b \to D_2 \to D_4 \to a$。

可见，在整个周期内，负载上得到同一方向的全波脉动电压和电流，其波形如图 2-4-5(b)所示。

(3) 负载上的直流电压和电流

如图 2-4-5(b)所示，桥式整流负载上的电压和电流的平均值为半波整流时的两倍，即

$$U_o = 0.9U_2$$

$$I_o = 0.9\frac{U_2}{R_L}$$

在相同的 u_2作用下，桥式整流电路中输出的直流电压是半波整流的两倍，电压的脉动程度较小，同时在整个周期内变压器组中均有电流，变压器的利用率提高了，因此，桥式整流电路得到了广泛的应用。

(4) 整流二极管的选择

在整个周期内，每个二极管只有半个周期导通，如图 2-4-5(c)(d)所示，且在导通期间 D_1与 D_3相串联，D_2与 D_4相串联，故流经每个二极管的电流平均值为负载电流的一半，即

$$I_V = \frac{1}{2}I_o$$

每个二极管截止时所承受的最高反向电压为 u_2的最大值，即

$$U_{VM} = \sqrt{2}U_2$$

4.3　滤波器和硅稳压二极管稳压电路

1. 滤波器

通过整流得到的直流电脉动程度大。为了得到脉动程度小的直流电，必须在整流电路与负载之间加上平滑脉动电压的滤波电路。构成滤波电路的主要元件是电容和电感，利用它们的储能作用，可以降低输出电压中的交流成分，保留直流成分，实现滤波。将脉动直流电中的交流成分过滤掉的过程叫作滤波。这种电路称为滤波电路，又称滤波器。常用滤波器有：电容滤波器、电感滤波器、复式滤波器等。

(1) 电容滤波电路

图 2-4-6 是单相半波整流电容滤波电路，其中与负载并联的电容器就是一个最简单的滤波器。

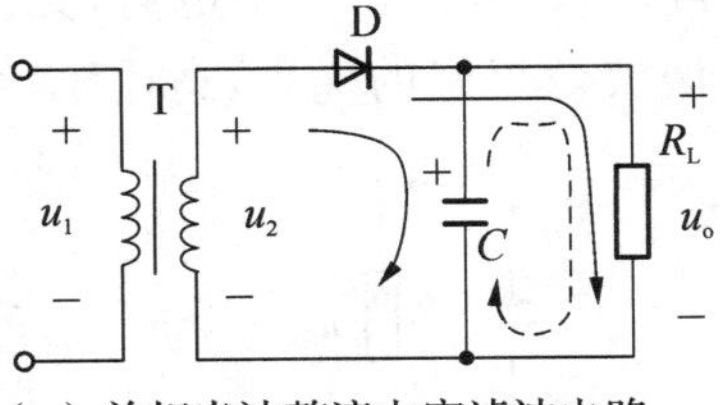

(a) 单相半波整流电容滤波电路

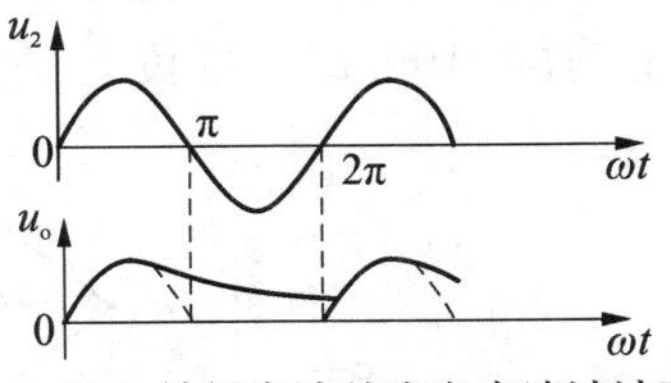

(b) 单相半波整流电容滤波波形

图 2-4-6　单相半波整流电容滤波电路

在 u_2 的正半周期开始时，输入电压上升，二极管 D 导通，电源经二极管向负载供电。随后，u_2 由最大值开始下降，当 $u_2 < u_C$ 时，二极管承受反向电压而提前截止，于是电容 C 通过 R_L 放电，如图 2－4－6(a)虚线箭头所示。

u_2 为负半周期时，加在二极管上的反向电压更大，二极管仍处于截止状态，电容继续向 R_L 放电，U_c 随之下降，直到 u_2 进入下个正半周。当 $u_2 > u_C$ 时，二极管重新导通。

加了滤波电容以后，输出直流电压提高了。因此，应选择大容量的电容作为滤波电容，而且要求负载电阻 R_L 也要大。电容滤波常适宜于大负载场合下运用。故选用电解电容器，使用时应注意电解电容的正、负极性，不能接错，否则，电容器将被击穿。

可见，电容滤波适用于负载电流变化不大的场合。电容滤波电路满足条件时，其输出电压可按经验公式估算。

$$\text{半波整流电容滤波：} U_o = U_2$$

$$\text{全波整流电容滤波：} U_o = 1.2U_2$$

(2) 电感滤波电路

图 2－4－7 是一个桥式整流电感滤波电路，滤波电感与负载 R_L 相串联。

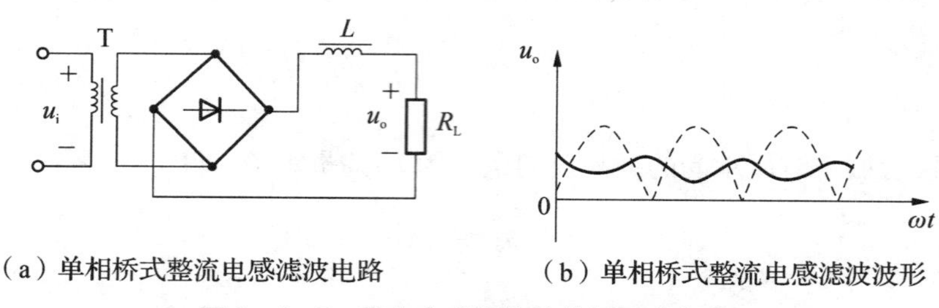

（a）单相桥式整流电感滤波电路　　（b）单相桥式整流电感滤波波形

图 2－4－7　带有电感滤波的单相桥式电路

由于电感具有阻碍电流变化的特性，使负载电流的脉动程度减小，负载电压变得更平滑，其波形如图 2－4－7(b)所示。

由于负载的变化对输出电压影响较小，因此，电感滤波器常用于负载电流大及负载变化大的场合，但电感元件的体积和重量都较大，故在电路中很少应用。但在功率较大的整流电源中采用。

(3) 复式滤波器

当使用单一电容或电感滤波效果不理想时，可考虑采用复式滤波电路。所谓复式滤波电路就是利用电容、电感组合后合理地接入整流电路与负载之间，以达到比较理想的滤波效果。常见的复式滤波电路有 LC 滤波电路、$LC\pi$ 型滤波电路、$RC\pi$ 型滤波电路等。

① LC 滤波电路

LC 滤波电路是在电感滤波电路的基础上，再在 R_L 旁并联一个电容，如图 2－4－8 所示。这种电路具有输出电流大，带负载能力强，滤波效果好的优点，适用于负载变动大，负载电流大的场合。

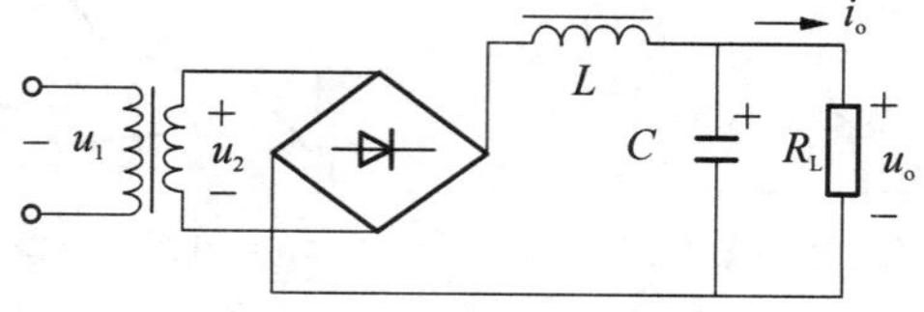

图 2－4－8　LC 滤波电路

② $LC\pi$ 型滤波电路

电路如图 2－4－9 所示，经整流后的电压包括直流分量及交流分量。对于直流分量来说，L 呈现很小的阻抗，可视为短路，因此，经 C_1 滤波后的直流量大部分降落在负载两端；对于交流分量来说，电感 L 呈现很大的感抗，C_2 呈现很小的容抗，因此，交流分量大部分降落在 L 上，负载上的交流分量很小，达到滤除交流分量的目的。这种电路常用于负载电流较小或电源频率较高的场合。缺点是电感体积大、笨重、成本高。

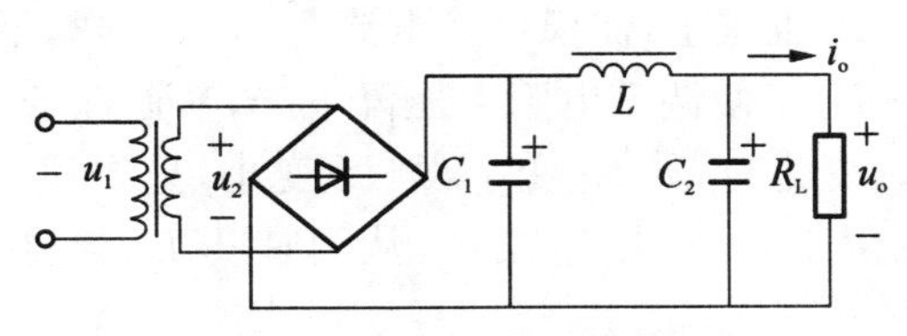

图 2－4－9　$LC\pi$ 型滤波电路

③ $RC\pi$ 型滤波电路

图 2－4－10 是 $RC\pi$ 型滤波电路图，它是在电容滤波基础上加一级 RC 滤波电路构成的。这种电路采用简单的电阻、电容元件进一步降低输出电压的脉动程度，但这种滤波电路的缺点是只适应于小电流的场合。在负载电流较大的情况下，不宜采用这种滤波电路形式。

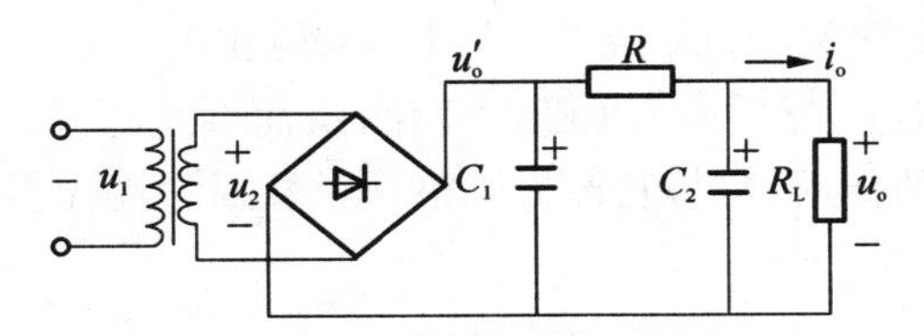

图 2－4－10　$RC\pi$ 型滤波电路

2. 硅稳压二极管稳压电路

经变压、整流和滤波后的直流电由于受交流电源波动与负载变化的影响，稳压性能较差，而大多数电子设备都需要稳定的直流电源。将不稳定的直流电转换成稳定的直流电的电路称为直流稳压电路。直流稳压电路的类型很多，最简单的稳压电路是硅稳压管稳压电路。

(1) 稳压二极管

稳压管之所以能起稳压作用，主要是其反向伏安特性。硅稳压管的特性曲线如图 2－4－11 所示，从稳压管的反向特性看出，当反向电压小于击穿电压 U_A（又称稳压管的稳定电压，即对应于曲线中 A 点的电压）时，反向电流极小，当反向电压增至 U_A 后，反向电流急剧增加，此后，只要反向电压略有增加，反向电流就有很大增加，此时稳压管处于反向击穿状态，对应于曲线的 AB 段，称为可逆击穿区。只要反向电流不超过允许的最大值，稳压管的"击穿"是不会损坏管子的。

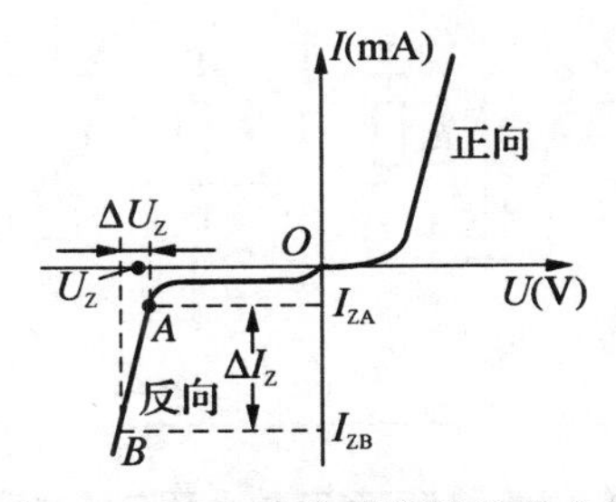

图 2－4－11　硅稳压管的特性曲线

稳压管工作在击穿区 AB 之间，而对应的电压变化（ΔU_Z）却很小，所以能起稳压作用。ΔU_Z很小，可用 A 点

对应的电压 U_Z 作为稳定电压，即 $U_Z \approx U_A$。

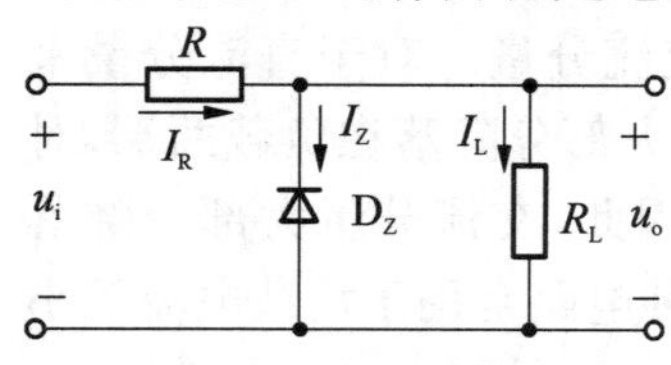

图 2-4-12　稳压管稳压电路

(2) 硅稳压二极管稳压电路

整流滤波电路输出电压会随着电网电压的波动而波动，随着负载电阻的变化而变化。为了稳定输出电压，采用由稳压管 D_Z 和调整电阻 R 组成最简单的稳压电路，如图 2-4-12 所示。

当电网电压发生波动使输入电压 U_i 减小时，输出电压 U_o 也减小，使稳压管电流 I_Z 大大下降，但由于调整电阻上的电流 I_R 也大大下降（$I_R = I_Z + I_L$），使调整电阻上压降下降，从而保证输出电压 U_o 基本维持不变。当电网电压稳定而 R_L 变化时，如 R_L 变小，则 U_o 变小，只要 U_o 下降一点，稳压管的电流 I_Z 就显著减小，使调整电阻上的电流 I_R 减小，从而使得 U_R 减小，以维持输出电压稳定不变。

可见，在该稳压电路中，调整电阻 R 起电压调节作用，稳压管起电流调节作用。

4.4　串联型稳压电路

1. 简单串联式稳压电路

简单串联型稳压电路的基本形式如图 2-4-13 所示。由图可知，它是在输入直流电压和负载之间串入一个三极管 V，当 U_i 或 R_L 变化引起输出电压 U_o 变化时，U_o 的变化将反映到三极管 V 的输入电压 U_{BE}，然后 U_{CE} 也随之变化，从而调整 U_o，以保持输出电压的基本稳定。根据三极管 V 所起的作用，常将它称为调整管。又因调整管 V 和负载 R_L 串联，故称此电路为串联型稳压电路。

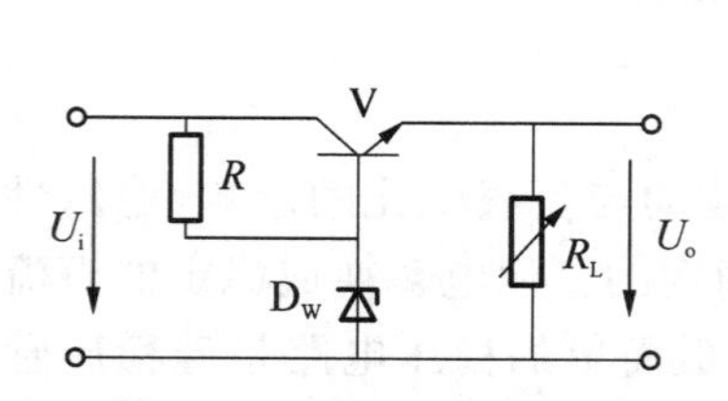

图 2-4-13　简单串联型稳压电路

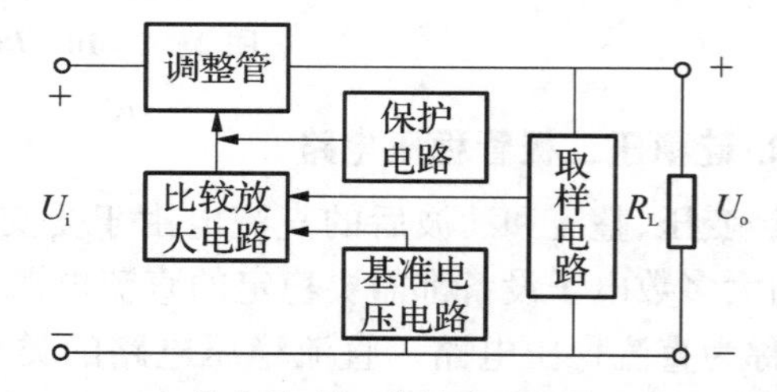

图 2-4-14　带有放大环节的串联型稳压电源方框图

2. 具有放大环节的串联型稳压电源

(1) 电路的组成

带有放大环节的串联型稳压电源至少包含调整管、基准电压电路、采样电路和比较放大电路四部分。此外，为使电路安全工作，还常在电路中加保护电路，其方框图如图 2-4-14 所示。

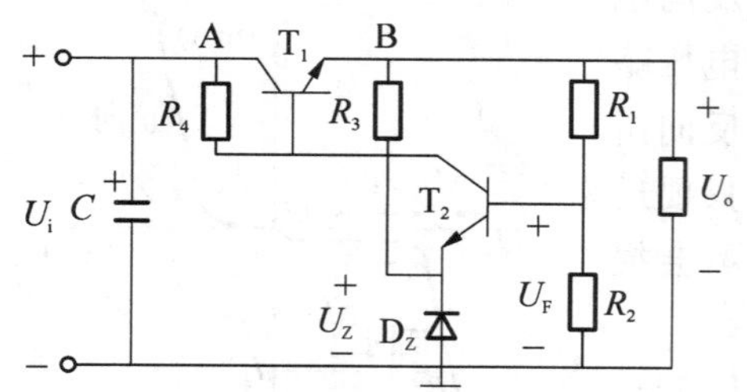

图 2-4-15　带有放大环节的串联型稳压电路

串联型稳压电路，如图 2-4-15 由以下四部分组成。

① 取样环节。由 R_1、R_2 组成的分压电路构成，它将输出电压 U_o 分出一部分作为取样电压

U_F送到比较放大环节。

② 基准电压。由稳压二极管 D_Z和电阻 R_3构成的稳压电路组成，它为电路提供一个稳定的基准电压 U_Z，作为调整、比较的标准。

③ 比较放大环节。由 T_2和 R_4构成直流放大器，其作用是将取样电压 U_F与基准电压 U_Z之差放大后去控制调整管 T_1。

④ 调整环节。由工作在线性放大区的功率管 T_1组成，T_1的基极电流 I_{B1}受比较放大电路输出的控制，它的改变又可使集电极电流 I_{C1}和集、射电压 U_{CE1}改变，从而达到自动调整稳定输出电压的目的。由于调整管与负载串联，流过管子的电流很大，因此，调整管选用功率管。

(2) 工作原理

电路的工作原理：当输入电压 U_i(或输出电流 I_o)变化引起输出电压 U_o增加时，取样电压 U_F相应增大，使 T_2管的基极电流 I_{B2}和集电极电流 I_{C2}随之增加，T_2管的集电极电位 U_{C2}下降，因此 T_1管的基电极电流 I_{B1}下降，使得 I_{C1}下降，U_{CE1}增加，U_o下降，使 U_o保持基本稳定。这一自动调压过程可表示如下：

$$U_o\uparrow \rightarrow U_F\uparrow \rightarrow I_{B2}\uparrow \rightarrow I_{C2}\uparrow \rightarrow U_{C2}\downarrow \rightarrow I_{B1}\downarrow \rightarrow U_{CE1}\uparrow \rightarrow U_o\downarrow$$

同理，当 U_i或 I_o变化使 U_o降低时，调整过程相反，U_{CE1}将减小使 U_o保持不变。

串联型稳压电源输出电压稳定、可调，输出电流范围较大，技术经济指标好，在小功率稳压电源中应用很广，并且是高精度稳压电源的基础。

【例 2-4-1】 串联型稳压电路如图 2-4-16 所示，$U_Z=2\text{ V}$，$R_1=R_2=2\text{ k}\Omega$，R_P为 10 kΩ 的电位器，试求：输出电压 U_o的最大值、最小值各为多少？

【解】由图 2-4-16 图可知：

$$V_o\approx\frac{R_1+R_P+R_2}{R_{P(下)}+R_2}(V_{BE2}+V_Z)$$

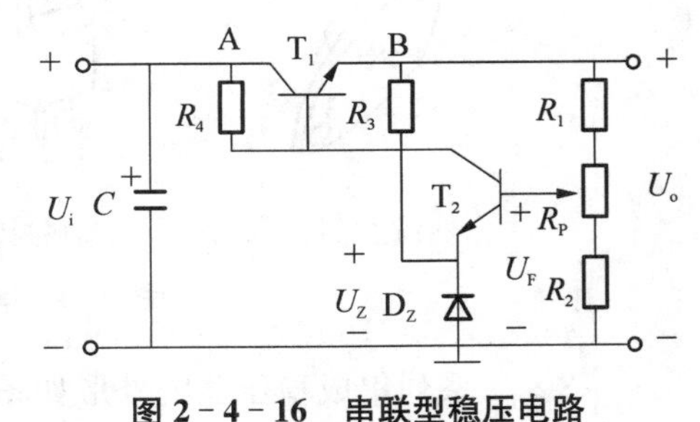

图 2-4-16　串联型稳压电路

当 R_P 的滑动端移到最上端时，$R_{P(下)}=R_P$，V_o达到最小值。即

$$V_{omin}\approx\frac{R_1+R_P+R_2}{R_P+R_2}(V_{BE2}+V_Z)$$

$$=\frac{2+10+2}{10+2}\times 2\text{ V}=2.4\text{ V}$$

当 R_P 的滑动端移到最下端时，$R_{P(下)}=0$，V_o 达到最大值。即

$$V_{omax}\approx\frac{R_1+R_P+R_2}{R_2}(V_{BE2}+V_Z)$$

$$=\frac{2+10+2}{2}\times 2\text{ V}=14\text{ V}$$

4.5 集成稳压电路

1. 三端固定集成稳压电路

集成稳压器具有体积小、重量轻、可靠性高，使用灵活和价格低廉等优点，在工程实际中得到广泛应用。集成稳压器类型很多，以三端式集成稳压器的应用最为普遍。

集成稳压器多采用串联型稳压电路，组成框图如图 2－4－17 所示。

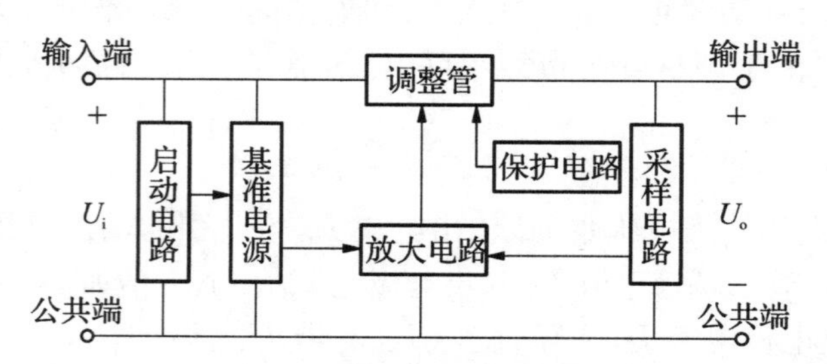

图 2－4－17　集成稳压器多采用串联型稳压电路

常用的有输出为正电压的 W7800 系列和输出为负电压的 W7900 系列。图 2－4－18 所示为 W7800 系列的外形、电路符号及基本接法。W7800 系列的输出电压有 5 V、6 V、9 V、12 V、15 V、18 V 和 24 V 共七个挡。型号(也记为 W78××)的后两位数字表示其输出电压的档次值。例如，型号为 W7805 和 W7812 其分别输出电压为 5 V 和 12 V。W7900 系列输出电压档次值与 W7800 系列相同，但其管编号与 W7800 系列不同，如图 2－4－18(a)所示。

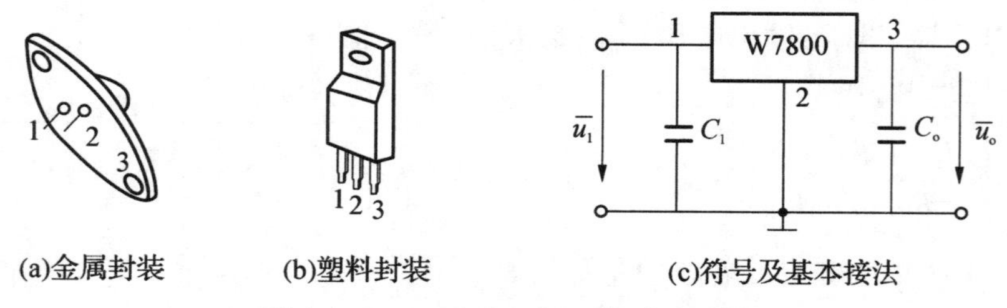

图 2－4－18　W7800 系列集成稳压器

78××系列集成稳压器的外形如图 2－4－19(a)所示，图 2－4－19(b)所示是其典型应用电路。为了让调整管工作正常，输入直流电压 U_{Sr} 至少比输出电压 U_{Sc} 高出 2 V。电容 C_1、C_2 用来进行频率补偿，防止自激振荡和抑制高频干扰。

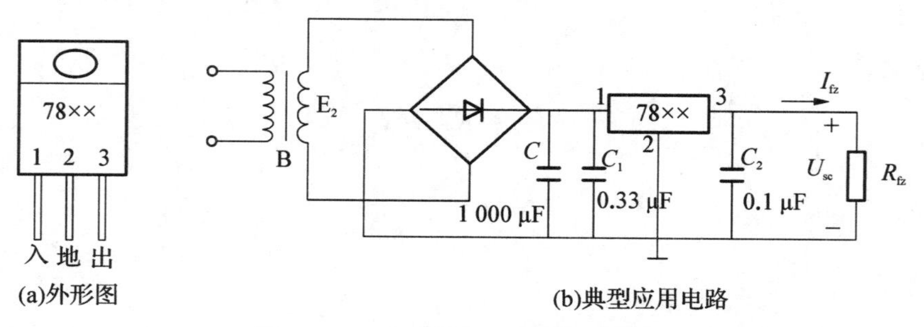

图 2－4－19　固定式三端集成稳压器

W7900 系列输出固定负电压稳压电路，其工作原理及电路的组成与 W7800 系列基本相同，实际中，可根据负载所需电压及电流的大小选择不同型号的集成稳压器。

图 2-4-20 所示是用 78××和 79××构成的正、负对称输出的稳压电源。图中 D_5、D_6的作用是：在输出端接负载的情况下，若 7912 的输入端开路，则 7812 输出的$+U_{sc}$会通过负载加到 7912 的输出端，有了 D_6的限幅，7912 输出端对地承受的反压仅为 0.7 V 左右，从而使稳压器得到保护。

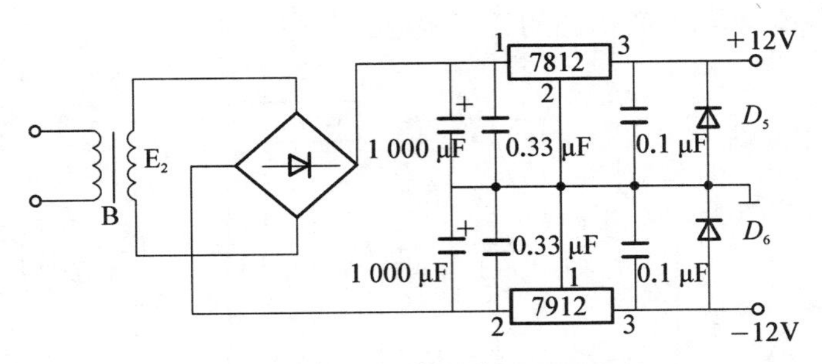

图 2-4-20 正、负输出对称的稳压电源

2. 三端可调集成稳压电路

78××和 79××系列均为输出电压固定的三端稳压器，若要求输出电压具有一定的调节范围，则应使用可调式三端集成稳压器。如 LM117 可输出 1.25～37 V 连续可调的正电压，LM317 可输出−1.25～−37 V 连续可调的负电压，其典型应用电路如图 2-4-21 所示。

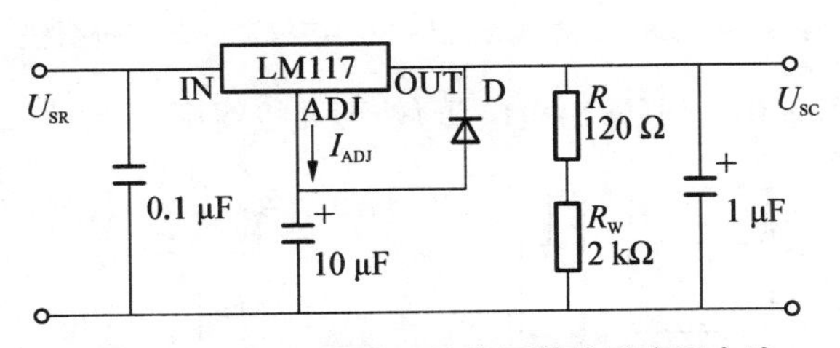

图 2-4-21 可调式三端稳压器典型应用电路

图 2-4-21 中电阻 R 与电位器R_W 构成取样电路，输出端与调整端 ADJ 间的压差就是基准电压 $U_{REF}=1.25$ V，因调整端电流 $I_{ADJ}=50$ μA，可忽略，故输出电压约为：

$$U_{SC}\approx U_{REF}+\frac{U_{REF}}{R}\cdot R_W=\left(1+\frac{R_W}{R}\right)U_{REF}$$

显然，调节 R_W 可改变输出电压的大小。

（二）项目实施

1. 工作任务描述

本任务主要进行串联型稳压电源的制作。本实验所用集成稳压器为三端固定正稳压器 W7812，它的主要参数有：输出直流电压 $U_o=+12$ V，输出电流 L：0.1 A，M：0.5 A，电压调整率 10 mV/V，输出电阻 $R_o=0.15$ Ω，输入电压 U_i的范围 15～17 V 。因为一般 U_i要比 U_o大

3～5 V，才能保证集成稳压器工作在线性区。

图 2－4－22 是用三端式稳压器 W7812 构成的单电源电压输出串联型稳压电源的实验电路图。其中整流部分采用了由四个二极管组成的桥式整流器成品(又称桥堆)，型号为 2W06(或 KBP306)，内部接线和外部管脚引线如图 2－4－23 所示。滤波电容 C_1、C_2 一般选取几百至几千微法。当稳压器距离整流滤波电路比较远时，在输入端必须接入电容器 C_3(数值为 0.33 μF)，以抵消线路的电感效应，防止产生自激振荡。输出端电容 C_4(0.1 μF)用以滤除输出端的高频信号，改善电路的暂态响应。

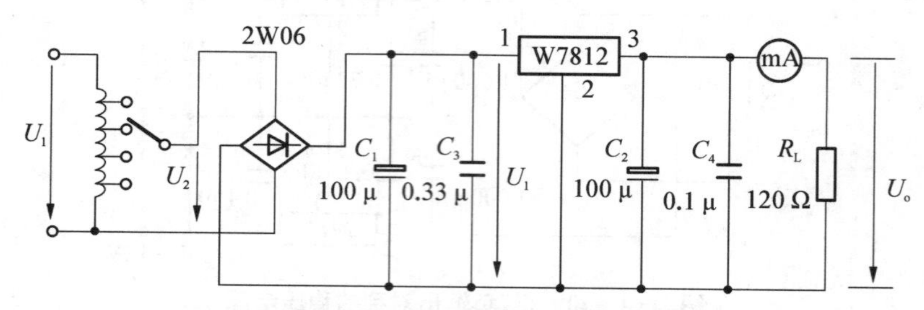

图 2－4－22　由 W7812 构成的串联型稳压电源

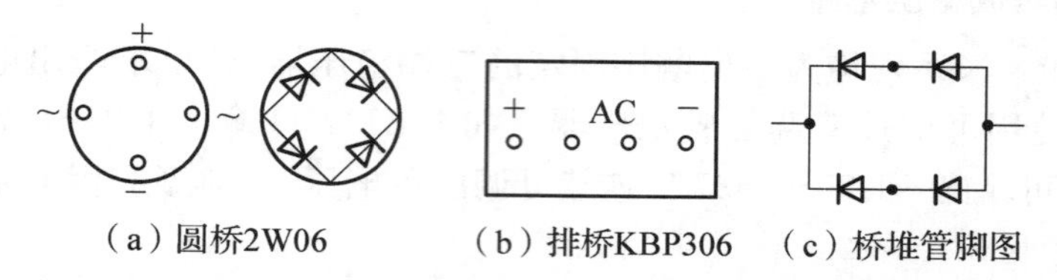

图 2－4－23　三端式稳压器内部接线和外部管脚引线

图 2－4－24 为 W7900 系列(输出负电压)外形及接线图。

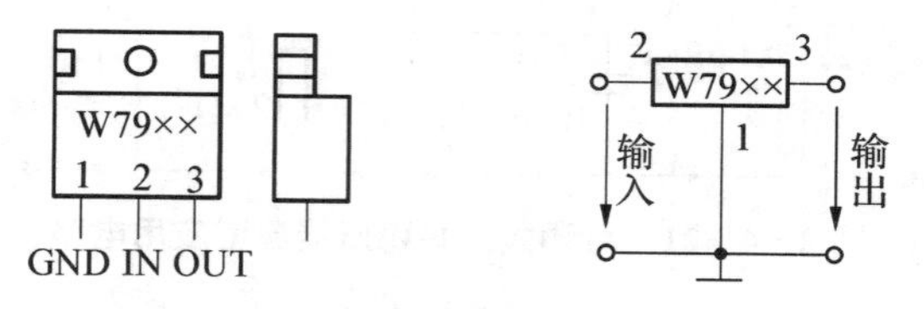

图 2－4－24　W7900 系列外形及接线图

2. 元器件检测

(1) 三端集成稳压器的识别和检测。

(2) 发光二极管和整流二极管的识别和检测。

(3) 17/37/38 系列三端集成稳压器的检测。

① 测量各引脚之间的电阻值。系列集成稳压器的电阻值是用万用表“$R\times1$ k”挡测得。若被测集成稳压器的电阻值与表中电阻值相差较大，则说明该集成稳压器有问题。

② 测量稳压值。测量 17/38 系列正电压型可调式集成稳压器时，在监测集成稳压器输出端对地电压的同时，调节电位器 RP，看稳压器的输出电压是否在其标称电压值范围内变化。若输出电压正常，则可确定该集成稳压器完好。

3. 整机的装配与调试

(1) 元器件装配。

(2) 初测

按图 2-5-22 实训电路，取负载电阻 $R_L=120\ \Omega$。接通工频 14 V 电源，测量 U_2 值；测量滤波电路输出电压 U_i(稳压器输入电压)，集成稳压器输出电压 U_o，它们的数值应与理论值大致符合，否则说明电路出了故障。设法查找故障并加以排除。

电路经初测进入正常工作状态后，才能进行各项指标的测试。

(3) 性能指标测试

输出电压 U_o 和最大输出电流 I_{omax} 的测量。

在输出端接负载电阻 $R_L=120\ \Omega$，由于 7812 输出电压 $U_o=12$ V，因此流过 R_L 的电流 $I_{omax}=\frac{12}{120}=100$ mA。这时 U_o 应基本保持不变，若变化较大则说明集成块性能不良。

评价反馈

1. 任务单

任务单如表 2-4-1 所示。

表 2-4-1　任务单

任务名称	低压直流电源的制作	学时		班级	
学生姓名		学生学号		任务成绩	
实训器材与仪表		实训场地		日期	
客户任务	① 识读简单串联型直流稳压电路的电路图。 ② 仿真电路并选取元器件。 ③ 制作简单的串联型稳压电路。 ④ 记录测试结果并分析。				
任务目的	① 了解稳压电源的组成和主要性能指标；理解简单的串联型稳压电路的组成及工作原理；掌握二极管整流和电容滤波工作原理；掌握固定输出集成稳压电路与可调输出集成稳压电路的组成。 ② 掌握直流稳压电源的故障分析以及直流稳压电源的安装、调试与检测方法；会用仪器、仪表对直流稳压电源进行调试与测量；会撰写直流稳压电源的制作与调试报告书。 ③ 训练学生的工程意思和良好的劳动纪律观念；培养学生认真做事、用心做事的态度；工作积极主动、精益求精；能虚心请教与热心帮助同学。能主动、大方、准确表达自己的观点与意愿；遵守安全操作规程。				
(一) 资讯问题					
① 直流电源基本理论，整流、滤波、稳压电路的原理。 ② 三端集成稳压器的应用。 ③ 各种常用元器件的识别、检测、分类。					

续 表

(二) 决策与计划
(三) 实施
(四) 检查(评价)

2. 考核标准

考核标准如表 2－4－2 所示。

表 2－4－2 考核标准

序号	工作过程	主要内容	评分标准	配分	学生(自评)		教师	
					扣分	得分	扣分	得分
1	资讯 (10 分)	任务相关知识查找	查找相关知识学习,该任务知识能力掌握度达到 60%,扣 5 分	10				
			查找相关知识学习,该任务知识能力掌握度达到 80%,扣 2 分					
			查找相关知识学习,该任务知识能力掌握度达到 90%,扣 1 分					
2	决策、计划 (10 分)	确定方案、编写计划	制定整体设计方案,在实施过程中修改一次,扣 2 分	10				
			制定实施方法,在实施过程中修改一次,扣 2 分					
3	实施 (10 分)	记录实施过程步骤	实施过程中,步骤记录不完整度达到 10%,扣 2 分	10				
			实施过程中,步骤记录不完整度达到 20%,扣 3 分					
			实施过程中,步骤记录不完整度达到 40%,扣 5 分					

续　表

序号	工作过程	主要内容	评分标准	配分	学生(自评)		教师	
					扣分	得分	扣分	得分
4	检查、评价(60分)	小组讨论	完成情况和效率	2				
		整理资料	安装制作流程的整理	2				
			其他资料的整理	2				
		常用元器件的识别、检测	整流二极管识别与检测	3				
			发光二极管识别与检测	3				
			三端集成稳压器识别与检测	3				
		电路分析、参数计算	电路的分析、参数计算	9				
		任务总结报告的撰写	新建议的提出、论证	9				
		电路装配与调试	布局合理、美观、性能好	9				
			焊接质量,焊点规范程度、一致性	9				
			使用万用表分析测试数据情况	9				
5	职业规范团队合作(10分)	安全生产	安全文明操作规程	3				
		组织协调	团队协调与合作	3				
		交流与表达能力	用专业语言正确流利地简述任务成果	4				
合计				100				

项目五　声光显示逻辑电平测试笔的制作

1. 能力目标

(1) 能根据任务单的要求,正确识别与分类选取元器件,灵活使用常用的仪器仪表,能按照装配工艺要求用面包板安装并调试电路。

(2) 能根据任务单的要求编写计划与决策。

(3) 认真记录计划实施的步骤与数据。

(4) 会根据所测的结果分析任务并检查,自评自己所做的成果,并用图片的形式呈现制作的成果。

2. 知识目标

(1) 了解模拟信号和数字信号的差异。

(2) 理解进位计数制,不同数制之间的转换。

(3) 掌握数字电路中使用的真值表、函数表达式。

(4) 基本逻辑门电路、复合逻辑门电路、集成逻辑门电路的原理。

3. 技能目标力

(1) 识读简单电平指示电路图。

(2) 掌握逻辑问题的分析工具和方法。

(3) 通过对声光显示逻辑电平测试笔的制作,进一步掌握电子电路的装配技巧及调试方法。

实践操作

(一) 相关知识

5.1　数字电路基础

1. 数字电路概述

(1) 数字电路的概念

电子线路中的电信号可分为两大类,一类为模拟信号,另一类为数字信号。所谓模拟信号是指在时间上和幅值上都是连续变化的符号,如语音、温度、压力等一类物理量的信号。用于传递和处理模拟信号的电子电路,称为模拟电路。所谓数字信号是指在时间上和幅值上都是断续变化的离散信号。用于传递和处理数字信号的电子电路,称为数字电路。

(2) 数字电路主要优点

① 数字电路结构简单,有利于集成及系列化生产,成本较低,使用方便。

② 数字电路的信号是用1和0表示信号的有和无,因此其抗干扰能力较强,从而提高了电路的工作可靠性。

③ 数字电路的分析方法是研究各种数字电路输出与输入之间的逻辑关系,表达数字电路逻辑功能的方式主要是真值表、逻辑表达式、逻辑图和波形图。

2. 二进制数

各种数字设备只能处理二进制数或用二进制代码表示的内容,而人们所熟悉的十进制数不能被数字设备直接接受和处理,因此,只有把十进制数或其他信息首先转换成二进制数或二进制代码的形式才能被数字系统处理。此外,经数字设备运算、处理的结果仍为二进制数形式,它所代表的意思仍然不易被人们所理解,为了更好地实现人机对话,首先应当掌握各种数制的特点以及相互之间的转换规律,即研究数字电路中使用的真值表、函数表达式这些基本工具。

(1) 进位计数制

除了日常生活中使用的逢十进一的十进制外,还有许多其他的进位制,例如,计算机中使用的是逢二进一的二进制。

① 进位计数制的特点

规定使用的数码符号的个数叫该进位计数制的进位基数。例如十进制数,每个数位规定使用的数码符号为:0, 1, 2, 3, 4, 5, 6, 7, 8, 9,共10个符号,因而其进位基数10,该数位计满10就向其高位进1,即"逢10进一"。例如,十进制为逢十进一、二进制为逢二进一等等。

② 进位计数制的展开式

十进制。十进制数用下标"10"或"D"来表示,它的每个数位可有10个数码符号,即0, 1, 2, 3, 4, 5, 6, 7, 8, 9,进位基数0,其计数规则为"逢十进一",例如:

$$(368)_{10}=3\times10^2+6\times10^1+8\times10^0$$

二进制。二进制数用下标"2"或"B"来表示,它的每个数位只有2个数码符号,即0,1,进位基数2,其计数规则为"逢二进一",例如:

$$(1\,011)_2=1\times2^3+0\times2^2+1\times2^1+1\times2^0$$

(2) 二进制的运算

二进制数,每个数位规定使用的数码符号为:0, 1,共2个符号,因而其进位基数2,该数位计满2就向其高位进1,即"逢2进一"。

二进制数运算规则如下:

加法运算:$0+0=0$　$0+1=1$　$1+0=1$　$1+1=10$

减法运算:$0-0=0$　$1-0=1$　$1-1=0$　$10-1=1$

【例2-5-1】 计算$(11+1)_2$。

【解】 $(11+1)_2=(100)_2$

【例 2-5-2】 计算$(110-1)_2$。

【解】 $(110-1)_2=(101)_2$

(3) 数制转换

① 二进制数转换为十进制数

其方法为：按权展开相加法。具体步骤是先按权展开成多项式，然后按十进制计算规则求其和。

【例 2-5-3】 $(10\,101)_2=(?\ )_{10}$

【解】 $(10\,101)_2=1\times2^4+0\times2^3+1\times2^2+0\times2^1+1\times2^0$

$=(21)_{10}$

② 十进制数转换为二进制数

十进制转换成二进制数，对于整数部分，采取除 2 取余法。

【例 2-5-4】 $(43)_{10}=(?\ )_2$

【解】 用除 2 取余法得：

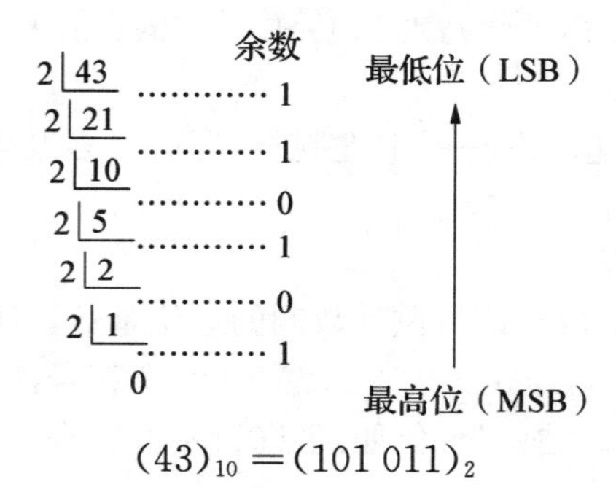

所以 $(43)_{10}=(101\,011)_2$

3. 逻辑代数

(1) 基本公式

逻辑代数是通过它特有的基本公式(或称基本定律)来实现各种逻辑函数化简的，它的常用基本公式如表 2-5-1 所示。

表 2-5-1 逻辑代数常用的基本公式

公式名称	公式	
0—1 律	$A\cdot0=0$	$A+1=1$
自等律 等幂律	$A\cdot1=A$ $A\cdot A=A$	$A+0=A$ $A+A=A$
互补律	$A\cdot\bar{A}=0$	$A+\bar{A}=1$
吸收率	$A(\bar{A}+B)=AB$	$A+\bar{A}B=A+B$
求反律	$\overline{AB}=\bar{A}+\bar{B}$	$\overline{A+B}=\bar{A}\cdot\bar{B}$
否否律	$\bar{\bar{A}}=A$	

由表 2－5－1 可以看出，每个定律几乎都是成对出现的，证明这些定律的基本方法是用真值表法，前 3 个公式比较直观，我们就不证明了，对其余定律按其重要性仅证明以下几个。

① 求反律(摩根定律)

求反律也叫摩根定律，这是逻辑代数中最重要的定律，它的正确性可用真值表 2－5－2 证明。

表 2－5－2　摩根定律的真值表

A	B	$\overline{A+B}$	$\bar{A}\cdot\bar{B}$
0	0	1	1
0	1	0	0
1	0	0	0
1	1	0	0

由表 2－5－2 中看出，在自变量 A、B 各种可能的取值情况下，对应的$\overline{AB}$与 $\bar{A}+\bar{B}$ 的取值都相等，对应的$\overline{A+B}$与 $\bar{A}\cdot\bar{B}$ 的取值也都相等，这就证明了摩根定律的正确性，即 $\overline{AB}=\bar{A}+\bar{B}$，$\overline{A+B}=\bar{A}\cdot\bar{B}$

② 吸收律

$A+\bar{A}B=A+B$

它的正确性可用真值表 2－5－3 证明。

表 2－5－3　吸收律证明的真值表

A	B	$A+\bar{A}B$	$A+B$
0	0	0	0
0	1	1	1
1	0	1	1
1	1	1	1

(2) 逻辑函数的公式化简法

【例 2－5－5】 化简函数 $F=AB+CD+A\bar{B}+\bar{C}D$。

【解】 $F=(AB+A\bar{B})+(CD+\bar{C}D)$　　(分组)

$=A(B+\bar{B})+D(C+\bar{C})$　　(提取公因式)

$=A\cdot 1+D\cdot 1$　　$(A+\bar{A}=1)$

$=A+D$

5.2　基本逻辑门电路

在数字电路中，门电路就是实现输入信号与输出信号之间逻辑关系的电路。最基本的逻辑关系只有与、或、非三种，其他任何复杂的逻辑关系都可以用这三种逻辑关系来表示。所以，最基本的逻辑门是与门、或门和非门。

1. 与门电路

实现与逻辑关系的电路称为与门。由二极管构成的与门电路及其符号如图 2－5－1 所示。图中 A、B 为输入信号，Y 为输出信号。输入信号为 1 或 0。

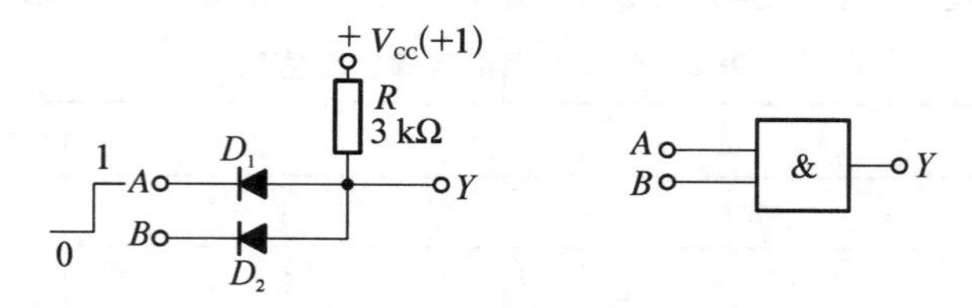

图 2－5－1　与门电路及其符号

表 2－5－4　与门电路真值表

输入		输出
A	B	Y
0	0	0
0	1	0
1	0	0
1	1	1

由表 2－5－4 可知，Y 与 A、B 之间的关系是：只有当 A、B 都是 1 时，Y 才为 1；否则 Y 为 0。满足与逻辑关系，可用逻辑表达式表示为：$Y=A\cdot B$。

与门逻辑功能：有 0 出 0，全 1 出 1。

2. 或门电路

实现或逻辑关系的电路称为或门。由二极管构成的或门电路及其符号如图 2－5－2 所示。A、B 为输入信号，Y 为输出信号。输入信号为 1 或 0。

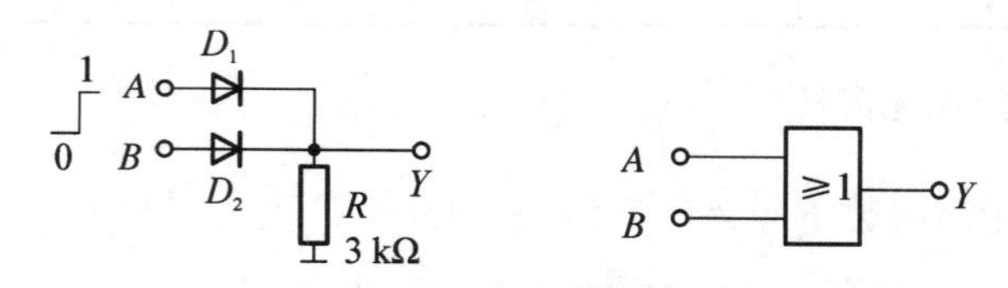

图 2－5－2　或门电路及其符号

表 2－5－5　或门的逻辑真值表

输入		输出
A	B	Y
0	0	0
0	1	1
1	0	1
1	1	1

由表 2-5-5 可知，Y 与 A、B 之间的关系是：A、B 中只要有一个或一个以上是 1 时，Y 就为 1；只有当 A、B 全为 0 时，Y 才为 0。即满足或逻辑关系，可用逻辑表达式表示为：

$$Y=A+B$$

或门逻辑功能为：有 1 出 1，全 0 出 0。

3. 非门电路

三极管非门电路及其逻辑符号如图 2-5-3 所示，真值表如表 2-5-6 所示。

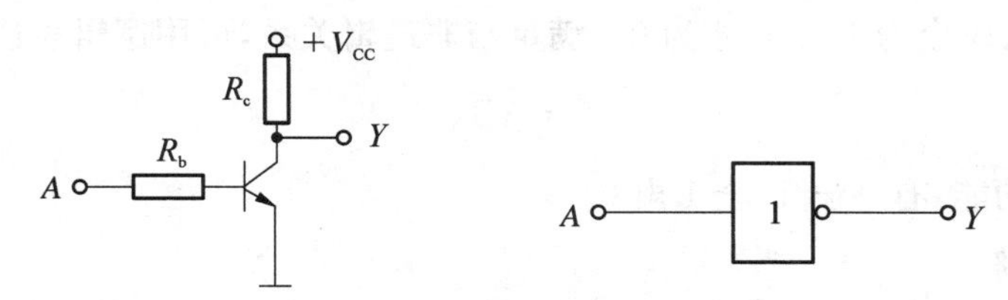

图 2-5-3　非门电路和逻辑符号

表 2-5-6　非门逻辑真值表

输入	输出
A	Y
0	1
1	0

由表 2-5-6 可知，Y 与 A 之间的关系是：$A=0$ 时，$Y=1$；$A=1$ 时，$Y=0$。满足非逻辑关系，可用逻辑表达式表示为：$Y=\overline{A}$。

5.3　复合逻辑门电路

将二极管与门、或门和三极管非门连接起来，构成二极管、三极管复合逻辑门电路。这种复合逻辑门电路简称为复合门电路。

1. 与非门电路

图 2-5-4 为与非门的电路和逻辑符号。电路由两部分组成，虚线左边是二极管与门，右边是三极管非门。因此，输入和输出之间是与非关系，其真值表如表 2-5-7 所示。

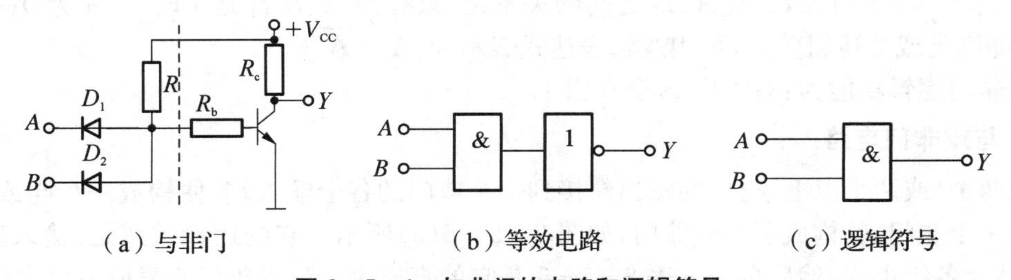

（a）与非门　　（b）等效电路　　（c）逻辑符号

图 2-5-4　与非门的电路和逻辑符号

表 2-5-7 双输入与非门的真值表

A	B	Y
0	0	1
0	1	1
1	0	1
1	1	0

由表 2-5-7 可知，Y 与 A、B 之间的关系是：A、B 中只要有一个或一个以上是 0 时，Y 就为 1；只有当 A、B 全为 1 时 Y 才为 0。满足与非逻辑关系，可用逻辑表达式表示为：

$$Y=\overline{AB}。$$

与非门逻辑功能：有 0 出 1，全 1 出 0。

2. 或非门电路

图 2-5-5 为或非门的电路和逻辑符号。电路由两部分组成，虚线左边是二极管或门，右边是三极管非门。因此，输入和输出之间是或非关系，其真值表如表 2-5-8 所示。

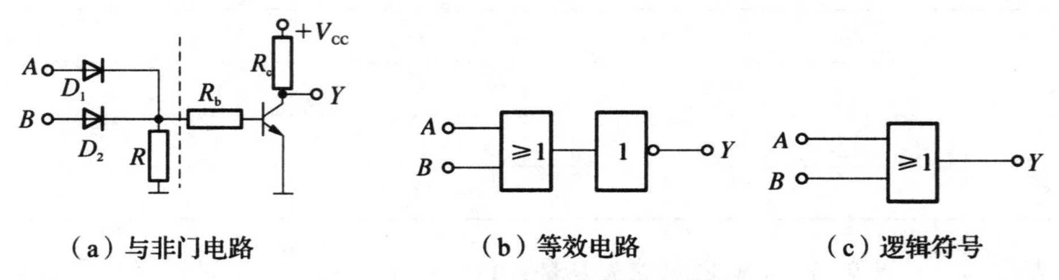

（a）与非门电路　（b）等效电路　（c）逻辑符号

图 2-5-5 或非门的电路和逻辑符号

2-5-8 或非门的真值表

A	B	Y
0	0	1
0	1	0
1	0	0
1	1	0

由表 2-5-8 可知，Y 与 A、B 之间的关系是：只有当 A、B 都是 1 时，Y 才为 0；否则 Y 为 0。即满足或非逻辑关系，可用逻辑表达式表示为：$Y=\overline{A+B}$。

或非门逻辑功能为：有 1 出 0，全 0 出 1。

3. 与或非门电路

把两个（或两个以上）与门的输出端接到一个或门的各个输入端，便构成一个与或门；其后再接一个非门，就构成了与或非门，如图 2-5-6(a)所示。它的逻辑关系是：输入端分组先与，然后各组再或，然后再非。表 2-5-9 是它的真值表。与或非门的逻辑函数式应为：

$$Y=\overline{AB+CD}$$

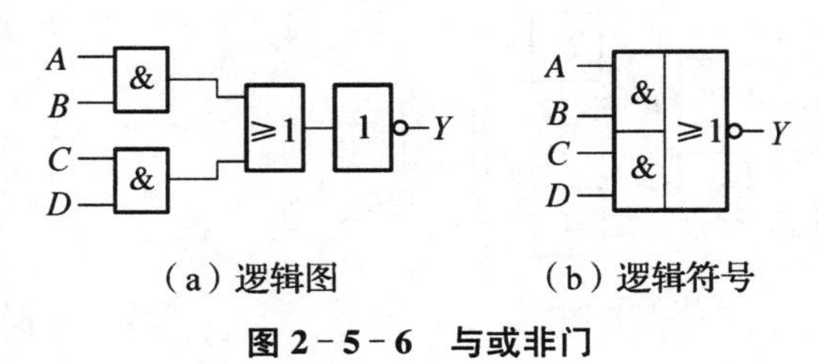

（a）逻辑图　　（b）逻辑符号

图 2-5-6　与或非门

表 2-5-9　与或非门真值表

A	B	C	D	Y
0	0	0	0	1
0	0	0	1	1
0	0	1	0	1
0	0	1	1	0
0	1	0	0	1
0	1	0	1	1
0	1	1	0	1
0	1	1	1	0
1	0	0	0	1
1	0	0	1	1
1	0	1	0	1
1	0	1	1	0
1	1	0	0	0
1	1	0	1	0
1	1	1	0	0
1	1	1	1	0

从逻辑函数式和真值表都可看出，与或非门的逻辑功能是：当输入端中任何一组全为 1 时，输出即为 0；只有各组输入都至少有一个为 0 时，输出才能为 1。

4. 异或门电路

图 2-5-7(a)所示为异或门逻辑图，图 2-5-7(b)所示为它的逻辑符号。表 2-5-10 是它的真值表。其逻辑函数式是为：

$$Y=\bar{A}B+A\bar{B}$$

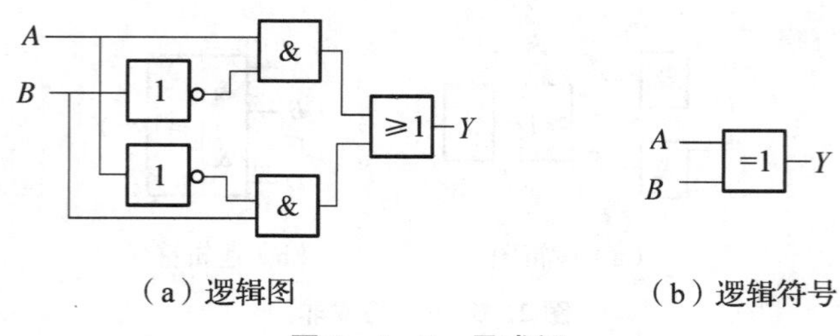

（a）逻辑图　　（b）逻辑符号

图 2-5-7　异或门

表 2-5-10　异或门真值表

A	B	Y
0	0	0
0	1	1
1	0	1
1	1	0

从逻辑函数式及真值表可看出，异或门的逻辑功能是：当两个输入端的状态相同(都为 0 或都为 1)时输出为 0；反之，当两个输入端状态不同(一个为 0，另一个为 1)时，输出端为 1。

异或门是判断两个输入信号是否不同的门电路，是一种常用的门电路，通常还把它的逻辑函数式写成：

$$Y=A\oplus B$$

由于该电路输出为 1 时，必须是输入端异号相加结果，故取名异或门。

5.4　集成门电路简介

分立元件构成的门电路应用时有许多缺点，如体积大、可靠性差等，一般在电子电路中作为补充电路时用到，在数字电路中主广泛采用的是集成门电路。

集成门电路目前主要有两个大类，一类采用三极管构成的，如 TTL 集成电路(双极型三极管)。另一类是由 MOS 管构成的，通常有 NMOS 集成电路、PMOS 集成电路以及两者混合构成的 CMOS 集成电路。

TTL 门电路有不同系列的产品，各系列产品的参数不同，其中 74LS 系列的产品综合性较好，应用广泛。下面介绍几种不同类型的 TTL 门电路。

1. 集成与非门电路(74LS00)

集成与非门 74LS00 是一种二输入端与非门，其内部有四个二输入端的与非门，其电路图和引脚图如图 2-5-8(a)(b)所示。

当与非门的二个输入端 A、B 中有一个或一个以上为低电平 0，其输出 Y 为高电平 1；当二个输入端 A、B 全为高电平 1，输出端 Y 为低电平 0，即

$$Y=\overline{AB}$$

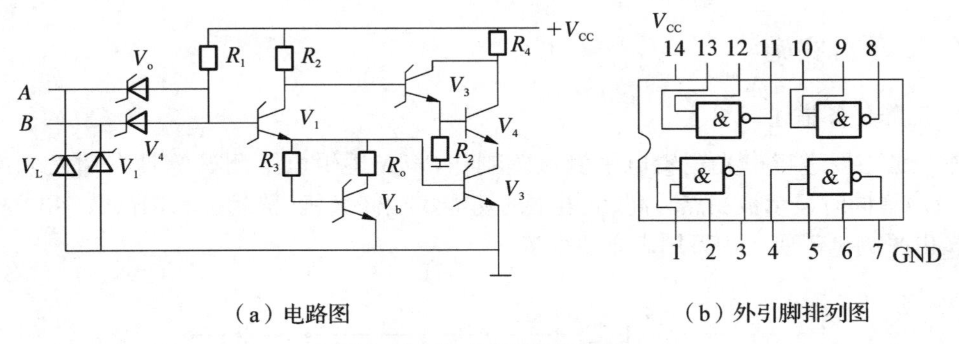

（a）电路图　　　　（b）外引脚排列图

图 2-5-8　74LS00 与非门

2. 集成或非门(74LS36)

集成或非门 74LS36 是一种二输入端或非门，内部有四个独立的或非门，其引脚和逻辑符号如图 2-5-9(a)(b)所示。内部电路结构及工作原理跟与非门类似。

当或非门的二个输入端 A、B 中有一个或一个以上为高电平 1，其输出 Y 为低电平 0；当二个输入端 A、B 全为低电平 0，输出端 Y 为高电平 1，即

$$Y=\overline{A+B}$$

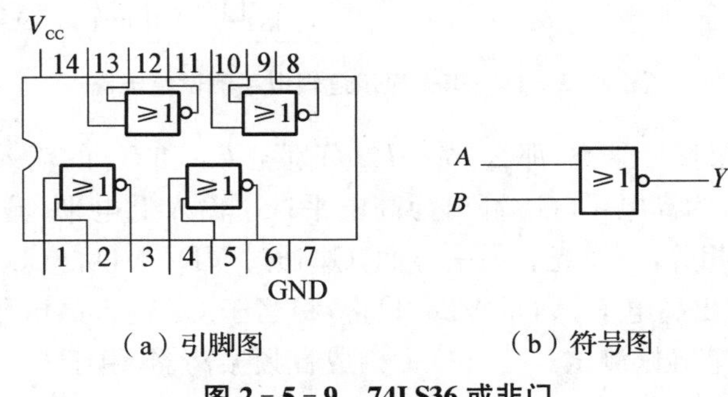

（a）引脚图　　　　（b）符号图

图 2-5-9　74LS36 或非门

3. 集成异或门(74LS86)

74LS86 是常用的一种二输入端四异或逻辑门。其内部电路的逻辑图及逻辑符号如图 2-5-10 所示。

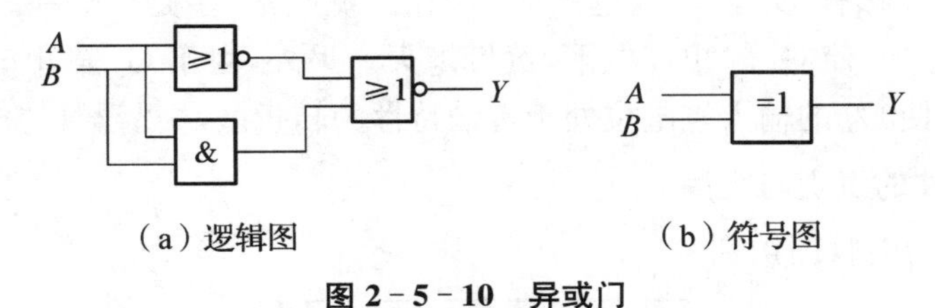

（a）逻辑图　　　　（b）符号图

图 2-5-10　异或门

由图 2-5-11 可得

$$Y=\overline{AB+\overline{A+B}}=\overline{AB}\cdot(A+B)$$

$$=(\bar{A}+\bar{B})(A+B)=A\bar{B}+\bar{A}B=A\oplus B$$

(二) 项目实施

1. 工作任务描述

本任务主要进行声光逻辑电平测试笔制作,声光逻辑电平测试笔具有用发光二极管LED及声音同时显示被测点为高、低电平的功能。检修微机、游戏机和调试数字电路时,使用逻辑电平测试笔要比用万用表方便得多。

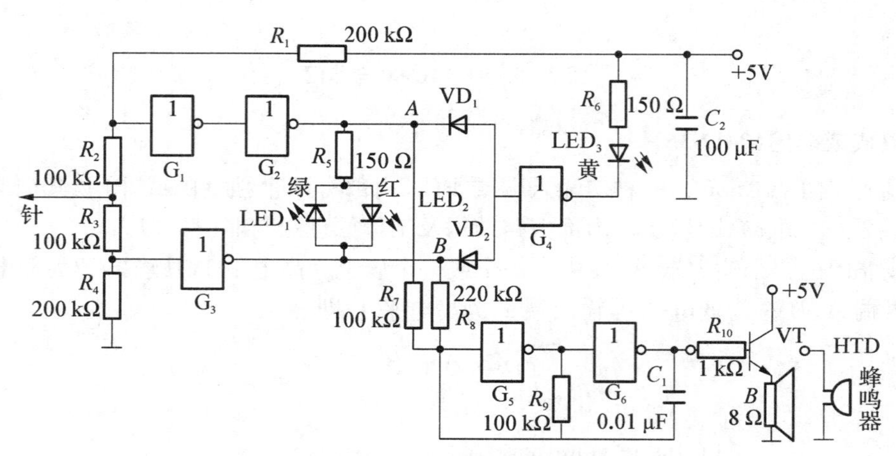

图 2-5-11 声光显示逻辑电平测试笔电路

接通电源后,如果探针悬空,那么 $R_1 \sim R_4$ 分别把 C_1 和 C_3 的输入端分压为 $2/3V_{DD}$ 和 $1/3V_{DD}$,这样,G_1 输入为高电平,G_2 输出为高电平;G_3 输入低电平,输出为高电平。于是,红、绿 LED 两端电位相等,不发光。另一方面,G_4 通过 VD_1、VD_2 与 G_2、G_3 的输出端相连,由于此时 G_2 和 G_3 输出高电平,VD_1、VD_2 截止,相当于 G_4 输入高电平,输出则为低电平,黄 LED 亮,表示逻辑笔等候测试。G_5 和 G_6 构成音频振荡器,由于 G_5 的输入端通过 R_7 和 R_8 分别接至 G_2 和 G_3 的输出端(皆为高电平),G_5 的输入也为高电平,振荡器停振,G_6 输出低电平,扬声器不发声。

如探针接入点存在脉冲信号,脉冲频率较低时,红绿灯交替发光,发声的音调也交替变化。而脉冲频率较高时,红绿灯几乎同时发光,人眼难以分辨。当探针检测电路接高电平,则 G_1、G_3 都输入高电平,G_2 输出高电平而 G_3 输出低电平,于是红灯亮。同时,VD_2 把 G_4 的输入下拉为低电平,使 G_4 输出高电平,黄灯熄灭。另外,由于 G_3 输出变成低电平,R_8 上端电位由高变低,使 G_5 的输入端电位处于传输特性的转折区,振荡器起振,扬声器发声。

2. 各种元器件的识别与检测

(1) CC4069 的引脚图识别。

图 2-5-12 CC4069 的引脚图

(2) 电阻器、电容器、发光二极管、普通二极管的检测。

(3) 电动式扬声器的检测。

3. 装配与整机调试(分组讨论调试方案,故障排除方法)

(1) 将电阻、稳压二极管和晶体管正确成形,注意元器件成形时尺寸须符合电路通用板插孔间距要求。

在电路通用板上按测试电路图正确插装成形好的元器件,并用导线把它们连好。注意发光二极管的正负极,晶体管的E、B、C电极。

(2) 运用仪器仪表对电路进行调试,测量相关参数。

① 先组装音频振荡器(包括电阻R7和R8),比较A、B两端悬空,分别接高、低电平和低、高电平三种情况的波形(用示波器)和音调。

② 组装检测和显示部分的电路。

③ 用一段导线代替探针,分别接高、低电平和悬空,观察和记录相应的指示灯状态及发声器音调。

④ 用信号发生器发出1 Hz、100 Hz和1 kHz的方波,用探针测试,观察和记录声光显示结果。

评价反馈

1. 任务单

任务单如表2-5-11所示。

表2-5-11　任务单

任务名称	声光显示逻辑电平测试笔的制作	学　　时		班　　级	
学生姓名		学生学号		任务成绩	
实训器材与仪表		实训场地		日　　期	
客户任务	① 识读简单电平指示电路图。 ② 识别、检测元器件。 ③ 将电阻、发光二极管、普通二极管、电容和晶体管正确成形、注意元器件成型时的尺寸须符合电路板插孔的间距要求。 ④ 在电路板上按测试电路图正确插装成形好的元器件,并用导线把它们连好。注意发光二极管的正、负极和晶体管的E、B、C电极。 ⑤ 运用仪器仪表对电路进行调试,测量相关参数。				
任务目的	① 掌握电平的概念以及电压与电平的关系。 ② 掌握逻辑问题的分析工具和方法;掌握电路的工作原理以及故障的判断方法。 ③ 训练学生的工程意识和良好的劳动纪律观念;培养学生认真做事、用心做事的态度;工作积极主动、精益求精;能虚心请教与热心帮助同学,能主动、大方、准确表达自己的观点与意愿;遵守安全操作规程。				

续 表

(一) 资讯问题
① 模拟信号和数字信号的差异,不同数制之间的转换。 ② 基本逻辑门电路、复合逻辑门电路、集成逻辑门电路的原理。 ③ TTL 门电路和 CMOS 电路的使用。
(二) 决策与计划
(三) 实施
(四) 检查(评价)

2. 考核标准

考核标准如表 2-5-12 所示。

表 2-5-12　考核标准

序号	工作过程	主要内容	评分标准	配分	学生(自评)		教师	
					扣分	得分	扣分	得分
1	资讯(10 分)	任务相关知识查找	查找相关知识学习,该任务知识能力掌握度达到 60%,扣 5 分	10				
			查找相关知识学习,该任务知识能力掌握度达到 80%,扣 2 分					
			查找相关知识学习,该任务知识能力掌握度达到 90%,扣 1 分					
2	决策、计划(10 分)	确定方案、编写计划	制定整体设计方案,在实施过程中修改一次,扣 2 分	10				
			制定实施方法,在实施过程中修改一次,扣 2 分					

续　表

序号	工作过程	主要内容	评分标准	配分	学生(自评)		教师	
					扣分	得分	扣分	得分
3	实施 (10分)	记录实施过程步骤	实施过程中,步骤记录不完整度达到10%,扣2分	10				
			实施过程中,步骤记录不完整度达到20%,扣3分					
			实施过程中,步骤记录不完整度达到40%,扣5分					
4	检查、评价 (60分)	小组讨论	完成情况和效率	4				
		整理资料	规则和标准的整理	4				
			其他资料的整理	4				
		常用元器件的识别、检测	CC4059 的正确使用	4				
			发光二极管的正确使用	5				
			集成电路的使用	5				
		电路分析、参数计算	电路的分析、参数计算	5				
		任务总结报告的撰写	新建议的提出、论证	5				
			工艺文件的撰写	5				
		电路装配与调试	布局合理、美观、性能好	7				
			焊接质量,焊点规范程度、一致性	7				
			使用万用表分析测试数据情况	5				
5	职业规范团队合作 (10分)	安全生产	安全文明操作规程	3				
		组织协调	团队协调与合作	3				
		交流与表达能力	用专业语言正确流利地简述任务成果	4				
合计				100				

项目六　八路抢答器的制作与调试

1. 能力目标

(1) 能根据任务单的要求,正确识别与分类选取元器件,灵活使用常用的仪器仪表,能按照装配工艺要求用面包板安装并调试电路。

(2) 能根据任务单的要求编写计划与决策。

(3) 认真记录计划实施的步骤与数据。

(4) 会根据所测的结果分析任务并检查,自评自己所做的成果,并用图片的形式呈现制作的成果。

2. 知识目标

(1) 掌握编码和译码的知识,数字集成芯片的应用。

(2) 掌握集成芯片的识别与测试方法进而掌握数字电路的设计分析和排障方法。

(3) 熟悉组合逻辑电路逻辑功能的方法。

(4) 加深理解常用的数码显示器。熟悉共阴极七段 LED 数码管的引脚和功能。

3. 技能目标

(1) 优先编码器 74LS148 的识别。

(2) 根据电路进行组装,调试,完成八路抢答器。

(3) 半导体数码管(LED)和译码/驱动器七段显示译码器 74LS48 的识别。

(4) 通过对八路抢答器的制作,进一步掌握电子电路的装配技巧及调试方法。

实践操作

(一) 相关知识

6.1　组合逻辑电路

1. 组合逻辑电路的特点及表示方法

在数字系统中，根据逻辑功能及电路结构的不同，数字电路可分为组合逻辑电路和时序逻辑电路。若数字电路的任一时刻的稳态输出信号，仅取决于该时刻的输入信号，而与输入信号之前的工作状态无关，则该电路称为组合逻辑电路。

组合逻辑电路在结构上是由各种逻辑门电路组成的，且电路中不含有记忆功能的逻辑单元电路。描述组合逻辑电路逻辑功能的方法主要有逻辑函数表达式、真值表和逻辑图。

【例 2-6-1】 如图 2-6-1 所示逻辑电路，根据电路写逻辑函数表达式，并列出真值表。

【解】 (1) 根据电路写输出逻辑函数表达式

$$Y_1 = AB,\ Y_2 = AC,\ Y_3 = BC$$
$$Y = Y_1 + Y_2 + Y_3 = AB + AC + BC$$

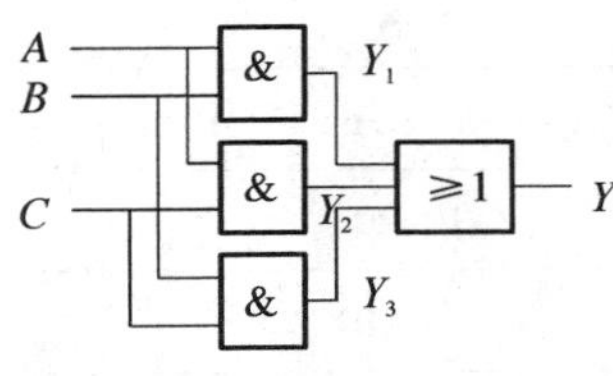

图 2-6-1　例 2-6-1 图

(2) 列出逻辑函数真值表。将输入端 A、B、C 各种取值组合代入式 $Y = AB + AC + BC$ 中得到相应 Y 的值。由此可得表 2-6-1 真值表。

表 2-6-1　例 2-6-1 的真值表

A	B	C	Y
0	0	0	0
0	0	1	0
0	1	0	0
0	1	1	1
1	0	0	0
1	0	1	1
1	1	0	1
1	1	1	1

2. 组合逻辑电路的设计方法

(1) 一般设计方法

① 列真值表

根据设计要求，确定输入和输出信号及它们之间的因果关系并画出示意图；状态赋值，根据设计要求写出真值表。注意:输入信号最好以二进制数递增的顺序进行排列。

② 根据真值表写函数表达式

将真值表中输出为 1 所对应的各个乘积项进行逻辑相加,可得到输出逻辑函数表达式。

③ 对输出函数进行化简

用公式法化简输出函数。

④ 画逻辑图

根据需要将最简输出逻辑函数表达式进行变换,然后画出逻辑图。

(2) 设计举例

【例 2-6-2】 试用与非门设计一个 A、B、C 三人表决电路。当表决某个提案时,多数人同意,提案通过,否则不能通过。

【解】 分析设计要求,列真值表。通过分析可知输入变量为 A、B、C,设输出变量为 Y,对逻辑变量赋值,A、B、C 同意用 1 表示,否则用 0 表示;Y 为表决结果,Y 为 1 表示提案通过,否则用 0 表示。根据分析结果,列真值表,如表 2-6-2 所示。

表 2-6-2 例 2-6-2 真值表

输入	输出		
A	B	C	Y
0	0	0	0
0	0	1	0
0	1	0	0
0	1	1	1
1	0	0	0
1	0	1	1
1	1	0	1
1	1	1	1

根据真值表写出相应的逻辑表达式,并进行化简和变换。

$$
\begin{aligned}
Y &= \bar{A}BC + A\bar{B}C + AB\bar{C} + ABC \\
&= \bar{A}BC + A\bar{B}C + AB(C + \bar{C}) \\
&= \bar{A}BC + A\bar{B}C + AB \\
&= \bar{A}BC + A(B + C) \\
&= \bar{A}BC + AB + AC \\
&= B(A + C) + AC \\
&= AB + BC + AC
\end{aligned}
$$

进行公式变换，得

$$Y=\overline{\overline{AB+BC+AC}}$$
$$=\overline{\overline{AB}\cdot\overline{BC}\cdot\overline{AC}}$$

根据变换后的逻辑表达式，画逻辑图如图 2-6-2 所示。

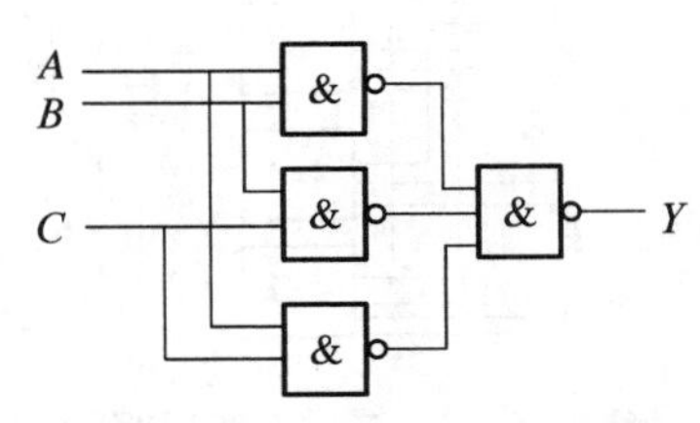

图 2-6-2　例 2-6-2 逻辑图

6.2　编码器

将具有特定意义的对象用文字、符号或数字表示的过程，称为编码。例如生活中经常用的邮政编码、电话号码、运动员号码等都是编码。上述这些均用十进制数编码，十进制数编码在电路中使用比较困难，因此，在数字电路中是用二进制数编码。实现编码功能的电路，称为编码器。编码器是一种多输入、多输出的组合逻辑电路，其输入是被编信号，输出是二进制代码。

编码器可分为二进制编码器、二—十进制编码器和优先编码器等。

(1) 二进制编码器

一位二进制代码可表示 2 个信号，两位二进制代码可表示 4 个信号，依次类推，n 位二进制代码可表示 2^n 个信号。即用 n 位二进制代码对 2^n 个信号进行编码的电路，称为二进制编码器。

① 已知表 2-6-3 是二进制编码的真值表，输入是 8 个需要进行编码的信号 $I_0\sim I_7$，输出是二进制代码 $Y_0\sim Y_2$。

表 2-6-3　二进制编码器的真值表

输入	输出		
	Y_2	Y_1	Y_0
I_0	0	0	0
I_1	0	0	1
I_2	0	1	0
I_3	0	1	1
I_4	1	0	0
I_5	1	0	1
I_6	1	1	0
I_7	1	1	1

② 根据真值表写逻辑表达式

$I_0\sim I_7$之间是互相排斥的，将函数值为 1 的信号加起来，便得到相应输出信号的与或表达式。

$$Y_2=I_4+I_5+I_6+I_7$$
$$Y_1=I_2+I_3+I_6+I_7$$
$$Y_0=I_1+I_3+I_5+I_7$$

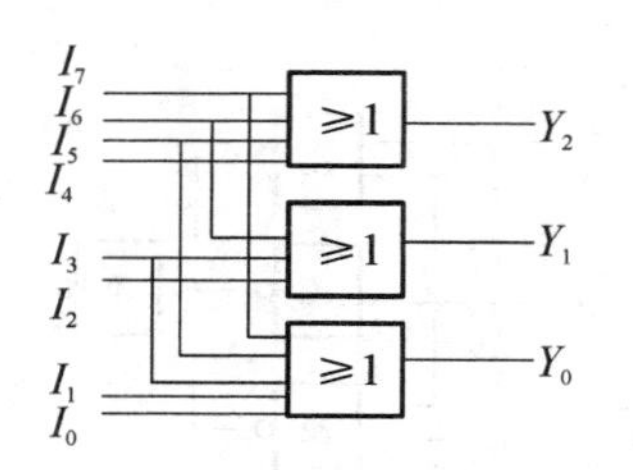

图 2-6-3　二进制编码逻辑图

③ 逻辑图

根据表达式可画如图 2-6-3 所示的逻辑图。图中 I_0 的编码是隐含的，当输入端 $Y_2Y_1Y_0=000$ 时，即为 I_0 信号。

(2) 二—十进制编码器

将十进制的数 0～9 编成二进制代码的电路，称为二—十进制编码器，其工作原理与二进制编码器类似，因此，不再详细介绍。

(3) 优先编码器

前面介绍的二进制编码器，输入信号之间是互相排斥的，而优先编码器则不一样，允许输入信号同时输入，但是电路只对其中级别最高的进行编码，不理睬级别低的信号。这样的编码器称为优先编码器。图 2-6-4 所示为集成优先编码器 CT74LS147。

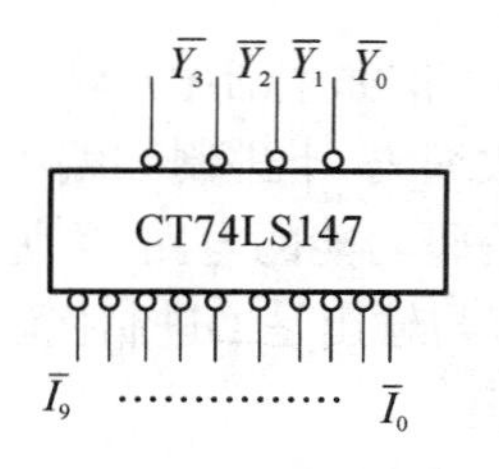

图 2-6-4　74LS147 的逻辑示意图

① 优先编码器 CT74LS147 外引脚排列图如图 2-6-4 所示。

② 优先编码器 CT74LS147 真值表，如表 2-6-4 所示。

表 2-6-4　优先编码器 CT74LS147 的真值表

输入										输出			
$\overline{I}_9$	$\overline{I}_8$	$\overline{I}_7$	$\overline{I}_6$	$\overline{I}_5$	$\overline{I}_4$	$\overline{I}_3$	$\overline{I}_2$	$\overline{I}_1$	$\overline{I}_0$	$\overline{Y}_3$	$\overline{Y}_2$	$\overline{Y}_1$	$\overline{Y}_0$
0	X	X	X	X	X	X	X	X	X	0	1	1	0
1	0	X	X	X	X	X	X	X	X	0	1	1	1
1	1	0	X	X	X	X	X	X	X	1	0	0	0
1	1	1	0	X	X	X	X	X	X	1	0	0	1
1	1	1	1	0	X	X	X	X	X	1	0	1	0
1	1	1	1	1	0	X	X	X	X	1	0	1	1
1	1	1	1	1	1	0	X	X	X	1	1	0	0
1	1	1	1	1	1	1	0	X	X	1	1	0	1
1	1	1	1	1	1	1	1	0	X	1	1	1	0
1	1	1	1	1	1	1	1	1	0	1	1	1	1

表 2-6-4 所示优先编码器 CT74LS147 的真值表，$\overline{I}_9$～$\overline{I}_0$ 为编码输入端，输入低电平有效，$\overline{I}_9$ 设为级别最高，$\overline{I}_8$ 次之，其余依次类推，$\overline{I}_0$ 级别最低。$\overline{Y}_3$～$\overline{Y}_0$ 为输出端，输出为 8421BCD 码的反码。

6.3　译码器

译码和编码 的过程正好相反。编码是将特定意义的对象编程二进制代码，译码是将二进制的代码按其编码时的原意相对应的翻译出来。实现译码功能的电路称为译码器。译码器输入为二进制的代码，输出是与输入代码相对应的特定信息。

译码在数字电路和微型计算机中，应用非常广泛。按其用途大致可分为二进制译码器、二—十进制译码器和显示译码器。

（1）二进制译码器

将二进制代码，按其原意翻译成对应输出信号的电路，称为二进制译码器。

若输入是 2 位二进制代码，译码器输出为 4 根线，又称 2 线—4 线译码器；输入是 3 位二进制代码，译码器输出为 8 根线，又称 3 线—8 线译码器；输入是 n 位二进制代码，译码器输出为 2^n 根线。

① 集成 3 线—8 线译码器 74LS138

集成 3 线－8 线译码器 74LS138，其外引脚排列图如图 2－6－5 所示。

② 译码器 74LS138 的真值表

译码器 74LS138 的真值表，如表 2－6－5 所示。

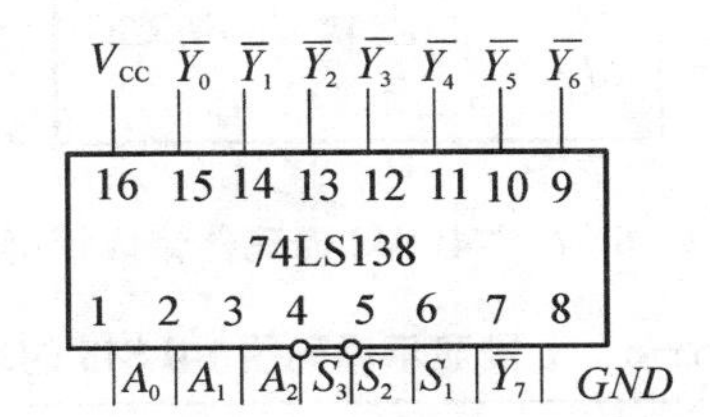

图 2－6－5　译码器 74LS138 外引线排列图

表 2－6－5　集成译码器 74LS138

输入					输出							
S_1	$\overline{S}_2+\overline{S}_3$	A_2	A_1	A_0	$\overline{Y}_7$	$\overline{Y}_6$	$\overline{Y}_5$	$\overline{Y}_4$	$\overline{Y}_3$	$\overline{Y}_2$	$\overline{Y}_1$	$\overline{Y}_0$
0	X	X	X	X	1	1	1	1	1	1	1	1
X	1	X	X	X	1	1	1	1	1	1	1	1
1	0	0	0	0	1	1	1	1	1	1	1	0
1	0	0	0	1	1	1	1	1	1	1	0	1
1	0	0	1	0	1	1	1	1	1	0	1	1
1	0	0	1	1	1	1	1	1	0	1	1	1
1	0	1	0	0	1	1	1	0	1	1	1	1
1	0	1	0	1	1	1	0	1	1	1	1	1
1	0	1	1	0	1	0	1	1	1	1	1	1
1	0	1	1	1	0	1	1	1	1	1	1	1

表 2－6－5 是它的真值表。S_1、$\overline{S}_2$ 和 $\overline{S}_3$ 是三个输入选通控制端，当 $S_1=0$ 或 $\overline{S}_2+\overline{S}_3=1$ 时，译码器不工作，译码器的输出 $\overline{Y}_0\sim\overline{Y}_7$ 全为无效信号 1；当 $S_1=1$、$\overline{S}_2+\overline{S}_3=0$ 时，译码器工作，即进行译码。

$$\overline{Y}_0=\overline{\overline{A}_2\overline{A}_1\overline{A}_0}=\overline{m}_0 \qquad \overline{Y}_4=\overline{A_2\overline{A}_1\overline{A}_0}=\overline{m}_4$$

$$\overline{Y}_1=\overline{\overline{A}_2\overline{A}_1A_0}=\overline{m}_1 \qquad \overline{Y}_5=\overline{A_2\overline{A}_1A_0}=\overline{m}_5$$

$$\overline{Y}_2=\overline{\overline{A}_2A_1\overline{A}_0}=\overline{m}_2 \qquad \overline{Y}_6=\overline{A_2A_1\overline{A}_0}=\overline{m}_6$$

$$\overline{Y}_3=\overline{\overline{A}_2A_1A_0}=\overline{m}_3 \qquad \overline{Y}_7=\overline{A_2A_1A_0}=\overline{m}_7$$

(2) 显示译码器

在数字系统中,如数字仪表、计算机等,常需要把测量的数据及运算的结果以十进制数的字型显示出来。因此,要将二-十进制代码送到译码器中进行译码,再用译码器的输出去驱动数码显示器。译码器和数码显示一般都集成在一块芯片内。

74LS48 是一个 BCD-七段译码 LED 驱动器,74LS48 是一种与共阴极数字显示器配合使用的集成译码器,如图 2-6-6 所示。

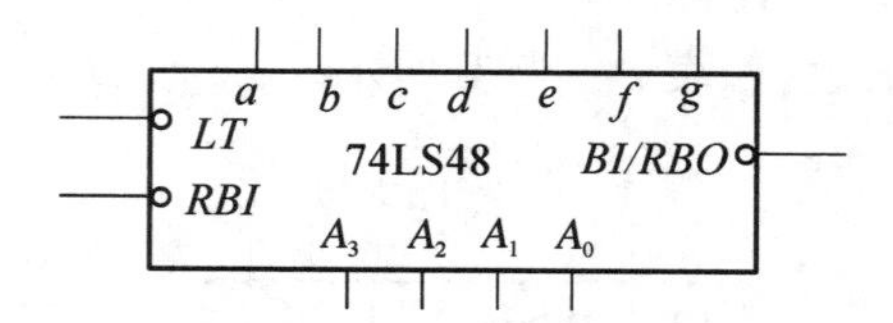

图 2-6-6 74LS48 译码器集成管脚图

表 2-6-6 七段显示译码器 74LS48 的功能表

功能(输入)	输入						输入/输出	输出							显示字形
	LT	RBI	A_3	A_2	A_1	A_0	BI/RBO	a	b	c	d	e	f	g	
0	1	1	0	0	0	0	1	1	1	1	1	1	1	0	
1	1	×	0	0	0	1	1	0	1	1	0	0	0	0	
2	1	×	0	0	1	0	1	1	1	0	1	1	0	1	
3	1	×	0	0	1	1	1	1	1	1	1	0	0	1	
4	1	×	0	1	0	0	1	0	1	1	0	0	1	1	
5	1	×	0	1	0	1	1	1	0	1	1	0	1	1	
6	1	×	0	1	1	0	1	0	0	1	1	1	1	1	
7	1	×	0	1	1	1	1	1	1	1	0	0	0	0	
8	1	×	1	0	0	0	1	1	1	1	1	1	1	1	
9	1	×	1	0	0	1	1	1	1	1	0	0	1	1	
10	1	×	1	0	1	0	1	0	0	0	1	1	0	1	
11	1	×	1	0	1	1	1	0	0	1	1	0	0	1	
12	1	×	1	1	0	0	1	0	1	0	0	0	1	1	
13	1	×	1	1	0	1	1	1	0	0	1	0	1	0	
14	1	×	1	1	1	0	1	0	0	0	1	1	1	1	
15	1	×	1	1	1	1	1	0	0	0	0	0	0	0	
灭灯	×	×	×	×	×	×	0	0	0	0	0	0	0	0	
灭零	1	0	0	0	0	0	0	0	0	0	0	0	0	0	
试灯	0	×	×	×	×	×	1	1	1	1	1	1	1	1	

74LS48 的逻辑功能：

① 正常译码显示。$LT=1$，$BI/RBO=1$ 时，对输入为十进制数 1～15 的二进制码(0001～1111)进行译码，产生对应的七段显示码。

② 灭零。当 $LT=1$，而输入为 0 的二进制码 0000 时，只有当 $RBI=1$ 时，才产生 0 的七段显示码，如果此时输入 $RBI=0$，则译码器的 $a\sim g$ 输出全 0，使显示器全灭，所以 RBI 称为灭零输入端。

③ 试灯。当 $LT=0$ 时，无论输入怎样，$a\sim g$ 输出全 1，数码管七段全亮。由此可以检测显示器七个发光段的好坏。LT 称为试灯输入端。

④ 特殊控制端 BI/RBO。BI/RBO 可以作输入端，也可以作输出端。

作输入使用时，如果 $BI=0$ 时，不管其他输入端为何值，$a\sim g$ 均输出 0，显示器全灭。因此 BI 称为灭灯输入端。

作输出端使用时，受控于 RBI。当 $RBI=0$，输入为 0 的二进制码 0000 时，$RBO=0$，用以指示该片正处于灭零状态。所以，RBO 又称为灭零输出端。

6.4　数码显示器

常用的数码显示器有：半导体显示器和液晶显示器。

(1) 半导体显示器

半导体显示器，又称 LED 显示器。它是当前用得最多的显示器之一。七段式 LED 显示器如图 2-6-7 所示。

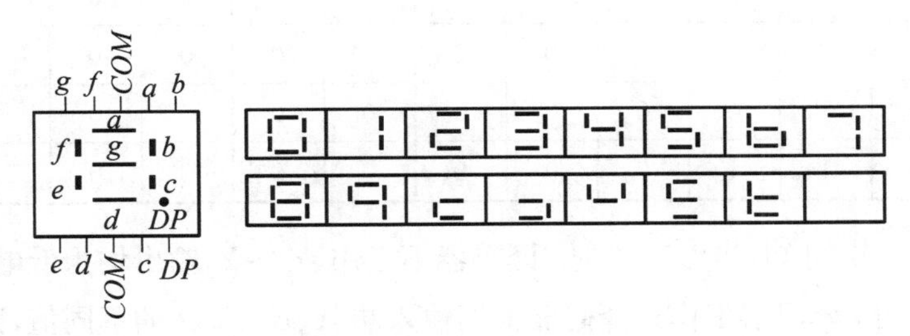

图 2-6-7　七段式 LED 显示器

LED 显示器有两种结构，如图 2-6-8 所示、图 2-6-9 所示。

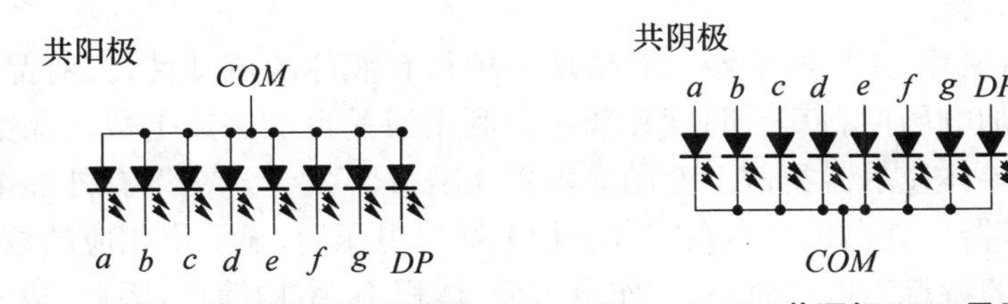

图 2-6-8　共阳极 LED 显示器　　**图 2-6-9　共阴极 LED 显示器**

七段显示译码器 CC14547 逻辑功能示意图如图 2-6-10 所示。A、B、C、D 为输入端，按 8421BCD 编码，$Y_a\sim Y_g$是输出端，高电平有效。$\overline{BI}$为消引控制端。其功能表如表 2-6-7 所示。

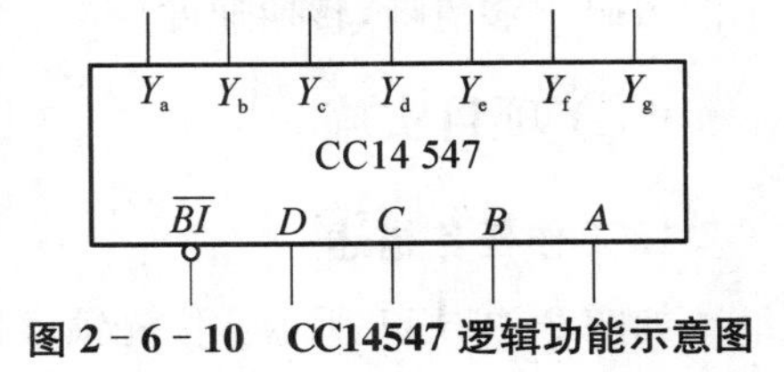

图 2-6-10　CC14547 逻辑功能示意图

表 2-6-7　七段显示译码器功能表

输入					输出							数字显示
$\overline{BI}$	D	C	B	A	Y_a	Y_b	Y_c	Y_d	Y_e	Y_f	Y_g	
0	×	×	×	×	0	0	0	0	0	0	0	消隐
1	0	0	0	0	1	1	1	1	1	1	1	0
1	0	0	0	1	0	1	1	0	0	0	0	1
1	0	0	1	0	1	1	0	1	1	0	1	2
1	0	0	1	1	1	1	1	1	0	0	1	3
1	0	1	0	0	0	1	1	0	0	1	1	4
1	0	1	0	1	1	0	1	1	0	1	1	5
1	0	1	1	0	0	0	1	1	1	1	1	6
1	0	1	1	1	1	1	1	0	0	0	0	7
1	1	0	0	0	1	1	1	1	1	1	1	8
1	1	0	0	1	1	1	1	0	0	1	1	9
1	1	0	1	0	0	0	0	0	0	0	0	消隐
1	1	0	1	1	0	0	0	0	0	0	0	消隐
1	1	1	0	0	0	0	0	0	0	0	0	消隐
1	1	1	0	1	0	0	0	0	0	0	0	消隐
1	1	1	1	0	0	0	0	0	0	0	0	消隐
1	1	1	1	1	0	0	0	0	0	0	0	消隐

根据表 2-6-7 可知，当 $\overline{BI}=0$ 时，译码器不工作，$Y_a \sim Y_g$输出均为低电平，显示器不显数字；当 $\overline{BI}=1$ 时，译码器工作。译码器根据输入端 A、B、C、D 的不同值，而得到相应的数字。如 $DCBA=1\,000$ 时，输出 $Y_a \sim Y_g$都为高电平，显示 8 字，CC14547 显示译码器可直接驱动半导体数码显示器及其他显示器。

(2) 液晶显示器

液晶显示器，又称 LCD 显示器。液晶是一种具有液体的流动性，又有晶体光学特性的有机化合物。外加电场控制其透明度和颜色。利用液晶也能制成七段液晶数码显示器，它的字形与七段半导体显示器类似。液晶显示器本身并不发光。在没有外加电场时，液晶呈现透明状态，显示器呈乳白色。当在字段上加上适当电压后，显示出相应的数字。

液晶显示器的特点工作电流小、工作电压低、体积小、结构简单，因此，成本低。但是，显示的数码不够清晰，转换速度较慢。常用于计算器、电子表和小型计算机等。

(二) 项目实施

1. 工作任务描述

如图 2-6-11 所示。优先锁存器同时供 8 名选手比赛，分别用 8 个按钮 $S_0 \sim S_7$ 表示。

设置一个系统清除和抢答控制开关 S，该开关由主持人控制，抢答器具有锁存与显示功能。即选手按动按钮，锁存相应的编号，并在 LED 数码管上显示选手抢答实行优先锁存，优先抢答选手的编号一直保持到主持人将系统清除为止。该电路完成两个功能：一是分辨出选手按键的先后，并锁存优先抢答者的编号，同时译码显示电路显示编号。二是当有选手按键，其他选手按键操作无效。

工作过程：接通电源后，主持人将开关拨到“清除”状态，抢答器处于禁止状态，编号器灭灯，同时控制端使 74LS148 的 ST＝1.处于禁止状态，封锁选手按键的输入。当开关 S 置于“开始”时，抢答器处于等待工作状态，当有选手将键按下时，74LS148 的输出 经锁存后，使 74LS48 处于工作状态，数码管显示选手号码。当第一个抢答之后，禁止二次抢答、如果再次抢答必须由主持人再次操作“清除”和“开始”状态开关。

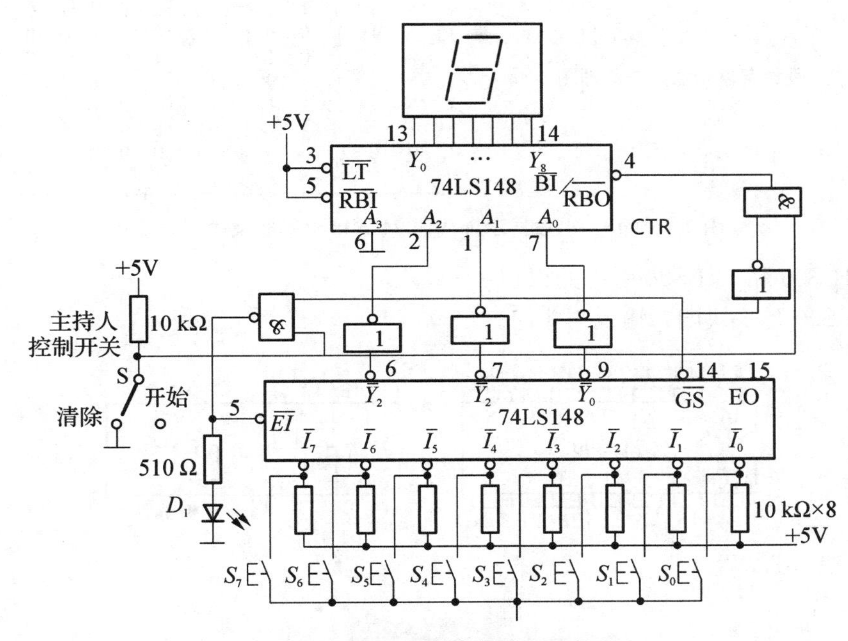

图 2-6-11　优先锁存器原理电路

2. 元器件识别与检测

(1) 优先编码器 74LS148 的识别

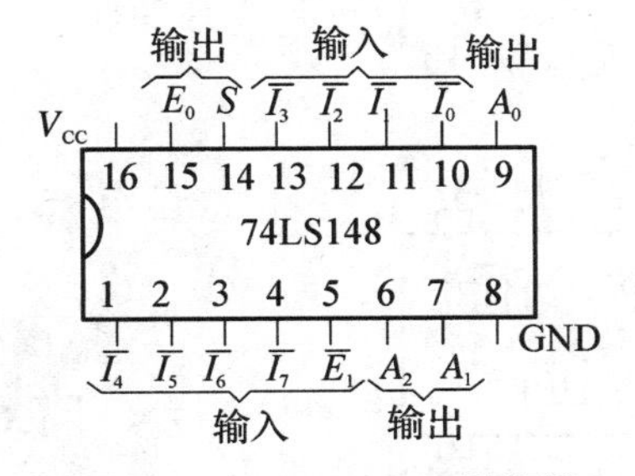

图 2-6-12　74LS148 引脚线

(2) 半导体数码管(LED)和译码/驱动器七段显示译码器 74LS48 的识别

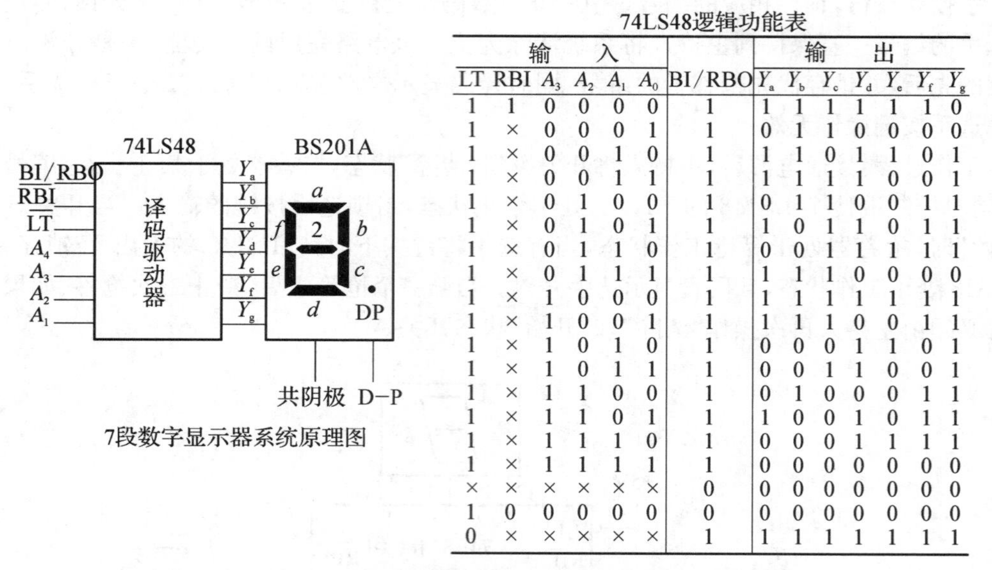

74LS48逻辑功能表

输入							输出						
LT	RBI	A_3	A_2	A_1	A_0	BI/RBO	Y_a	Y_b	Y_c	Y_d	Y_e	Y_f	Y_g
1	1	0	0	0	0	1	1	1	1	1	1	1	0
1	×	0	0	0	1	1	0	1	1	0	0	0	0
1	×	0	0	1	0	1	1	1	0	1	1	0	1
1	×	0	0	1	1	1	1	1	1	1	0	0	1
1	×	0	1	0	0	1	0	1	1	0	0	1	1
1	×	0	1	0	1	1	1	0	1	1	0	1	1
1	×	0	1	1	0	1	0	0	1	1	1	1	1
1	×	0	1	1	1	1	1	1	1	0	0	0	0
1	×	1	0	0	0	1	1	1	1	1	1	1	1
1	×	1	0	0	1	1	1	1	1	0	0	1	1
1	×	1	0	1	0	1	0	0	0	1	1	0	1
1	×	1	0	1	1	1	0	0	1	1	0	0	1
1	×	1	1	0	0	1	0	1	0	0	0	1	1
1	×	1	1	0	1	1	1	0	0	1	0	1	1
1	×	1	1	1	0	1	0	0	0	1	1	1	1
1	×	1	1	1	1	1	0	0	0	0	0	0	0
×	×	×	×	×	×	0	0	0	0	0	0	0	0
1	0	0	0	0	0	0	0	0	0	0	0	0	0
0	×	×	×	×	×	1	1	1	1	1	1	1	1

图 2-6-13　七段显示译码器 74LS48 引脚线及逻辑功能

(3) 74LS00 和 L4LS04 引脚的识别

① 74LS00 是一块四二输入与非门。

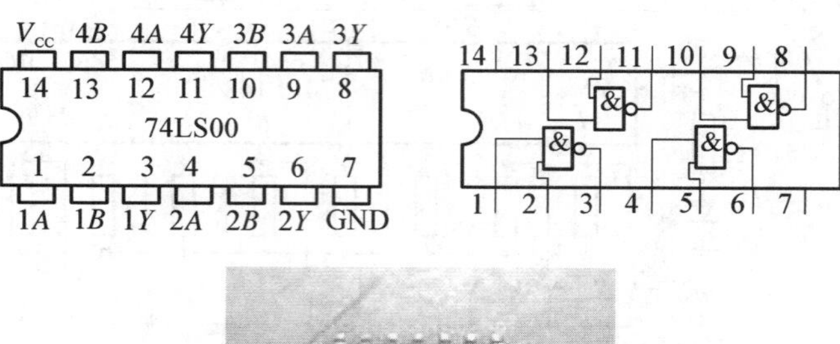

图 2-6-14　74LS00 引脚线和内部电路及实物图

② 74LS04 是一块四二输入与非门。

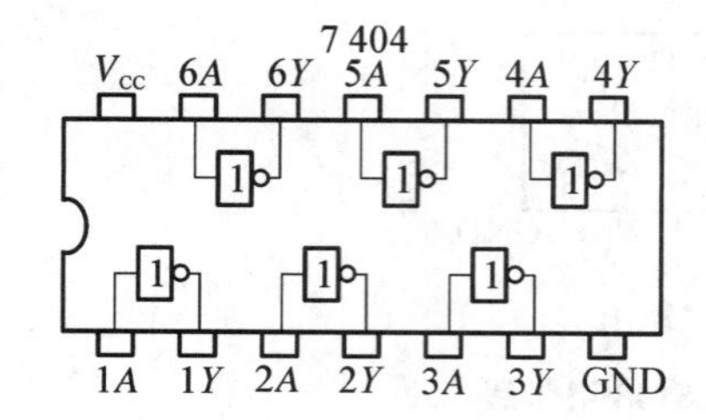

图 2-6-15　74LS04 引脚线和内部电路及实物图

3. 整机的装配与调试

(1) 识图电路图

根据阻值和晶体管正确选择器件，将电阻、稳压二极管和晶体管正确成形，注意元器件成形时尺寸须符合电路通用板插孔间距要求.

(2) 电路测试与调整

先用万用表检查 8 路抢答开关电压，当电压输出正常时，再安装 74LS148 。将 74LS148 的输入使能端直接接地测量电压，观察控制电路的电压输出是否正常。当电压正常时再使 8 路抢答输入中一个为低电压，用万用表检查电压测量输出值。

评价反馈

1. 任务单

任务单如表 2-6-8 所示。

表 2-6-8　任务单

任务名称	八路锁存器的制作	学　时		班　级	
学生姓名		学生学号		任务成绩	
实训器材与仪表		实训场地		日　期	
客户任务	① 识别八路抢答器电路图。 ② 分析电路并选取元器件。 ③ 制造八路抢答器电路。 ④ 学习集成门电路的相关知识。 ⑤ 记录测试结果并分析。				
任务目的	① 掌握编码和译码的知识以及数字集成芯片的应用。 ② 掌握集成芯片的识别与测试方法;进而掌握数字电路的设计分析和排除故障的方法。 ③ 训练学生的工程意思和良好的劳动纪律观念;培养学生良好的语言表达能力、客观评价能力、劳动组织和团体协作能力以及自我学习和管理的个人素养。遵守安全操作规程。				
(一) 资讯问题					
① 组合逻辑电路、集成门电路的应用。 ② 译码和编码的知识。 ③ 组合逻辑电路的设计方法。 ④ 共阴极七段 LED 数码管的引脚和功能。					
(二) 决策与计划					

续　表

(三) 实施
(四)检查(评价)

2. 考核标准

考核标准如表 2-6-9 所示。

表 2-6-9　考核标准

序号	工作过程	主要内容	评分标准	配分	学生(自评)		教师	
					扣分	得分	扣分	得分
1	资讯 (10 分)	任务相关知识查找	查找相关知识学习,该任务知识能力掌握度达到 60%,扣 5 分	10				
			查找相关知识学习,该任务知识能力掌握度达到 80%,扣 2 分					
			查找相关知识学习,该任务知识能力掌握度达到 90%,扣 1 分					
2	决策、计划 (10 分)	确定方案、编写计划	制定整体设计方案,在实施过程中修改一次,扣 2 分	10				
			制定实施方法,在实施过程中修改一次,扣 2 分					
3	实施 (10 分)	记录实施过程步骤	实施过程中,步骤记录不完整度达到 10%,扣 2 分	10				
			实施过程中,步骤记录不完整度达到 20%,扣 3 分					
			实施过程中,步骤记录不完整度达到 40%,扣 5 分					

续　表

序号	工作过程	主要内容	评分标准	配分	学生（自评）		教师	
					扣分	得分	扣分	得分
4	检查、评价（60分）	小组讨论	完成情况和效率	3				
		整理资料	安装制作流程的整理	3				
			其他资料的整理	3				
		常用元器件的识别、检测	74LS148 的识别	4				
			74LS48 的识别	4				
			数码管引脚图	4				
		电路分析、参数计算	电路的分析、参数计算	6				
		任务总结报告的撰写	新建议的提出、论证	6				
		电路装配与调试	根据原理图连接电路	7				
			分析排除故障，能够根据此电路分析八路抢答原理，并能够适当拓展	7				
			焊接质量，焊点规范程度、一致性	7				
			使用万用表分析测试数据情况	6				
5	职业规范团队合作（10分）	安全生产	安全文明操作规程	3				
		组织协调	团队协调与合作	3				
		交流与表达能力	用专业语言正确流利地简述任务成果	4				
合计				100				

项目七　单脉冲计数器的制作

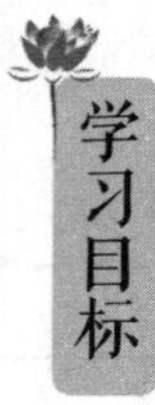

1. 能力目标

(1) 能根据任务单的要求,正确识别与分类选取元器件,灵活使用常用的仪器仪表,能按照装配工艺要求用面包板安装并调试电路。

(2) 能根据任务单的要求编写计划与决策。

(3) 认真记录计划实施的步骤与数据。

(4) 会根据所测的结果分析任务并检查,自评自己所做的成果,并用图片的形式呈现制作的成果。

2. 知识目标

(1) 掌握触发器组成,触发器的工作原理和使用方法。

(2) 熟悉十进制加/减计数器 74LS190 的功能和应用。

(3) 熟悉译码/驱动器 74L548 的功能和应用。能正确选择元器件,灵活使用常用仪器仪表。

(4) 加深理解常用的计数电路。

3. 技能目标

(1) 十进制加/减计数器 74LS190 的识别。

(2) 根据电路进行组装,调试,完成单脉冲计数器。

(3) 半译码/驱动器 74L548 的识别。

(4) 通过对单脉冲计数器的制作,进一步掌握电子电路的装配技巧及调试方法。

实践操作

(一) 相关知识

7.1　基本 *RS* 触发器

1. *RS* 触发器的组成结构与符号

与非门组成的电路如图 2－7－1(a)所示,图 2－7－1(b)是它的符号。

它由两个与非门交叉组合构成。$\overline{S}$ 和 $\overline{R}$ 是信号输入端，字母上的反号表示低电平有效（逻辑符号中用小圈表示）。它有两个输出端 Q 与 $\overline{Q}$，正常情况下，这两个输出端信号必须互补，否则会出现逻辑错误。

通常规定 Q 端的状态决定触发器的状态。即 $Q=1(\overline{Q}=0)$ 称触发器为 1 状态，简称 1 态；$Q=0(\overline{Q}=1)$ 称触发器为 0 状态，简称 0 态。

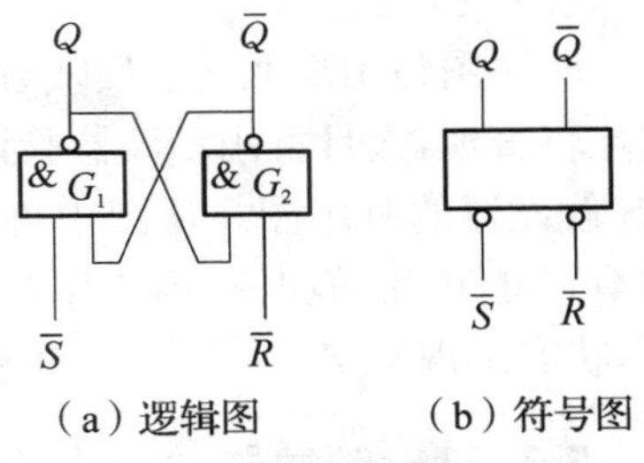

（a）逻辑图　（b）符号图

图 2－7－1　基本 *RS* 触发器

2. 基本 *RS* 触发器逻辑功能

(1) 逻辑功能

当 $\overline{R}=0$、$\overline{S}=1$ 时，触发器置 0。$\overline{R}=0$ 为有效信号，G_2 门输出为 1，即 $\overline{Q}=1$，此时，G_1 门输入为高电平，输出为 0 即 $Q=0$，这种状态触发器称为 0 状态。

当 $\overline{R}=1$、$\overline{S}=0$ 时，触发器置 1。$\overline{S}=0$ 为有效信号，G_1 门输出为 1，即 $Q=1$，此时，G_2 门输入为高电平，输出为 0 即 $\overline{Q}=0$，触发器为 1 状态。

当 $\overline{R}=\overline{S}=1$ 时，触发器保持原状态不变。$\overline{R}=\overline{S}=1$ 均为无效信号，G_1 和 G_2 门都保持原来工作状态不变。

当 $\overline{R}=\overline{S}=0$ 时，触发器状态不定。这时触发器输出 $Q=\overline{Q}=1$，即不是 1 状态，也不是 0 状态。而在 $\overline{R}$ 和 $\overline{S}$ 同时撤销信号由 0 变 1 时，由于 G_1 和 G_2 门的传输时的不一致性，致使触发器的状态无法确定，0 状态或 1 状态都可能存在。实际工作中，这种工作状态是不允许的。

(2) 真值表及特征方程

通过上面分析了基本 *RS* 触发器基本逻辑功能，现总结如下：

① 真值表

真值表是反映在输入信号作用下输出状态如何改变的一种表格。基本 *RS* 触发器真值表如表 2－7－1 所示。

表 2－7－1　基本 *RS* 触发器真值表

$\overline{R}$	$\overline{S}$	Q_{n+1}
0	0	不定
0	1	0
1	0	1
1	1	Q_n

② 特征方程（状态方程）

特征方程是表 2－7－1 的数学表达方式，考虑 $\overline{R}=\overline{S}=0$ 输入时会带来输出状态不定的影响，故由表 2－7－1 写出 Q_{n+1} 表达式时，应该严禁这种输入。

即

$$\begin{cases} Q_{n+1}=S+\overline{R}Q_n \\ \overline{S}+\overline{R}=1 \end{cases}$$

(3) 时序图

时序图是用高低电平反映触发器的逻辑功能的波形图，它比较直观，而且可用示波器验证。图 2-7-2 所示为基本 RS 触发器的时序图。从图中可以看出，当 $\overline{R}=\overline{S}=0$ 时，Q 与 $\overline{Q}$ 功能紊乱，但电平仍然存在；当 $\overline{R}$ 和 $\overline{S}$ 同时由 0 跳到 1 时，状态出现不定。

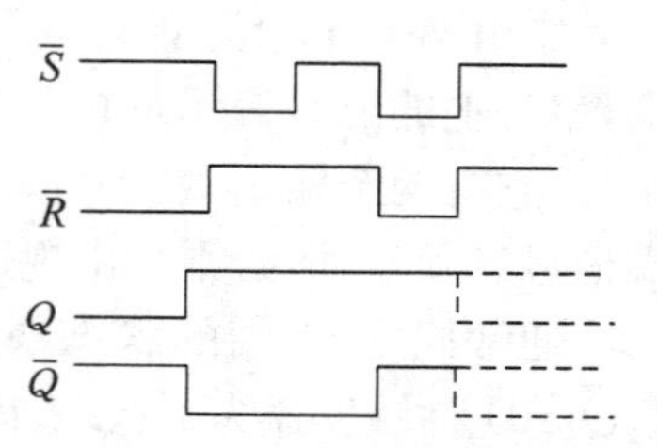

图 2-7-2　基本 *RS* 触发器时序图

7.2　*JK* 触发器

1. *JK* 触发器的组成结构与符号

JK 触发器如图 2-7-3(a)所示，1～8 门为与非门，9 门为非门，图 2-7-3(b)所示是 JK 触发器的逻辑符号。

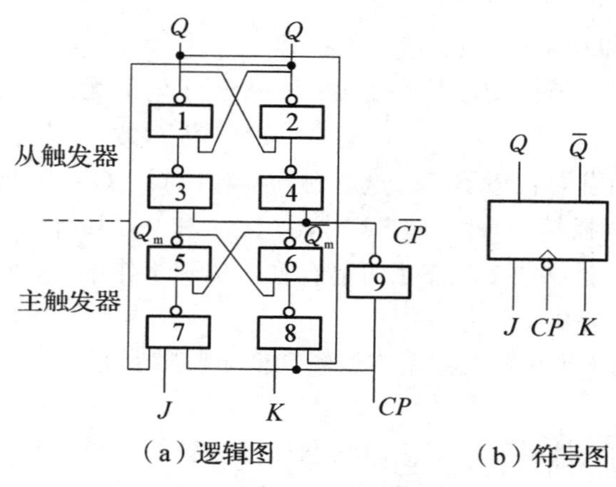

(a) 逻辑图　　(b) 符号图

图 2-7-3　*JK* 触发器

2. *JK* 触发器逻辑功能

(1) 逻辑功能

JK 触发器有两个输入控制端，分别用 J 和 K 表示，这是一种逻辑功能齐全的触发器，它具有置 0、置 1、保持、翻转四种功能。

当输入信号 $J=K=0$，$Q_{n+1}=Q_n$——保持；当输入信号 $J=0$，$K=1$　$Q_{n+1}=0$——置 0；当输入信号 $J=1$，$K=0$　$Q_{n+1}=1$——置 1；当输入信号 $J=1$，$K=1$　$Q_{n+1}=\overline{Q}_n$——翻转。这表明当输入 $J=K=1$，在 CP 作用下，新状态总是和原状态相反。这种功能称为计数功能。

(2) 真值表及特征方程

① 真值表

JK 触发器真值表如表 2-7-2 所示。

表 2-7-2　*JK* 触发器真值表

J	K	Q_{n+1}
0	0	Q_n
0	1	0
1	0	1
1	1	$\overline{Q}_n$

② 特征方程

由表 2-7-2 写出主从 JK 触发器的特征方程：

$$Q_{n+1}=J_n+\overline{K}Q_n$$

(3) 时序图

图 2-7-4 所示是主从 JK 触发器的时序图。

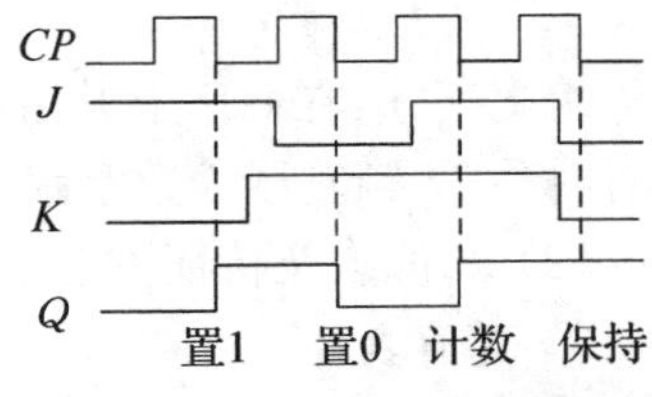

图 2-7-4　主从 *JK* 触发器时序图

7.3　*D* 触发器

1. *D* 触发器的组成结构及符号

D 触发器逻辑电路如图 2-7-5(a)所示，1～6 门为与非门，图 2-7-5(b)图所示是它的符号。

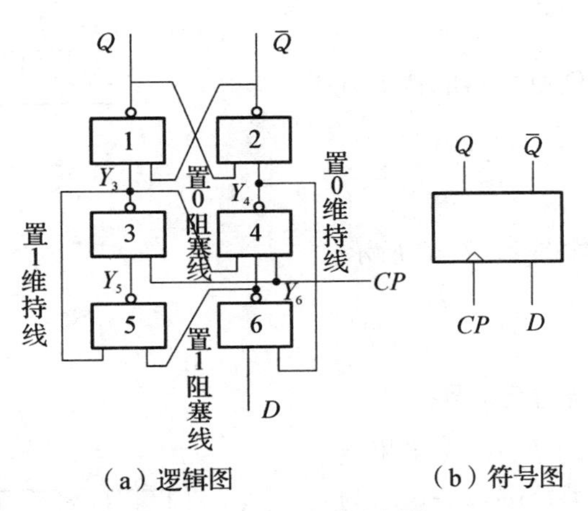

(a) 逻辑图　　(b) 符号图

图 2-7-5　*D* 触发器

在 JK 触发器的 K 端，串接一个非门，再接到 J 端，引出一个控制端 D，就组成 D 触发器。图 2-7-6 所示为它的逻辑连接图和逻辑符号。

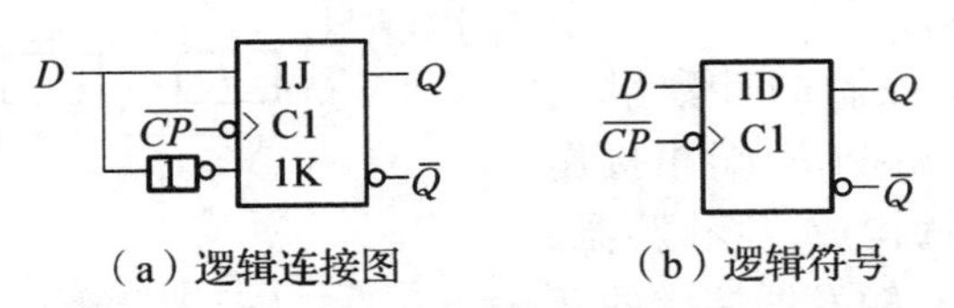

(a) 逻辑连接图　　(b) 逻辑符号

图 2-7-6　用 *JK* 触发器接成的 *D* 触发器

2. *D* 触发器的逻辑功能

(1) 逻辑功能

① $D=0$

当 $CP=0$ 时,门3和门4均关闭,因为 $D=0$,门6被封锁,$Y_6=1$,门5在 $Y_6=Y_3=1$ 的作用下被打开,$Y_5=0$;当 CP 由0跳变到1时,门4输出 $Y_4=\overline{Y_3Y_4CP}=\overline{111}=0$

② $D=1$

当 $CP=1$ 时,$Y_3=Y_4=1$,因为 $D=1$,$Y_6=1$,$Y_5=1$,当 CP 由0跳到1时,$Y_4=1$,$Y_3=\overline{Y_5\cdot CP}=\overline{1\cdot 1}=0$

综上所述:在 CP 上升沿到来时,若 $D=0$,触发器状态为0;若 $D=1$,触发器状态为1,故有时称 D 触发器为数字跟随器。

(2) 真值表及特征方程

① 真值表

D 触发器的真值表如表2-7-3所示。

表2-7-3　*D* 触发器的真值表

D	Q_{n+1}
0	0
1	1

② 特征方程

由表2-7-3可得 D 触发器的特征方程:

$$Q_{n+1}=D$$

(3) 时序图

D 触发器的时序图如图2-7-7所示。

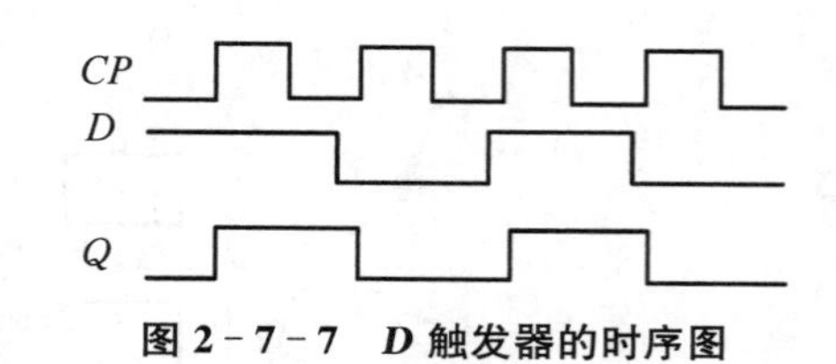

图2-7-7　*D* 触发器的时序图

7.4　*T* 触发器

1. *T* 触发器的组成结构及符号

如果将 JK 触发器的 J、K 两端相连接,连接后的输入端称为 T 端,1~8门为与非门,9门为非门,如图2-7-8(a)所示,就构成了 T 触发器,因此可根据 JK 触发器的工作过程,写出其逻辑功能。图2-7-8(b)是 T 触发器的逻辑符号。

T 触发器是一种可控制的计数触发器。把 JK 触发器的 J 端和 K 端相接作为控制端,称为 T 端,就构成 T 触发器。图2-7-9所示是用 JK 触发器接成的 T 触发器的逻辑连接图及逻辑符号。

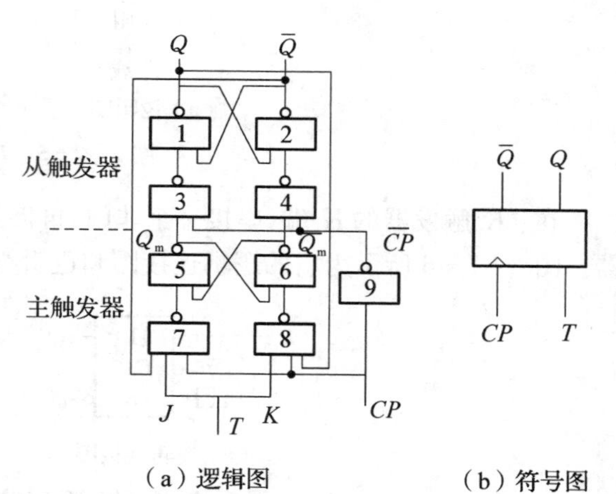

(a) 逻辑图　　(b) 符号图

图2-7-8　*T* 触发器

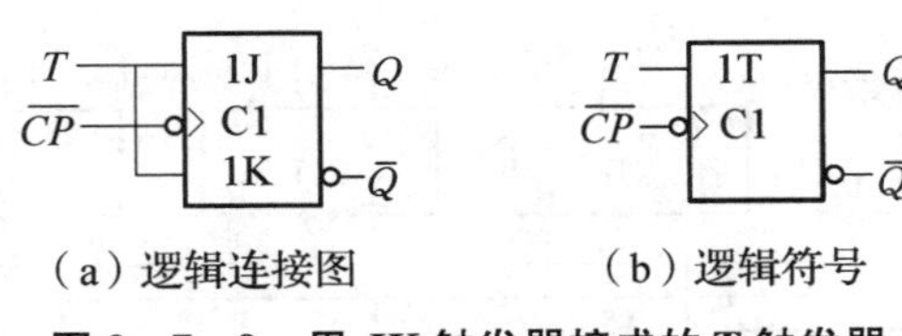

（a）逻辑连接图　　（b）逻辑符号

图 2-7-9　用 *JK* 触发器接成的 *T* 触发器

2. *T* 触发器的逻辑功能

(1) 逻辑功能

T 触发器具有一个信号输入端 T 端，在 CP 脉冲来临时若 $T=1$ 使触发器翻转，若 $T=0$ 则触发器保持原来的状态。

(2) 真值表及特征方程

① 真值表

T 触发器的真值表如表 2-7-4 所示。

表 2-7-4　*T* 触发器的真值表

T	Q_{n+1}
0	Q_n
1	Q_n

② 特征方程

由表 2-7-4 可得 T 触发器的特征方程：

$$Q_{n+1}=T\overline{Q}_n+\overline{T}Q_n$$

(3) 时序图

T 触发器的时序图如图 2-7-10 所示。

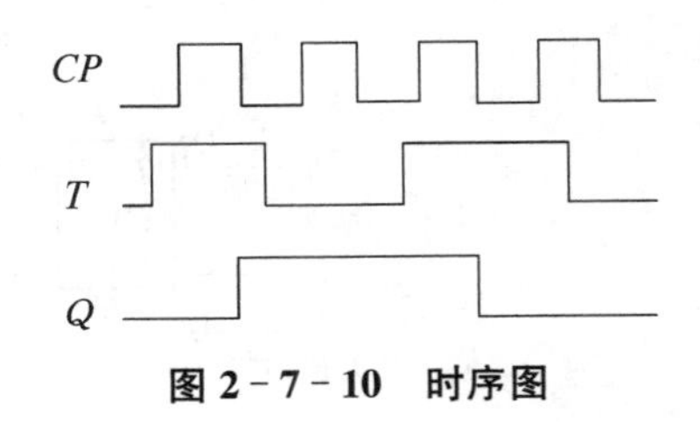

图 2-7-10　时序图

7.5　寄存器

寄存器主要用于暂时保存信息。它由触发器和门电路组成，利用触发器的存储功能可以构成基本的寄存器。一个触发器可以存储 1 位二进制代码，n 个触发器可以存放 n 个二进制代码。各种触发器本身就是能够存储 1 位二进制代码的寄存器。

寄存器按功能可分为数据寄存器和移位寄存器。

1. 数码寄存器

数据寄存器简称为寄存器，又称数据缓冲器或锁存器。其功能是接受、存储和输出数据。比较常见的是用多个 D 触发器构成的。

能够存放二进制数码的电路称为数码寄存器。常用于暂时存放某些数据。集成寄存器 74LS175 就是一个数码寄存器，它的逻辑电路图如图 2-7-11 所示。其中，$D_0\sim D_3$ 是并行数据输入端，$Q_0\sim Q_3$ 是并行数据输出端，$\overline{Q}_0\sim\overline{Q}_3$ 是反码数据输出端，CP 是时针脉冲输入端，R_D 为异步清零控制端。所谓数据并行就是同时输入、同时输出。

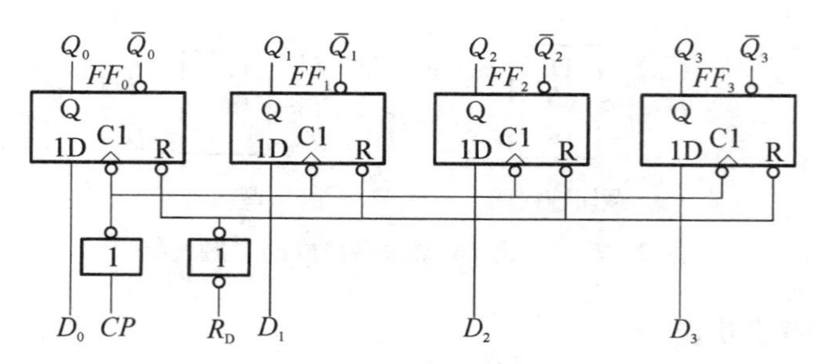

图 2-7-11 数码寄存器

把需要存储的 4 位二进制数码送到数据输入端，那么在 CP 时钟脉冲的上升沿作用下，4 位数码并行地出现在数据的输出端。

2. 移位寄存器

移位寄存器是一种特殊的寄存器。它不但可以寄存数据，而且在时钟操作下可以使其中的数据依次左移或右移(相当于将数据乘 2 或除 2)，并广泛应用在串行-并行转换电路中。

单向移位寄存器可以分为左移寄存器和右移寄存器，两种单向移位寄存器的工作原理相同，只是数码输入顺序不同。图 2-7-12 所示是 4 位右移寄存器，它是由 4 个 D 触发器组成，各个触发器的输出端与右邻触发器 D 端相连，各 CP 脉冲输入端并联，各清零端 CR 也并联。D_1 为串行数码输入端，CP 是移位脉冲输入端。所谓数据串行是指几位二进制数码排成一列，依次输入和输出。

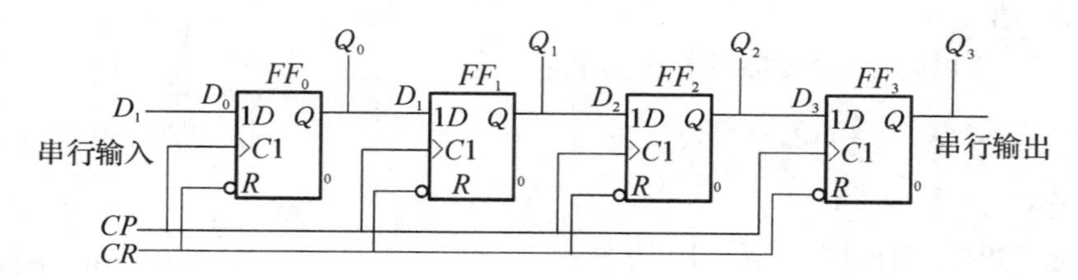

图 2-7-12 右移寄存器

假设要寄存的数据是 $D_1=1101$，那么右移寄存器将如何工作呢？设寄存器的初始状态为 0000，首先让寄存器先通过 CR 清零，使得各触发器输出端 Q 为 0，并使得 D 端也为 0。然后在第一个 CP 脉冲上升沿到来前，把输入数码的最右位数码“1”送给 D_0，也就是把站在队列首位的数码送到出发点，做好输入第一个数码的准备。此时 $Q_0Q_1Q_2Q_3=0000$，$D_0D_1D_2D_3=1000$。

当第一个 CP 脉冲上升沿出现时，各个 D 触发器接收到命令开始工作，则第一个数码被送出，排在第二位的数码依次右移一位等待出发，此时 $Q_0Q_1Q_2Q_3=1000$，$D_0D_1D_2D_3=1100$。当第二个 CP 脉冲上升沿出现时，第一个数码已右移前一位，第二个数码也已排除被送出，排在第三位的数码依次右移一位等待出发，此时 $Q_0Q_1Q_2Q_3=1100$，$D_0D_1D_2D_3=0110$。当第三个 CP 脉冲上升沿出现时，依次类推，有 $Q_0Q_1Q_2Q_3=0110$，$D_0D_1D_2D_3=1011$。第四个 CP 脉冲上升沿出现时，有 $Q_0Q_1Q_2Q_3=1011$。就这样二进制数码排成一列依次串行输入、串行输出。4 位右移寄存器的状态表如表 2-7-5 所示。

表 2-7-5　4 位右移寄存器状态表

移位脉冲	输入数码	输出			
CP	D_1	Q_0	Q_1	Q_2	Q_3
0		0	0	0	0
1	1	1	0	0	0
2	1	1	1	0	0
3	0	0	1	1	0
4	1	1	0	1	1

7.6　计数器

计数器是数字电路中最常用的时序逻辑部件之一，受到时钟信号的作用后，能够对一系列数字或状态进行计数。计数器的种类有很多，按进位制的不同，可分为二进制计数器和十进制计数器；按运算功能的不同，可分为加法计数器、减法计数器和可逆计数器；按计数过程中各触发器的翻转次序不同，可分为同步计数器和异步计数器等。与其他时序电路相同，触发器是组成计数器的基本单元。

1. 二进制计数器

每输入一个脉冲，就进行一次加 1 运算的计数器称为加法计数器。如图 2-7-13 所示，是用三个主从 JK 触发器组成的一个三位二进制加法计数器的逻辑图。F_1 为最低位触发器，其控制端 CP 接收输入脉冲，输出信号 Q_1 作为触发器 F_2 的 CP 信号，Q_1 作为触发器 F_3 的 CP 信号。各触发在的 J 、K 端均悬空，相当于 $J=K=1$，处于计数状态。各触发器接收负跳变信号时状态就翻转，它的时序图如图 2-7-14 所示。

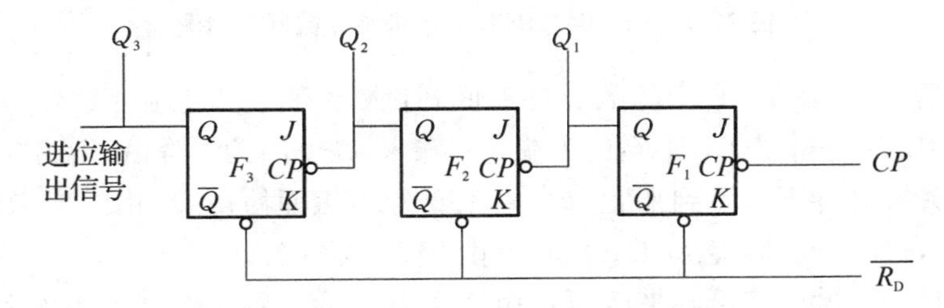

图 2-7-13　三位二进制加法计数器

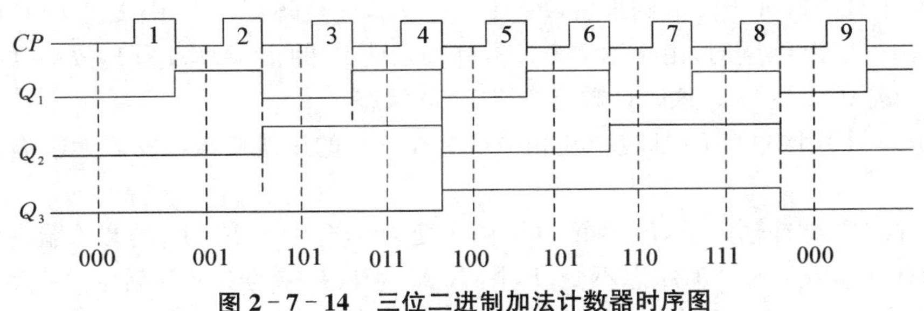

图 2-7-14　三位二进制加法计数器时序图

计数前，先将计数器清“0”，即在各触发器的 $\overline{R_D}$ 端加上负脉冲，使 $F_1 \sim F_3$ 全部处于“0”态（$Q_3Q_2Q_1=000$）。

在第 1 个计数脉冲下降沿到来后，Q_1 由 0 翻转 1，二进制数 $Q_3Q_2Q_1=001$。

在第 2 个计数脉冲下降沿到来后，Q_1 由 1 翻转 0，触发器 F_1 使得 Q_2 由 0 翻转为 1，二进制数 $Q_3Q_2Q_1=010$。

在第 3 个计数脉冲下降沿到来后，Q_1 由 0 翻转 1，Q_1 上升沿并不触发 F_2，仍保持 $Q_2=1$，因此二进制数 $Q_3Q_2Q_1=011$。

依此类推，当第 7 个计数脉冲作用后，$Q_3Q_2Q_1=111$，当第 8 个计数脉冲作用后，$Q_3Q_2Q_1=000$。

总而言之，三个触发器组成的计数器，最多可记忆 8 个计数脉冲。若需记忆 2^{n+1} 个计数脉冲，则需要串联 n 个触发器来构成 2^n 进制计数器。

2. 十进制计数器

二进制计数器虽然结构简单，容易实现。但人们更习惯于十进制数制，尤其是在读结果时，需要把二进制计数换算成十进制数计数。图 2-7-15 所示是由主从 JK 触发器组成的 8421BCD 码十进制计数器的逻辑图。该电路是在 4 位二进制计数器基础上，令其跳过 6 个状态来实现十进制计数的。下面来分析其计数原理。

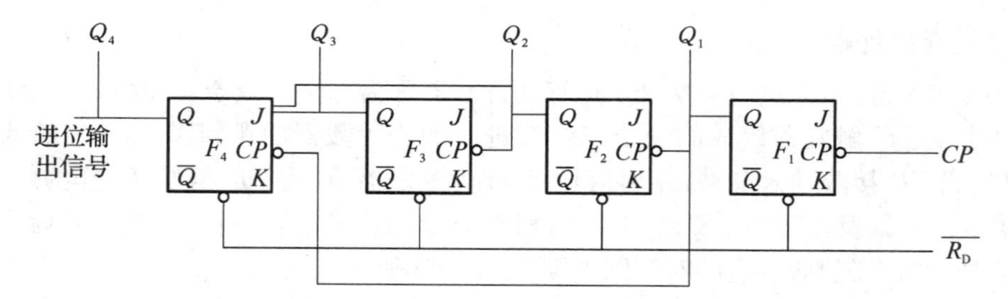

图 2-7-15　8421BCD 码十进制计数器逻辑图

计数前先清“0”。在 1～5 个的数脉冲期间，计数原理与二进制计数器相同，且在此期间，Q_2 和 Q_3 中总有一个为 0，则 F_4的 J 端有 0 输入，在 CP 的下降沿，F_4为“0”。

当第 6 个计数脉冲下降沿到来后，Q_1 由 1 变为 0，因而使得 Q_2 由 0 变为 1，Q_2 的正跳变对 F_3无影响，这时计数器 $Q_4Q_3Q_2Q_1$ 状态由 0101 变为 0110 状态。

当第 7 个计数脉冲下降沿到来后，Q_1 由 0 变为 1，此正跳变对其他各触发器均无影响，此时计数器呈 0111 状态。

当第 8 个计数脉冲下降沿到来后，F_1由 1 变为 0，此负跳变使 F_2由 1 变为 0，Q_2 的负跳变又使 F_3由 1 变为 0，同时，由于第 7 个计数脉冲已使 F_4的 J 端输入为 1，故 Q_1 的负跳变也使 F_4翻转，Q_4 由 0 变为 1，这时计数器变成 1000 状态。

当第 9 个计数脉冲使 F_1翻转，Q_1 由 0 变为 1，Q_1 的正跳变地触发器无影响，计数器为 1001 状态。

第 10 个计数脉冲输入后，F_1翻转，Q_1 由 1 变为 0，分别给 F_2、F_4的 CP 端一个负跳变，F_2因 J 端有 0 输入，维持“0”状态不变；F_4因 K 端为 1，J 端为 0 而翻转为“0”状态，计数器由 1001 回到 0000 状态，同时向高位输送一进位信号，实现了二-十进制的计数功能。

3. 常用的集成计数器

(1) 集成同步二进制加法计数器

CT74LS161 为集成 4 位同步二进制加法计数器，其引脚排列图与逻辑功能示意图如 2－7－16(a)(b)所示。

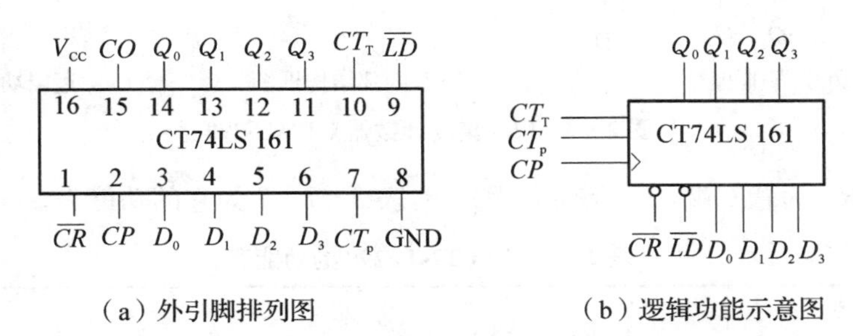

（a）外引脚排列图　　（b）逻辑功能示意图

图 2－7－16　CT74LS161 外引脚排列及逻辑功能示意图

图 2－7－16 中的$\overline{CR}$为异步置 0 控制端，$\overline{LD}$为同步置数控制端，CT_P、CT_T为计数控制端，$D_0 \sim D_3$ 为数据并行输入端，$Q_0 \sim Q_3$ 为输出端，CO 为进位输出端。它的逻辑功能如表 2－7－6 所示。

表 2－7－6　CT74LS161 的功能表

输入									输出					说明
$\overline{CR}$	$\overline{LD}$	CT_P	CT_T	CP	D_3	D_2	D_1	D_0	Q_3	Q_2	Q_1	Q_0	CO	
0	X	X	X	X	X	X	X	X	0	0	0	0	0	异步置 0
1	0	X	X	↑	d_3	d_2	d_1	d_0	d_3	d_2	d_1	d_0		$CO=CT_T \cdot Q_3Q_2Q_1Q_0$
1	1	1	1	↑	X	X	X	X	计		数			$CO=Q_3Q_2Q_1Q_0$
1	1	0	X	X	X	X	X	X	保		持			$CO=C_{TT} \cdot Q_3Q_2Q_1Q_0$
1	1	X	0	X	X	X	X	X	保		持		0	

由表 2－7－6 可知 CT74LS161 的计数功能如下：

① 异步清 0 功能。当$\overline{CR}=0$时，计数器清零，其他信号都无效。即 $Q_3^{n+1}Q_2^{n+1}Q_1^{n+1}Q_0^{n+1}=0000$。

② 同步并行置数功能。当 $\overline{CR}=1$，$\overline{LD}=0$ 时，在时钟脉冲 CP 上升沿到来，并行输入的数据 $D_0 \sim D_3$被置入计数器，使 $Q_3^{n+1}Q_2^{n+1}Q_1^{n+1}Q_0^{n+1}=D_3D_2D_1D_0$。

③ 计数功能。当$\overline{CR}=\overline{LD}=1$时，若$CT_P=CT_T=1$，输入计数脉冲 CP 上升沿到来时，计数器进行二进制加法计数。

④ 保持功能。当$\overline{CR}=\overline{LD}=1$时，若 $CT_P=0$ 或$CT_T=0$，则计数器保持原来的状态不变，进位输出信号有两种情况，若 $CT_T=1$，则 $CO=Q_3^nQ_2^nQ_1^nQ_0^n$；若 $CT_T=0$，则 $CO=0$。

(2) 集成十进制异步计数器 CT74LS290

图 2－7－17 为异步二—五—十进制计数器 CT74LS290 的外引脚排列图、内部结构框图和逻辑功能示意图。

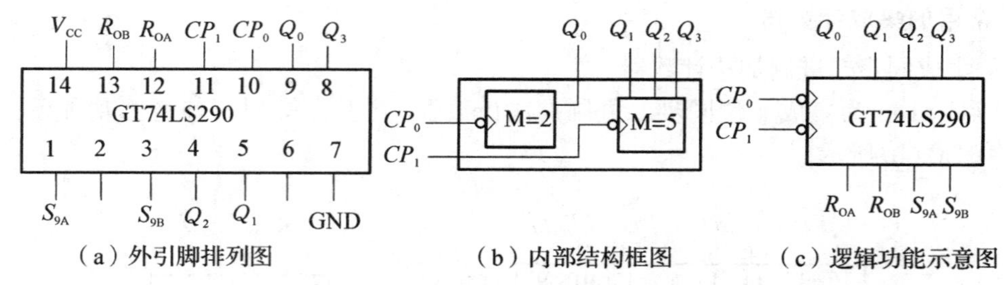

（a）外引脚排列图　（b）内部结构框图　（c）逻辑功能示意图

图 2-7-17　集成计数器 CT74LS290

图中 R_{0A}、R_{0B}为置 0 端，S_{9A}、S_{9B}为置 9 端，表 2-7-7 为它的功能表。

表 2-7-7　CT74LS290 的功能表

输入			输出				说明
$B_{0A}\cdot R_{0B}$	$S_{9A}\cdot S_{9B}$	CP	Q_3^{n+1}	Q_2^{n+1}	Q_1^{n+1}	Q_0^{n+1}	
1	0	X	0	0	0	0	清零
0	1	X	1	0	0	1	置 9
0	0	↓		计	数		

由表 2-7-7 可知，CT74LS290 的逻辑功能：

① 异步清零功能。当 $R_{0A}\cdot R_{0B}=1$，$S_{9A}\cdot S_{9B}=0$ 时，计数器清零，即

$Q_3^{n+1}Q_2^{n+1}Q_1^{n+1}Q_0^{n+1}=0000$，与时钟脉冲 CP 无关。

② 异步置 9 功能。当 $S_{9A}\cdot S_{9B}=1$，$R_{0A}\cdot R_{0B=}=0$ 时，计数器置 9，即

$Q_3^{n+1}Q_2^{n+1}Q_1^{n+1}Q_0^{n+1}=1001$，它也与时钟脉冲 CP 无关。

③ 计数功能。当 $R_{0A}\cdot R_{0B=}=0$，$S_{9A}\cdot S_{9B}=0$ 时，处在计数工作状态，有如下四种不同情况：

计数脉冲由 CP_0端输入，从 Q_0输出时，构成一位二进制计数器；计数脉冲由 CP_1端输入，输出为 $Q_3Q_2Q_1$时，则构成五进制计数器；若把 Q_0和 CP_1相连，脉冲 CP 从 CP_0端输入，输出为 $Q_3Q_2Q_1Q_0$时。则构成 8421BCD 码异步十进制加法计数器；若把 CP_0和 Q_3相连，脉冲 CP 从 CP_1端输入，输出从高到低按 $Q_0Q_3Q_2Q_1$依次排列，则构成 5421BCD 码异步十进制加法计数器。

(3) 利用集成计数器实现任意(N)进制计数器

利用集成二进制计数器或十进制计数器芯片，可方便地构成所需要的任意进制计数器。实现任意进制计数器采用的方法有两种，一种是利用异步清零或置数。

① 异步清零或置数端归零获得 N 进制计数器

步骤：写出状态 S_N的二进制代码；

写反馈归零逻辑函数表达式；

画连线图。

② 同步清零或置数端归零获得 N 进制计数器

步骤：写出状态 S_{N-1}的二进制代码；

写反馈归零逻辑函数表达式；

画连线图。

【例 2-7-1】 用 CT74LS290 构成九进制计数器。

【解】 ① 按 8421BCD 码构成需要的计数器，写 S_9 的二进制代码 $S_9=1001$ 。

② 写反馈归零函数表达式。CT74LS290 为异步置 0，置零端高电平有效，只有 $R_{0A}=R_{0B}=1$ 时，计数器才能被置 0，因此，反馈归零函数表达式为 $R_0=R_{0A}\cdot R_{0B}=Q_3Q_0$

③ 画连线图。根据反馈归零函数式 $R_0=Q_3Q_0$ 来画图。实现九进制计数器，应把 R_{0A}、R_{0B} 分别接 Q_3、Q_0，同时将 S_{9A}、S_{9B} 接低电平 0。连线时应注意，由于 CT74LS290 内部电路是两个独立的计数器，所以必须将 Q_0 和 CP_1 连在一起，如图 2-7-18 所示。

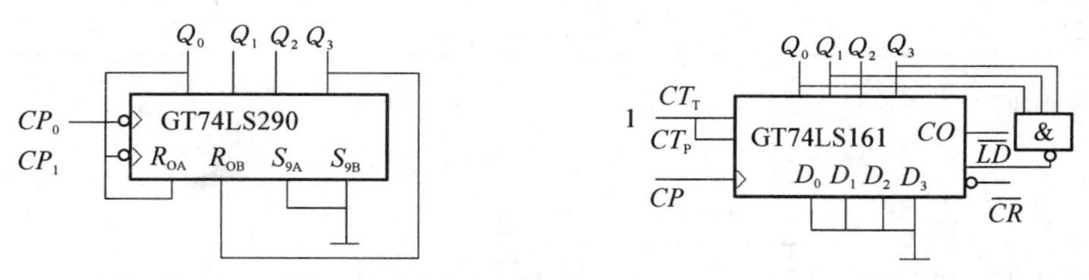

图 2-7-18　用 CT74LS290 构成九进制计数器　　图 2-7-19　用 CT74LS161 构成十二进制计数器

【例 2-7-2】 用 CT74LS161 构成十二进制计数器。

【解】 CT74LS161 芯片是集成同步二进制计数器，内部设有同步置数控制端 $\overline{LD}$，可利用它实现十二进制计数器。设计数器从 $Q_3Q_2Q_1Q_0=0000$ 状态开始计数，利用同步置数端归零来获得十二进制计数器，因此，使并行端 $D_3D_2D_1D_0=0000$。用置数端获得任意进制计数器一般都从 0 开始计数。

① 写 S_{N-1} 的二进制代码为：

$$S_{N-1}=S_{12-1}=S_{11}=1011=Q_3Q_1Q_0$$

② 写反馈置数函数表达式为：

$$\overline{LD}=\overline{Q_3Q_1Q_0}$$

③ 画连线图。根据反馈置数函数表达式画十二进制计数器的连线图，如图 2-7-19 所示。

(二) 项目实施

1. 工作任务描述

这个电路单脉冲由基本的触发器组成能够防抖动单脉冲发生器，计数电路是由同步十进制加/减计数器组成，而数字的显示电路由 BCD-七段显示译码/驱动器和数码管两部分组成。如图 2-7-20 所示为用同步十进制加/减计数器 74LSl90 和 BCD-七段显示译码/驱动器 74LS48，驱动共阴极七段 LED 显示器 LTS547R 构成的十进制计数、译码和显示电路。计数输入可采用由 RS 触发器构成的单脉冲产生电路。该电路又称防抖动开关，机械开关 S1 每在 R、S 间转换一次（如 R-S-R），电路输出一个脉冲。图中发光二极管作监视用。74LSl90 为十进制同步加/减计数器，计入单脉冲发生器产生的单脉冲，且转变成二进制数。

送入 BCD－七段显示译码/驱动器 74LS48 输入端，再驱动共阴极七段 LED 显示器 LTS547R 显示脉冲的数目。

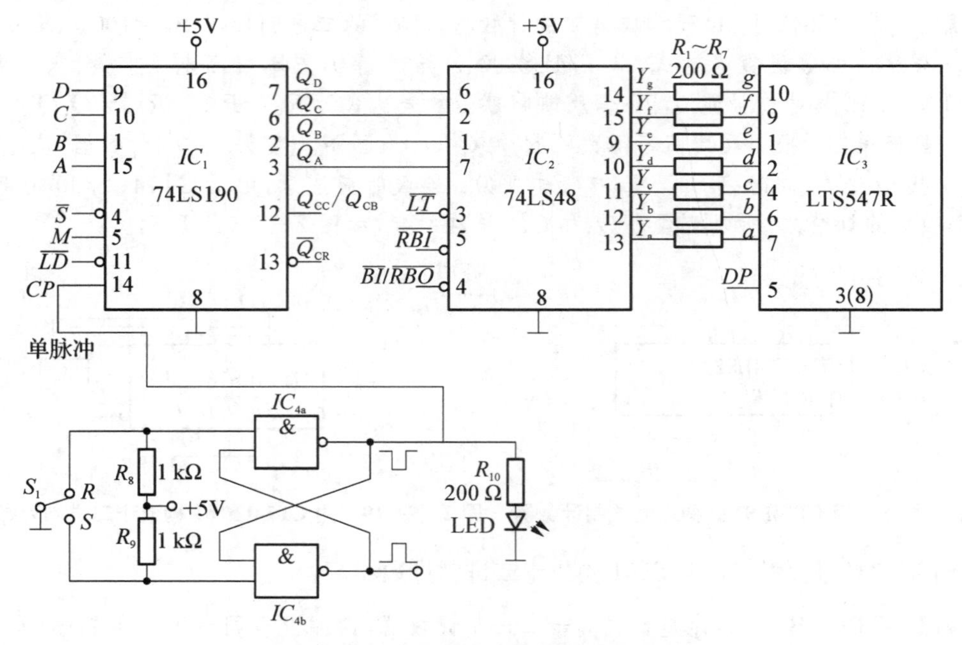

图 2－7－20　单脉冲计数电路原理图

2. 各种元器件的识别与检测

（1）同步十进制加/减计数器 74LS190 的识别

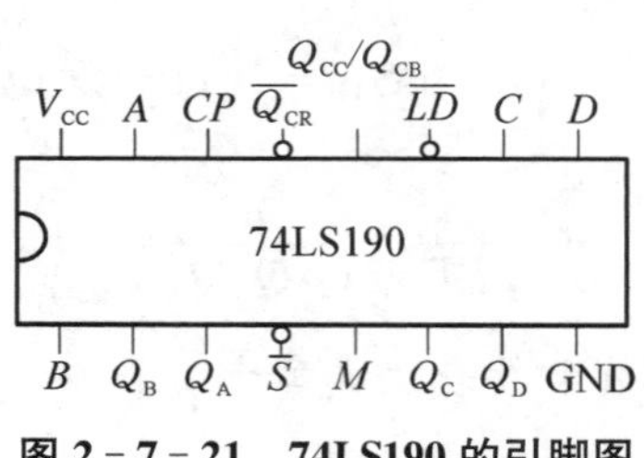

图 2－7－21　74LS190 的引脚图

（2）集成基本 RS 触发器 74LS279 的识别

图 2－7－22　74LS279 的引脚图

3. 整机的装配与调试

（1）整机的装配。用与非门 74LS279 和单刀双掷开关（可用导线代替）构成单脉冲源。

(2) 电路测试与调整。使74LSl90呈加计数状态,74LS48呈译码/驱动状态,从*CP*端输入单脉冲,观察七段LED显示器的显示结果。

评价反馈

1. 任务单

任务单如表2-7-8所示。

表2-7-8 任务单

<table>
<tr><td>任务名称</td><td>单脉冲计数电路的制作</td><td>学时</td><td></td><td>班级</td><td></td></tr>
<tr><td>学生姓名</td><td></td><td>学生学号</td><td></td><td>任务成绩</td><td></td></tr>
<tr><td>实训器材与仪表</td><td></td><td>实训场地</td><td></td><td>日期</td><td></td></tr>
<tr><td>客户任务</td><td colspan="5">① 识别各种元器件。
② 制作单脉冲电路。
③ 记录测试结果并分析。</td></tr>
<tr><td>任务目的</td><td colspan="5">① 了解共阴极七段LED数码管的引脚和功能。
② 熟悉十进制加减计数器74LS190的功能和应用;熟悉译码驱动器74LS48的功能和应用;能正确选择元器件,灵活使用常用仪器仪表;掌握由基本触发器组成的能够防抖的单脉冲发生器的工作原理和使用方法。
③ 训练学生的工程意思和良好的劳动纪律观念;培养学生认真做事、用心做事的态度;工作积极主动、精益求精;能虚心请教与热心帮助同学。能主动、大方、准确表达自己的观点与意愿;遵守安全操作规程。</td></tr>
<tr><td colspan="6">(一) 资讯问题</td></tr>
<tr><td colspan="6">① 时序逻辑电路的相关知识。
② 多种触发器的应用。
③ 时序逻辑电路的设计方法。</td></tr>
<tr><td colspan="6">(二) 决策与计划</td></tr>
<tr><td colspan="6"></td></tr>
<tr><td colspan="6">(三) 实施</td></tr>
<tr><td colspan="6"></td></tr>
<tr><td colspan="6">(四) 检查(评价)</td></tr>
<tr><td colspan="6"></td></tr>
</table>

2. 考核标准

考核标准如表 2－7－9 所示。

表 2－7－9　考核标准

序号	工作过程	主要内容	评分标准	配分	学生（自评）		教师	
					扣分	得分	扣分	得分
1	资讯（10 分）	任务相关知识查找	查找相关知识学习，该任务知识能力掌握度达到 60%，扣 5 分	10				
			查找相关知识学习，该任务知识能力掌握度达到 80%，扣 2 分					
			查找相关知识学习，该任务知识能力掌握度达到 90%，扣 1 分					
2	决策、计划（10 分）	确定方案、编写计划	制定整体设计方案，在实施过程中修改一次，扣 2 分	10				
			制定实施方法，在实施过程中修改一次，扣 2 分					
3	实施（10 分）	记录实施过程步骤	实施过程中，步骤记录不完整度达到 10%，扣 2 分	10				
			实施过程中，步骤记录不完整度达到 20%，扣 3 分					
			实施过程中，步骤记录不完整度达到 40%，扣 5 分					
4	检查、评价（60 分）	小组讨论	完成情况和效率	3				
		整理资料	安装制作流程的整理	3				
			其他资料的整理	3				
		常用元器件的识别、检测	74LS190 的识别	5				
			74LS279 的识别、74LS48 的识别	5				
			数码管引脚图	5				
		电路分析、参数计算	电路的分析、参数计算	5				
		任务总结报告的撰写	新建议的提出、论证	5				
		电路装配与调试	根据电路原理图连接电路	7				
			分布排查故障，能够根据此电路分析计算电路原理，并能够适当拓展	7				
			焊接质量，焊点规范程度、一致性	7				
			使用万用表分析测试数据情况	5				

续　表

序号	工作过程	主要内容	评分标准	配分	学生(自评)		教师	
					扣分	得分	扣分	得分
5	职业规范团队合作(10分)	安全生产	安全文明操作规程	3				
		组织协调	团队协调与合作	3				
		交流与表达能力	用专业语言正确流利地简述任务成果	4				
合计				100				

项目八　电子变音门铃电路制作与调试

1. 能力目标

(1) 能根据任务单的要求，正确识别与分类选取元器件，灵活使用常用的仪器仪表，能按照装配工艺要求用面包板安装并调试电路。

(2) 能根据任务单的要求编写计划与决策。

(3) 认真记录计划实施的步骤与数据。

(4) 会根据所测的结果分析任务并检查，自评自己所做的成果，并用图片的形式呈现制作的成果。

2. 知识目标

(1) 掌握集成定时器 555 工作原理。

(2) 掌握集成芯片 555 使用方法。

(3) 熟悉集成芯片 555 的应用。

(4) 加深理解中规模触发器的逻辑功能分析和端口定义。

3. 技能目标

(1) 集成芯片的管脚识别与测试方法。

(2) 根据电路进行组装，完成电子变音门铃电路制作与调试。

(3) 完成印刷电路板的制作。

(4) 掌握数字电路的设计分析和排障方法，一般的检测流程和方法；提高学生解决问题和分析问题的能力。

实践操作

(一) 相关知识

8.1　555 集成定时器结构及基本原理

555 定时器是一种多用途的中规模单片集成电路，因输入端设计有三个 5 kΩ 的电阻而得名。用它可以构成单稳态触发器、多谐振荡器和施密特触发器等多种电路。它是将模拟功能和逻辑功能巧妙地结合在一起，具有功能强大、使用灵活、应用范围广等优点，广泛地用于工业控制、家用电器、电子玩具乐器、数字设备等方面，俗称“万能块”。

1. 555 集成定时器结构

555 集成定时器按内部器件类型可分双极型（TTL 型）和单极型（CMOS 型）。TTL 型产品型号的最后 3 位数码是 555 或 556（含有两个 555），CMOS 型产品型号的最后 4 位数码都是 7555 或 7556（含有两个 7555），它们的逻辑功能和外部引线排列完全相同。555 芯片和 7555 芯片是单定时器，556 芯片和 7556 芯片是双定时器。TTL 型的定时器静态功耗高，电源电压使用范围为＋5～＋15 V；CMOS 型的定时器静态功耗较低，输入阻抗高，电源电压使用范围为＋3～＋18 V，且在大多数的应用场合可以直接代换 TTL 型的定时器。这里的定时器，指的是 555 电路。

555 定时器可以说是模拟电路与数字电路结合的典范，其内部电路简图如图 2-8-1 所示。

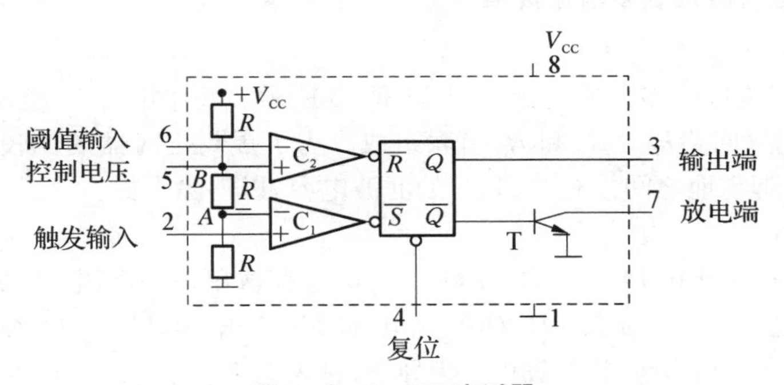

图 2-8-1　555 定时器

两个比较器 C_1 和 C_2 各有一个输入端连接到三个电阻 R 组成的分压器上，比较器的输出接到 RS 触发器上。此外还有输出级和放电管。

比较器 C_1 和 C_2 的参考电压分别为 $U_A = \frac{1}{3}V_{CC}$ 和 $U_B = \frac{2}{3}V_{CC}$（本项目都用 U_A 和 U_B 表示），根据 C_1 和 C_2 的另一个输入端——触发输入和阈值输入，可判断出 RS 触发器的输出状态。当复位端为低电平时，RS 触发器被强制复位。若无需复位操作，复位端应接高电平。

2. 555 集成定时器基本原理

555 定时器的符号及外管脚分布图如图 2-8-2 所示。555 定时器的基本功能见表 2-8-1。

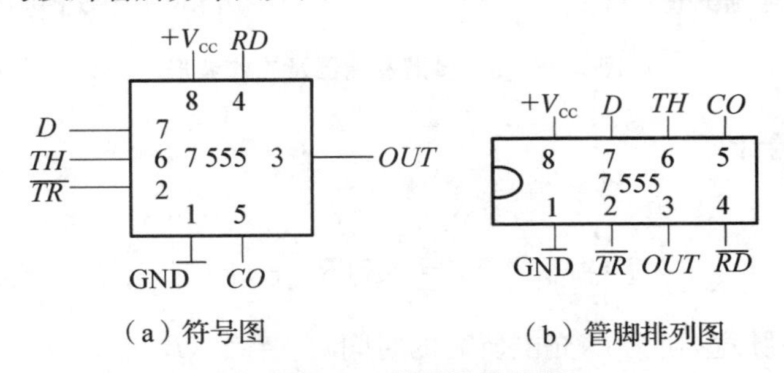

图 2-8-2　符号及外管脚

表 2－8－1　555 定时器的基本功能

阈值输入端 TH		触发输入端 $\overline{TR}$		直接复位端 $\overline{R_D}$	放电端 D	输出端 OUT
×		×		0	导通	0
$>U_B$	0	$>U_A$	1	1	导通	0
$<U_B$	1	$<U_A$	0	1	断开	1
$<U_B$	1	$>U_A$	1	1	不变	不变
$>U_B$	0	$<U_A$	0	1	不允许	

8.2　集成定时器应用举例

1. 555 集成定时器构成多谐振荡器

（1）电路组成

用 555 定时器构成的多谐振荡器如图 2－8－3 所示。其中电容 C 经 R_2、T 构成放电回路，而电容 C 的充电回路却由 R_1 和 R_2 串联组成。为了提高定时器的比较电路参考电压的稳定性，通常在 5 脚与地之间接有 0.01μF 的滤波电容，以消除干扰。

（2）工作原理

刚接通电源时，由于电容 C 上的电压 U_C 为 0，电路输出 U_o为高电平，放电管 T 截止，处于第 1 暂稳态。之后 V_{CC}通过 R_1、R_2对 C 充电，使 U_C 上升，当 $U_C \geqslant U_B$ 时，触发器置 0，输出 U_o为低电平，此时，放电管 T 由截止变为导通，进入第 2 暂稳态。C 经 R_2和 T 开始放电，使 U_C 下降，当 $U_C \leqslant U_A$ 时，电路又翻转置 1，输出 U_o回到高电平，T 截止，回到第 1 暂稳态。之后上述充、放电过程被再次重复，从而形成连续振荡。

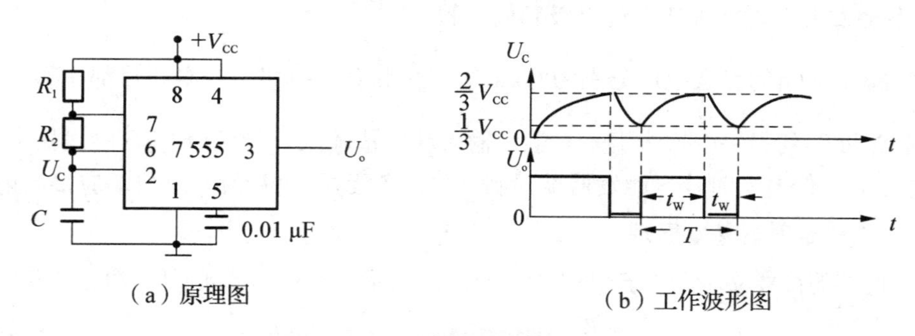

（a）原理图　　（b）工作波形图

图 2－8－3　多谐振荡器及工作波形

（3）主要参数的计算

① 振荡周期

$$T = t_{W1} + t_{W2} = 0.7(R_1 + 2R_2)C$$

式中：输出高电平的脉宽 t_{W1}为 C 充电所需的时间 $t_{W1} = 0.7(R_1 + R_2)C$

输出低电平的脉宽 t_{W2}为 C 放电所需的时间 $t_{W2} = 0.7R_2C$

② 振荡频率

$$f=\frac{1}{T}=\frac{1}{0.7(R_1+2R_2)C}$$

2. 555 集成定时器构成单稳态触发器

(1) 电路组成

用 555 构成的单稳态触发器如图 2-8-4(a)所示。图中 R、C 为定时元件构成单稳态触发器的定时电路；0.01 μF 电容为滤波电容。

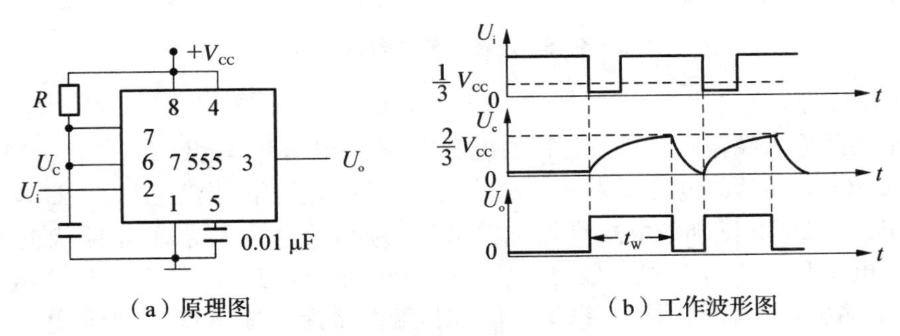

(a) 原理图　　(b) 工作波形图

图 2-8-4　单稳态触发器及工作波形

(2) 工作原理

① 稳态

当未加触发信号 U_i 为高电平时，接通电源后，V_{CC}首先通过 R 对 C 充电，使 U_C 上升，当 $U_C \geqslant U_B$ 时，触发器置 0，输出 U_o为低电平，放电管 T 导通，此后，C 又通过 T 放电，放电完毕后，U_C 和 U_o均为低电平不变，电路进入稳态。

② 暂稳态

当触发脉冲 U_i 的负窄脉冲触发后，由于 $U_i < U_A$，触发器被置 1，输出 U_o为高电平，放电管 T 截止，电路进入暂稳态，定时开始。V_{CC}通过 R 向 C 充电，电容 C 上的电压 U_C 按指数规律上升，趋向 V_{CC}。当 $U_C \geqslant U_B$ 时，触发器置 0，输出 U_o为低电平，放电管 T 导通，定时结束。电容 C 经 T 放电，U_C下降到低电平，U_o维持在低电平，电路恢复稳态。

(3) 输出脉宽 t_W的计算

输出脉宽 t_W等于电容 C 上的电压 U_C 从零充到 $\frac{2}{3}V_{CC}$ 所需的时间。

$$t_W=1.1RC$$

可以看出，输出脉宽 t_W仅与定时元件 R、C 值有关，与输入信号无关。但为了保证电路正常工作，要求输入的触发信号的负脉冲宽度小于 t_W，且电平小于 $\frac{1}{3}V_{CC}$。

3. 555 集成定时器构成施密特触发器

(1) 电路组成

无须增加任何元件，电路连接如图 2-8-5(a)所示。图 2-8-5(b)是输入为三角波时的输出波形。图中 V_{th}^{+} 和 V_{th}^{-} 为表 2-8-1 中 U_B 与 U_A。通过改变 5 脚(V_C)的电压,可改变两个阈值。

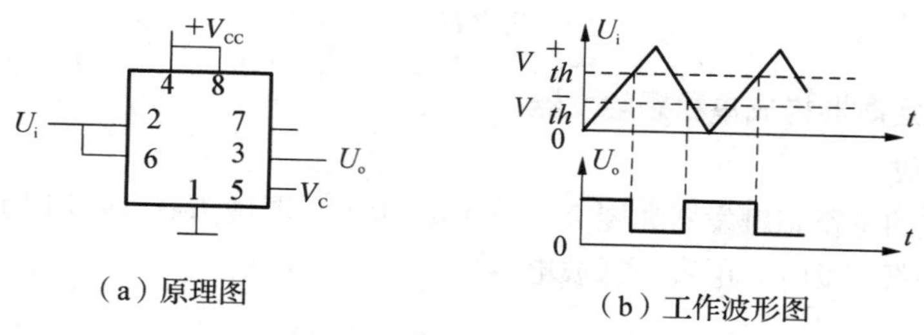

(a) 原理图　　(b) 工作波形图

图 2-8-5　施密特触发器及工作波形

(2) 工作原理

设在电路的输入端输入三角波。接通电源后,输入电压 U_i 较低,$U_i < U_A$,$U_i < U_B$ 触发器置 1,输出 U_o 为 1,放电管 T 截止。随输入电压 U_i 的上升,当满足 $U_A < U_i < U_B$ 时,电路维持原态。当 $U_i \geqslant U_B$ 时,触发器置 0,输出 U_o 为 0,放电管 T 导通,电路状态翻转。

当输入电压 $U_i > U_B$,经过一段时间后,逐渐开始下降,当 $U_A < U_i < U_B$ 时,电路仍维持不变的状态,输出 U_o 为低电平。当 $U_i \leqslant U_A$ 时,触发器置 1,输出 U_o 变为高电平,放电管 T 截止。

可见:该施密特触发器的正向阈值电压 $V_{th}^{+} = U_B$,负向阈值电压 $V_{th}^{-} = U_A$。

回差电压: $\Delta U = U_B - U_A = \frac{1}{3}V_{CC}$。在以后的时间里,随输入电压反复变化,输出电压重复以上过程。

8.3　555 定时器的应用实例

1. 555 触摸定时开关

集成电路 IC 是一片 555 定时电路,在这里接成单稳态电路。平时由于触摸片 P 端无感应电压,电容 C_1 通过 555 第 7 脚放电完毕,第 3 脚输出为低电平,继电器 KS 释放,电灯不亮。当需要开灯时,用手触碰一下金属片 P,人体感应的杂波信号电压由 C_2 加至 555 的触发端,使 555 的输出由低变成高电平,继电器 KS 吸合,电灯点亮。同时,555 第 7 脚内部截止,电源便通过 R_1 给 C_1 充电,这就是定时的开始。

当电容 C_1 上电压上升至电源电压的 2/3 时,555 第 7 脚道通使 C_1 放电,使第 3 脚输出由高电平变回到低电平,继电器释放,电灯熄灭,定时结束。定时长短由 R_1、C_1 决定: $T_1 = 1.1R_1C_1$。按图 2-8-6 中所标数值,定时时间约为 4 分钟。D_1 可选用 1N4148 或 1N4001。

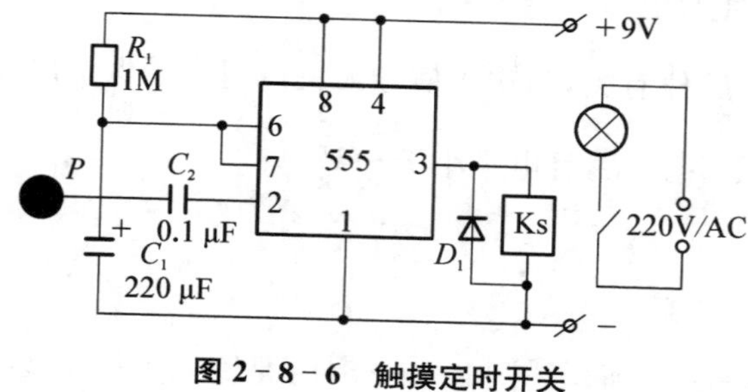

图 2-8-6　触摸定时开关

2. 简易催眠器

时基电路 555 构成一个极低频振荡器,输出一个个短的脉冲,使扬声器发出类似雨滴的声音(见图 2-8-7)。扬声器

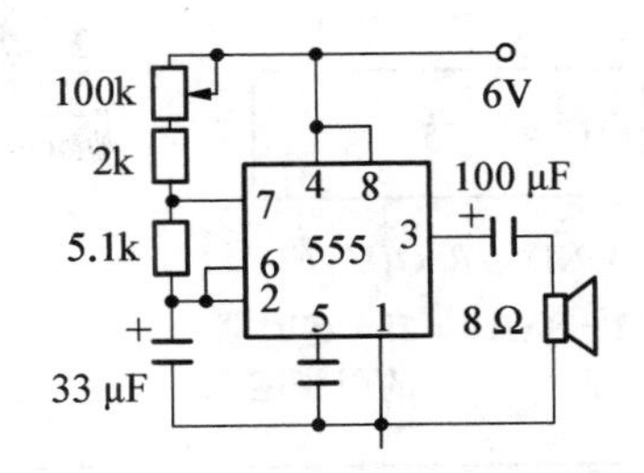

图 2-8-7　555 构成简易催眠器

采用 2 英寸、8 欧姆小型动圈式。雨滴声的速度可以通过 100 k 电位器来调节到合适的程度。如果在电源端增加一简单的定时开关，则可以在使用者进入梦乡后及时切断电源。

3. 直流电机调速控制电路

这是一个占空比可调的脉冲振荡器。电机 M 是用它的输出脉冲驱动的，脉冲占空比越大，电机电驱电流就越小，转速减慢；脉冲占空比越小，电机电驱电流就越大，转速加快。因此调节电位器 R_P 的数值可以调整电机的速度。如电极电驱电流不大于 200 mA 时，可用 555 直接驱动；如电流大于 200 mA，应增加驱动级和功放级。图 2-8-8 中 V_{D3} 是续流二极管。在功放管截止期间为电驱电流提供通路，既保证电驱电流的连续性，又防止电驱线圈的自感反电动势损坏功放管。电容 C_2 和电阻 R_3 是补偿网络，它可使负载呈电阻性。整个电路的脉冲频率选在 3～5 kHz 之间。频率太低电机会抖动，太高时因占空比范围小使电机调速范围减小。

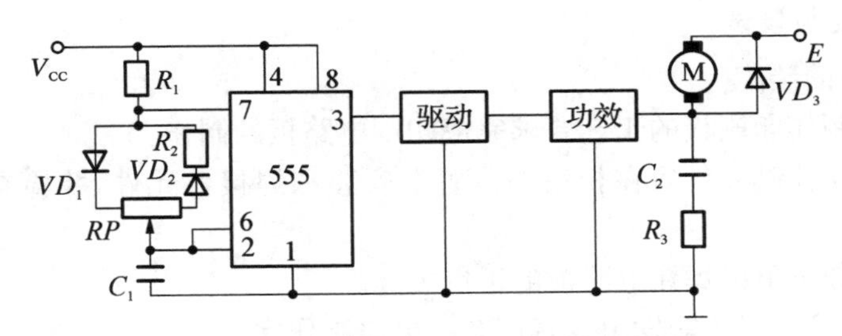

图 2-8-8　直流电机调速控制电路

(二) 项目实施

1. 工作任务描述

本任务主要进行电子变音门铃电路制作与调试，根据电路图，在规定时间内完成印刷电路板的制作，完成整个电路的装配、焊接与调试。电路图如图 2-8-9 所示。

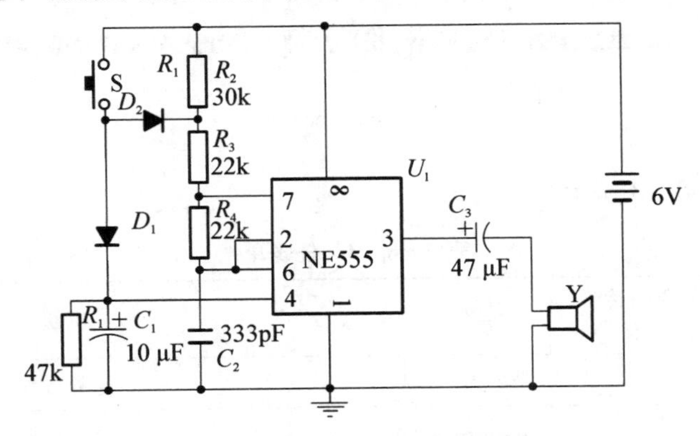

图 2-8-9　电子变音门铃电路

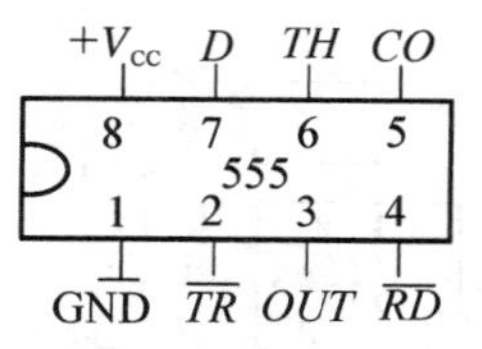

图 2-8-10　555 定时器的引脚图

2. 熟悉元器件功能

555 芯片是单定时器，定时器静态功耗高，电源电压使用范围为+5～+15 V 的定时器。

表 2-8-2　555 定时器功能表

阈值输入端 TH		触发输入端 $\overline{TR}$		直接复位端 $\overline{R_D}$	放电端 D	输出端 OUT
×		×		0	导通	0
$>U_B$	0	$>U_A$	1	1	导通	0
$<U_B$	1	$<U_A$	0	1	断开	1
$<U_B$	1	$>U_A$	1	1	不变	不变
$>U_B$	0	$<U_A$	0	1	不允许	

3. 整机的装配与调试

(1) 整机电路的装配

① 按照手工制作印刷板的工艺要求完成印刷电路板的制作。

② 正确识别与检测元件后在相应的位置上安装和焊接各元件，并检查焊点质量，有无虚焊等。

③ 电池盒区分正负极焊在电路板的正负极上。

④ 装上电池，按下门铃能发出变音声音。电路制作完成。

(2) 电路调试方法

① 电源电路调试。先用数字万用表检查电路是否有短路，如果有，先排除故障(特别是 L)。

② 控制电路调试。通电后要观察电路有无异常现象，例如有无冒烟现象，有无异常气味，手摸元器件外封装，是否发烫等。如果出现异常现象，应立即关断电源，待排除故障后再通电。如果均正常，观察能否实现预定功能。

评价反馈

1. 任务单

任务单如表 2-8-3 所示。

表 2-8-3　任务单

任务名称	电子变音门铃电路的制作	学时		班级	
学生姓名		学生学号		任务成绩	
实训器材与仪表		实训场地		日期	

续　表

<table>
<tr><td>客户任务</td><td>① 识读电子变音门铃电路原理图。
② 学习多种触发器的工作原理及应用。
③ 制作电子变音门铃电路。
④ 运用仪器仪表对电路进行测试，测量相关参数。
⑤ 撰写任务报告书与制作流程工艺技术文件。</td></tr>
<tr><td>任务目的</td><td>① 掌握集成定时器 555 的工作原理。
② 掌握集成芯片 555 的使用方法、引脚识别及测试方法；掌握数字电路的设计分析和排除故障方法以及一般的检测流程和方法；提高学生解决问题和分析问题的能力。
③ 训练学生的工程意思和良好的劳动纪律观念；培养学生良好的语言表达能力、客观评价能力、劳动组织能力和团体协作以及自我学习和管理能力。</td></tr>
<tr><td colspan="2">(一) 资讯问题</td></tr>
<tr><td colspan="2">① 单稳态触发器的特点和常用的振荡电路的组成。
② 中规模触发器的逻辑功能分析和端口定义。
③ 555 定时电路的应用。</td></tr>
<tr><td colspan="2">(二) 决策与计划</td></tr>
<tr><td colspan="2"></td></tr>
<tr><td colspan="2">(三) 实施</td></tr>
<tr><td colspan="2"></td></tr>
<tr><td colspan="2">(四) 检查(评价)</td></tr>
<tr><td colspan="2"></td></tr>
</table>

2. 考核标准

考核标准如表 2-8-4 所示。

表 2-8-4　考核标准

序号	工作过程	主要内容	评分标准	配分	学生（自评）		教师	
					扣分	得分	扣分	得分
1	资讯（10 分）	任务相关知识查找	查找相关知识学习，该任务知识能力掌握度达到 60%，扣 5 分	10				
			查找相关知识学习，该任务知识能力掌握度达到 80%，扣 2 分					
			查找相关知识学习，该任务知识能力掌握度达到 90%，扣 1 分					
2	决策、计划（10 分）	确定方案、编写计划	制定整体设计方案，在实施过程中修改一次，扣 2 分	10				
			制定实施方法，在实施过程中修改一次，扣 2 分					
3	实施（10 分）	记录实施过程步骤	实施过程中，步骤记录不完整度达到 10%，扣 2 分	10				
			实施过程中，步骤记录不完整度达到 20%，扣 3 分					
			实施过程中，步骤记录不完整度达到 40%，扣 5 分					
4	检查、评价（60 分）	小组讨论	完成情况和效率	3				
		整理资料	安装制作流程的整理	3				
			其他资料的整理	3				
		常用元器件的识别、检测	二极管的识别与检测	4				
			扬声器的识别与检测	4				
			555 集成电路引脚图识别	5				
		电路分析、参数计算	电路的分析、参数计算	5				
		任务总结报告的撰写	新建议的提出、论证	5				
		电路装配与调试	根据电路原理图连接电路	7				
			分布排查故障，能够根据此电路分析计算电路原理，并能够适当拓展	9				
			焊接质量，焊点规范程度、一致性	7				
			使用万用表分析测试数据情况	5				

续　表

序号	工作过程	主要内容	评分标准	配分	学生（自评）		教师	
					扣分	得分	扣分	得分
5	职业规范团队合作（10 分）	安全生产	安全文明操作规程	3				
		组织协调	团队协调与合作	3				
		交流与表达能力	用专业语言正确流利地简述任务成果	4				
合计				100				

参考文献

[1] 佘明辉.电工电子实验与实训[M].南京:南京大学出版社,2011.
[2] 彭瑞.应用电子技术[M].北京:机械工业出版社,2001.
[3] 王成安,李冬冬.电工技术及应用[M].北京:中国铁道出版社,2012.
[4] 诸志龙,邱月友.电子技术基础[M].哈尔滨:哈尔滨工业大学出版社,2022.
[5] 焦素敏.数字电子技术基础[M].北京:人民邮电出版社,2012.
[6] 佘明辉,张源峰,孙学耕.电子工艺与实训[M].北京:机械工业出版社,2014.
[7] 谭跃,周来秀.数字电子技术[M].哈尔滨:哈尔滨工业大学出版社,2022.
[8] 冯泽虎,张强.电工技术[M].北京:高等教育出版社,2017.
[9] 佘明辉.模拟电子技术[M].哈尔滨:哈尔滨工程大学出版社,2010.
[10] 李晓静.电路分析基础[M].北京:人民邮电出版社,2011.
[11] 佘明辉.电工电子实验实训[M].北京:北京理工大学出版社,2009.
[12] 王章权,王永泰,纵榜峰.电子技术实验教程[M].哈尔滨:东北林业大学出版社,2019.
[13] 马碧芳,吴衍.模拟电子技术基础[M].哈尔滨:哈尔滨工业大学出版社,2022.